풀하우스 FULL HOUSE

Full House by Stephen Jay Gould

Copyright ⓒ1996 by Stephen Jay Gould
All rights reserved.
Korean Translation Copyright ⓒ 2002 ScienceBooks Co., Ltd.
Korean translation edition is published by arrangement with Harmony Books,
a division of Crown Publishers, Inc. through Imprima Korea Agency.

이 책의 한국어판 저작권은 IKA를 통해 Crown Publishers, Inc.와
독점 계약한 ㈜사이언스북스에 있습니다.

저작권법에 의해 한국 내에서 보호를 받는 저작물이므로
무단 전재와 무단 복제를 금합니다.

풀하우스

스티븐 제이 굴드
이명희 옮김

진화는 진보가 아니라 다양성의 증가다

사이언스 북스

내게 우수성의 의미를 깨닫게 해준

아내 론다에게

차례

0장 작은 제안 · 9

1부 플라톤에서 다윈까지 우수성의 확산

1장 헉슬리의 체스판 · 19

2장 오해와 편견에 포위된 다윈 · 33

3장 경향에 대한 설명들 · 51

2부 죽음과 말―변이의 중요성에 대하여

4장 죽음, 개인적인 이야기 · 71

5장 말, 생명의 작은 농담 · 87

3부 4할 타자의 딜레마

6장 야구 역사상 최대의 수수께끼 · 111

7장 4할 타자는 더 이상 없다 · 115

8장 야구 수준의 전반적 향상 · 127

9장 4할 타자와 오른쪽 꼬리 · 139

10장 4할 타자의 절멸 · 155

11장 새로운 가능성 · 179

4부 생명의 역사는 진보가 아니다

12장 자연선택의 핵심 · 187

13장 예비적 고찰 · 205

14장 박테리아의 힘 · 231

15장 인간의 문화에 대하여 · 303

옮긴이의 말 · 325
참고문헌 · 335
찾아보기 · 341

■ 프롤로그

· 0 ·
작은 제안

　신약성서의 〈탕자의 비유〉에서 시작해 테네시 윌리엄스의 「뜨거운 양철 지붕 위의 고양이」에 이르기까지, 작가들은 가장 사랑스러운 자식이 늘 문제도 많이 일으키고 오해도 많이 받는다는 사실을 단골 테마로 다루어 왔다. 내가 가장 아끼는 아들 『풀하우스 *Full House*』 역시 그러할지도 모른다는 걱정에 지금 나는 노심초사하고 있다. 지난 15년 동안 나는 이 작은 책에 담긴 생각을 세 갈래의 서로 다른 뿌리(와 경로)를 통해 키워 왔다. 그 첫번째는 〈진화 경향의 본질에 대한 깨달음〉이다. 그것은 어느 날 문득 머릿속에 떠올라서 생명의 역사에 대한 종래의 내 생각을 바꾸었다. 나는 그 깨달음을 체계적으로 정리해 1988년 고생물학회에서 발표한 바 있다. 두번째는 〈통계학적 깨달음〉이다. 그것은 생사가 걸린 병을 앓는 동안 나에게 큰 희망과 위안이 되었다. 세번째는 〈야구에서 왜 4할 타자가 사라졌는가하는 질문에 대한 해답〉이다. 이 질문은 대중 문화의 연구자들이 아직 해명해 내지 못하고 있는 커다란 수수께끼 중의 하나이다. 이것을 개념화하고 보니 너무나 자명하고 당연한데도 기존의 모든 설명과는 정반대여서 충격을 주었다.

이 세 갈래 뿌리는 모두, 지식인들이 가장 열망하는 〈유레카〉 또는 〈아하〉 하는 순간, 그러니까 사물을 보는 눈이 완전히 뒤바뀌고, 이전까지 애매모호하고 불완전하고 체계화되지 못했던 것들이 갑자기 명확해지고 조리가 맞아떨어지기 시작하는 순간의 깨달음에서 나왔다(이 깨달음은 지극히 개인적인 체험을 말하는 것으로, 결코 교만에 가득 차서 그것을 과시하고자 한 것은 아니다. 유레카의 순간에 사라지는 것은 오직 그 사람의 눈에 끼여 있던 안개와 개인적인 선입견뿐이다. 세상사람 모두가 이미 그가 막 발견한 사실을 알고 있었을 수도 있다. 그러나 유레카 중에는 정말 새로운 것도 있다). 이로 인해 나는 진화란 〈위나 아래로 움직여 가는 어떤 것〉이 아니라 〈시스템 전체의 변이 정도가 변하는 것〉임을 알게 되었다. 그것은 종래의 내 생각과는 전혀 다른 것이었다(이 책의 미국판 부제를 〈플라톤에서 다윈까지 우수성의 확산 The Spread of Excellence From Plato To Darwin〉으로 지은 것도 이런 연유에서다).

이렇게 해서 새로운 통찰력을 얻고 그에 관한 책을 쓰려고 보니 두 가지 문제가 있었다. 첫번째 걱정거리는 이 주제가 언뜻 보기에 사소해 보이는데다가 그다지 정통적이지 못해 보인다는 것이었다. 진화의 경향에 대한 새로운 해석이 과연 보편적인 흥미를 끌 수 있을까? 두번째 걱정거리는 새로운 해석의 핵심, 그러니까 〈시스템

그 자체가 어디로 움직여 가는 것이 아니라 시스템 전체가 확장되거나 축소되는 것으로 봐야 한다는 것〉은 통계학적인 것이며, 그래프를 이용해서 설명할 수밖에 없다는 것이었다. 물론 그것이 설명하기 어려운 것은 아니었다. 나는 이론의 핵심을 일반인들이 접근 불가능한 수학적 방법이 아니라 개념 놀이를 통하여 설명하기 위해 최대한 단순화할 수 있었으며, 따라서 수학 공식이 없이도 그림과 표만으로 그것을 완벽하게 표현할 자신이 있었다. 그러나 이러한 설명 역시 지극히 조심스러운 경로를 통해 이루어져야 했다. 먼저 이 주제에 관한 개괄적인 설명을 하고, 예비적으로 단순한 몇 가지 예를 이야기한 다음, 이 책의 두 가지 중심 주제인 〈야구에서 왜 4할 타자가 사라졌는가〉 하는 문제와 〈생명의 역사에서 진보란 무엇인가〉 하는 문제를 풀어간 것은 그 때문이다.

하지만 이렇게 조심스럽게 씌어진다 하더라도 사람들이 과연 이 책을 끝까지 읽어줄 것인가에 대해서는 여전히 의문이 남았다. 그들이 기나긴 예비 설명들을 참을성 있게 읽어나가 본론까지 가줄까? 수학 비슷한 냄새만 나도 거부 반응을 보이는 독자들이 그래프를 이용한 논리 전개에도 흥미를 잃지 않고 따라와 줄까? 나는 이 책의 주장이 광범위하게 적용될 수 있는 새로운 이론임을 확신하고 있다. 이 책을 끝까지 읽은 독자들은 잘못을 뉘우치는 방탕한 아들을 용서하고 늘 순종적인 다른 아들의 불만을 다독이는, 그리하여 〈모두 함께 기뻐하자〉고 말하는 아버지의 마음을 이해하고 결국 만족해할 것이다.

그러므로 여기에서 독자 여러분들께 제안을 하나 하고 싶다. 돈을 딴 적은 거의 없지만 수많은 시간을 포커 게임에 투자했던 사람의 하나로서 여러분과 내기를 하고 싶다(이 책의 제목도 포커 게임에서 따왔다). 여러분이 끝까지 버텨주면 응분의 보상을 받게 될 것이라고, 아마 독자 여러분은 이 책을 통해 내가 쥔 풀하우스 패를 이길 수 있는 로열스트레이트플러시 패를 잡을 것이라고 보증하고 싶다. 그 대신 나는 이 책을 짧고 최대한 명료하고 재미있게 쓸 것을 약속한다. 또한 수수께끼 같고 중요하고 전혀 관련이 없어 보이는 두 개의 다른 현상이 이 책에서 내가 전개하는 개념적 도구로 잘 설명될 수 있음을 분명히 밝히겠다.

책의 마지막 장을 덮은 독자들은 다음과 같은 두 가지 보상을 받게 될 것이다.

첫째, 〈시스템 전체의 변이〉라는 시각을 통해 여러분은 수많은 논란을 불러일으키고 있는 위의 두 가지 문제에 대한 진실한 해답을 얻게 될 것이다. 전체 시스템을 하나의 본질 또는 사례로 환원하고, 그것이 시간에 따라 어떻게 움직여 가는가를 탐구하는 기존의 플라톤적 설명 방식은 혼란과 모순만 가중시키고 있다. 이 책의 설명 방식이 만족스러운 것은 사람들의 상식 범위를 벗어나지 않으면서도 흡족하게 이치에 닿기 때문이다. 여러분이 일단 변이 개념을 기초로 하는 새로운 이론을 소화하고 나면, 관습적인 시각에서 비롯한 모든 패러독스가 해결될 것이다. 낡은 이론의 주장처럼, 다른 모든 운동에서는 경기 기록이 향상되었는데 야구에서만 4할 타자가 사라진 것은 타자들이 형편없어졌기 때문이 아니다. 이 책에서 나는 4할 타자가 사라진 것은 타자들의 능력이 떨어졌기 때문이 아니라 야구의 전반적인 경기 기량이 향상했음을 뜻한다는 것을 증명할 것이다. 이 해석은 논리적으로 전혀 무리가 없으며, 어떻게 해도 조리 있는 답을 내지 못하고 있는 기존의 사고 방식과는 질적으로 다른 것이다.

진보가 생명의 역사 전반에 걸쳐 나타나는 특성이라거나 진화의 방향을 규정하는 힘이라는 주장은 이론적(다윈 이론의 진화 메커니즘을 설명함으로써)으로 또는 실질적(살아 있는 생명체 중 박테리아가 압도적 다수라는 사실을 보여줌으로써)으로 얼마든지 논파할 수 있다. 그러나 아직도 많은 사람들이 인간만이 고등한 존재라는 주장을 당연하게 받아들이고, 이 편협한 주장에 근거해 진화에는 어떤 경향이 존재한다고 우기고 있다. 이와는 달리 〈풀하우스〉라는 이 책의 새로운 설명 도구는 생명의 역사에서 진보란 보편적인 현상이 아니었으며, 실제로 그런 일이 벌어진 적도 별로 없음을 이해시키는 동시에 인간의 지위에 대한 상식적인 시각을 유지할 수 있도록 만들어준다.

둘째, 오만스럽게 들리겠지만, 이 책은 좀더 커다란 야심, 그러니까 현실의 참모습을 설명해 내려는 야심을 가지고 있다. 물론 이 책이 지금까지 아무도 다룬 적이 없는 새로운 주제를 이야기하는 것은 아니다. 단지 한 자리에서 다루어진 적이 없는 서로 다른 범주들을 하나로 묶어 포괄적으로 설명하고자 할 뿐이다. 나는 철학적이고 추상적인 개념만을 의도적으로 정면 공격하기(현실의 참모습을 회피하고자 하거나 관심을 끌 만한 것이 없을 때 조금이라도 주목을 받고자 할 때 흔히 쓰이는 상투적 방법)보다는 평범한 예를 통해 섬세하고 온화하게 의견을 개진해 가고자 한다.

마지막으로, 그리고 진심으로 나는 독자들이 다윈 혁명의 깊은 의미를 잘 이해함으로써, 다양한 개체들에 의해 이루어진 전체가 자연의 참모습임을 깨닫게 되기 바란다. 즉, 이 책을 통해 여러분들이 〈이 세계는 무엇으로 이루어졌는가?〉라는 질문에 대해 그 무엇으로도 환원될 수 없는 〈변이 variation 그 자체〉로 세계가 이루어져 있다고 대답할 수 있어야 한다. 그러기 위해서는 우선 구태의연한 플라톤적 사고 습관을 버리고, 집단을 평균값(보통의 경우, 이 값이 집단의 〈전형적〉 특성이며, 시스템의 종류나 추상적 본질을 나타낸다고 간주된다)이나 극단적인 예(4할 타자의 실종 문제와 인간의 복잡성 등등)를 통해 서술하는 것이 얼마나 큰 잘못인지를 깨달아야 한다. 이 책의 미국판 부제 〈플라톤에서 다윈까지 우수성의 확산〉은 플라톤적 사고와 다윈적 사고라는 두 가지 접근 방법의 의미, 그리고 다윈적 해석의 중요성을 잘 요약하고 있다.

『풀하우스』는 『경이로운 생명 Wonderful Life』(1989)의 자매편에 해당한다. 이 두 권의 책은 생명의 역사와 의미를 관습적인 시각에서 벗어나 통합적 시각에서 이야기하고 있다. 『경이로운 생명』은 진화에서 일어난 모든 사건의 예측 불가능성과 우연성을 주장하며, 따라서 호모 사피엔스의 출현은 예정된 결과가 아니라 다시는 반복될 수 없는 특별한 사건으로 봐야 함을 강조한다. 『풀하우스』는 진보가 생명의 역사를 규정한다든지, 진화에 보편적 경향이 있다든지 하는 견해를 부정하는 일반 이론을 제시한다. 생명 전체를 하나로 보는 시각을 가지면 인간을 진화의 정점에 둘 수 없게 된다. 생명은 그 시초에서부터 지금에 이르기까지 언제나 박테리아 형태가 우위를 차지해 왔다.

이 두 권의 책들은 모두 일반 이론보다는 독자들의 관심을 끌 수 있는 구체적인 예를 통해 기본 논지를 펴나간다. 『경이로운 생명』은

캐나다의 버제스 혈암층에서 나타난 화석 동물군이 보여주는 캄브리아기 생명의 대폭발을 다루고 있으며, 『풀하우스』는 야구의 4할 타자가 사라졌다는 사실과 박테리아 형태가 지속적으로 보여주는 생명의 종 모양 표준 정규 분포 곡선을 예로 들고 있다. 이런 예들은 우리가 인간을 다른 생물들과 분리시켜 우월감을 느끼는 전통적 관념을 버리고 인간을 생명의 거대한 역사 속에 나타난 우연한 존재로서 다른 생물들과 하나로 보는 더 흥미로운 관점을 택해야 함을 제안하고 있다. 우리는 인간의 우월성에 대한 관습적 개념을 포기하고 생명 모두를 소중히 여기는 법을 배워야 한다. 우리는 그 개체들 중의 하나일 뿐이기 때문이다(『경이로운 생명』). 그리고 우리를 소중한 한 요소로 포함하고 있는 전체 시스템에 관심을 가져야 한다(『풀하우스』). 그것을 통해 우리는 거짓된 위안 대신 생명에 대한 깊은 이해를 얻게 될 것이며, 우리 행성이 거쳐 온 생명 다양성의 역사가 만든 풀하우스 Full House 안에서 정말 멋진 삶 Wonderful Life을 누릴 수 있게 될 것이다.

내가 작은 제안을 했으니 이제 여러분이 책을 읽을 차례이다. 일단 읽고 나서 모든 심오한 문제들(그것이 양배추에 관한 것이든, 왕에 관한 것이든)을 함께 토론하고 한바탕 논쟁을 해보자.

1부
플라톤에서 다윈까지 우수성의 확산

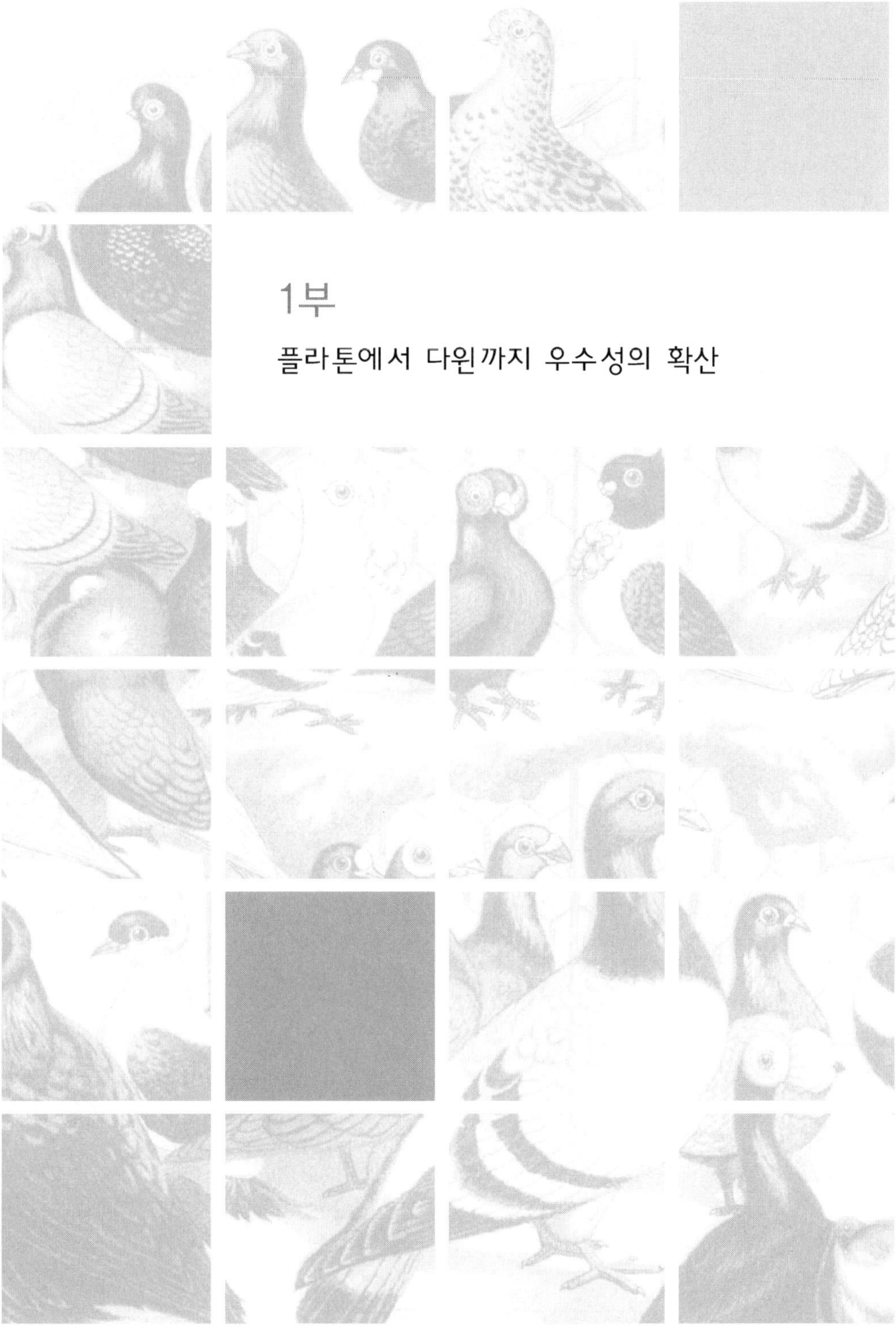

· 1 ·
헉슬리의 체스판

우주를 묘사하기 위해 선택하는 비유를 보면 그 사람의 특성이 그대로 드러난다. 예를 들면, 셰익스피어는 이 세계를 하나의 〈무대〉로, 모든 남녀는 단지 〈배우〉로 봤다. 늙고 추해진 말년의 프랜시스 베이컨은 외적 현실은 거품에 지나지 않는다고 말했다. 17세기 중반 영국의 의사이자 작가이던 토머스 브라운은 〈세계는 영원 속의 작은 괄호에 지나지 않는다〉라고 비유했으며, 셰익스피어는 「윈저의 유쾌한 아낙네들」에서 피스톨과 폴스타프가 나눈 대화 중에 〈이 세상은 칼로 껍질을 열기만 하면 되는 굴이다〉(내가 맘껏 이익을 빼낼 수 있는 곳이라는 뜻——옮긴이)라고 말했다. 이처럼 우리는 비유를 통해 웅대한 신의 영역 앞에서 느끼는 종교적 경외감에서부터 인생의 잔재미에 이르기까지 온갖 이유로 이 세상을 얼마든지 축소시킬 수 있다.

그러므로 이성주의자이자 논쟁의 명수였던 영국의 의사 토머스 헨리 헉슬리가 자연의 실체를 체스판으로 묘사했다고 해서 별로 놀랄 일은 아니다.

세계는 체스판이다. 체스의 말들은 삼라만상이고, 경기 규칙은 우리가 대자연의 법칙이라고 부르는 것에 해당한다. 상대방 선수는 우리에게 보이지 않는다. 그러나 항상 공정하고 정정당당하고 인내심을 가지고 경기를 해나간다. 또한 쓰라린 경험에 의하면 그 선수는 절대로 실수를 눈감아 주지 않고, 아주 사소한 무지도 용납해 주지 않는다(『개방 교육 Liberal Education』, 1868년).

헉슬리는 이렇게 자연을 상대하기 만만치 않지만 공명정대하게 대결해 오는 적수, 관찰과 논리라는 두 가지 막강한 무기로 이길 수 있는 적수로 봤다. 이러한 생각은 〈과학이란 기껏해야 상식에 지나지 않는다. 그것은 빈틈없는 정확한 관찰과 논리적 오류에 대한 냉혹함일 뿐이다〉라는 유명한 선언의 바탕에도 깔려 있다(『가재 The Crayfish』, 1880).

그러나 헉슬리의 비유는 틀렸다. 자연을 이해하고자 하는 우리의 노력은 갈수록 힘들어지고 있다. 과학은 결코 〈우리 대 그들〉의 문제가 아니기 때문이다. 헉슬리가 상상했던 체스판 건너편의 적수는 고분고분하지 않은 자연의 근본 속성에 우리의 편협한 사회적, 정신적 관습이 합쳐진 괴물이다. 따라서 우리는 우리 스스로와 싸우고 있다고 할 수 있다. 물론 자연은 객관적이며 이해 가능한 것이다.

하지만 우리는 그것을 색안경을 통해 어렴풋이 볼 수밖에 없다. 시야를 가리는 이 안개는 사회 문화적 편견, 심리적 선호 감정(개인의 어리석음뿐만 아니라 집단적인 사고 방식 차원의) 지적 한계 등, 바로 우리 자신이 만들어 낸 것이다.

연구 주제가 현실적, 철학적으로 우리의 관심사와 얽혀 있을수록 우리는 균형 감각을 잃는다. 대서양의 유수동물(有鬚動物, *pogonophoran*)을 분류할 때에는 최대한 객관성을 유지할 수 있지만, 인류의 화석을 다룰 때는 비틀거리며, 현생 인류를 다룰 때에는 거의 쓰러질 지경에 이른다.

그래서 인간 존재에 대한 진화론적 의문들, 즉 〈인간은 생명의 나무 어디쯤에서, 어떻게, 왜 나타나게 되었는가?〉, 〈인간은 필연적으로 출현할 수밖에 없었는가, 아니면 운 좋게도 우연히 인간으로 진화된 것인가?〉와 같은 문제들을 다룰 때에는 적게나마 가지고 있는 제한된 정보들마저도 편견에 묻혀버리게 된다. 그 왜곡된 설명들 중 몇몇은 신성시되거나, 조건 반사처럼 당연시되거나, 거의 제2의 천성이 되어버려서 이제는 그것이 본래 사회적 결정이었다는 사실을 망각하고, 우리에게 주어진 당연한 진리로 받아들이고 있다.

우리가 무의식중에 드러내는 생명의 역사에 대한 편견 가운데 하나로 내가 가장 즐겨 드는 예는 바로 생명의 역사에 대한 그림이다. 최초로 척추동물의 화석이 정확하게 재구성된 것은 고작해야 19세기 초반 퀴비에G. B. Cuvier의 시대였다. 그러니까 진화 역사적으로 생명체가 차례로 나타나는 것을 그림으로 묘사하는 전통은 200년도 채 안 되는 셈이다. 여러분은 가장 먼저 캄브리아기의 삼엽충이 나오고, 중간에 여러 공룡들을 거쳐, 마지막으로 프랑스의 한 동굴 벽에 그림을 그리느라고 바쁜 크로마뇽인으로 이어지는 그림을 수없이 보아왔을 것이다. 이러한 순서도는 자연사 박물관의 벽화에도 있고, 생명의 역사를 보여주는 화보집에도 나타난다. 이러한 순서도가 어떻게 해서 심한 편견이라는 말인가? 삼엽충은 최초로 다세포 생물계를 장악했고, 인간은 가장 마지막에 출현했으며, 공룡은 분명히 그 중간에 번창하지 않았는가?

그렇다면 한 세기에 걸친 이 그림의 역사에서 가장 유명한 세 쌍을 한번 자세히 살펴보자. 각 쌍은 고생대와 중생대의 바다 풍경을 그리고 있다. 고생대의 그림들은 모두 무척추동물을 보여주고, 중생대의 그림들은 모두 육상 파충류에서 변화된 바다 파충류만을 보여준다. 첫번째 쌍은 1860년대 초에 발행된 루이 피기에의 「대홍수 이전의 세상 The World Before the Deluge」에 나오는 것으로 이러한 그림들의 선조 격에 해당하는 작품이다(19세기에 이러한 그림 장르가 확립되어 가는 역사를 알고 싶으면 러드윅이 쓴 『오랜 옛날의 모습 Scenes from Deep time』을 보라). 두번째 쌍은 선사 시대만을 전문적으로 그린 뛰어난 화가 찰스 나이트가 1942년도 2월 《내셔널 지오그래픽》의 「오랜 세월에 걸친 생명의 퍼레이드」라는 제목의 기사에 그린 삽화로 전형적인 미국식 해석이다. 마지막 쌍은 체코의 화가 부리안이 1956년에 고고학자 아우구스타의 책 『선사 시대 동물 Prehistoric Animals』에 그린 것으로 전형적인 유럽판이다.

그런데 이들 그림이 뭐가 잘못되었단 말인가? 고생대 초기에는 아직 척추동물이 없었고, 중생대 공룡의 시대에 바다로 되돌아간 파충류(태초의 생명은 바다에서 발생했고, 어류, 양서류를 거쳐 파충류로 진화되면서 비로소 육상으로 올라왔는데, 일부 파충류는 붐비는 육지를 떠나 다시 바다로 돌아가 살기 시작했다——옮긴이)가 바다 파충류가 된 것 또한 사실이다. 이 그림들은 좁은 의미에서는 〈틀린 것이 없다〉. 그러나 이렇게 제한된 정보는 그 자체는 옳더라도 전혀 엉뚱한 의미로 해석되기 쉽다. 이와 관련된 예로 다음과 같은 예화를 들 수 있다. 일등 항해사를 싫어했던 한 선장이 모종의 사건 이후 〈일등 항해사가 오늘 술에 취했다〉라고 항해 일지에 적었다. 그 항해사는 전에는 한번도 그랬던 적이 없었기 때문에, 자신의 고용에 문제가 생길 것을 우려하여 선장에게 그 문구를 삭제해 달라고 애걸했지만 거절당했다. 그러자 항해사는 다음날 자기가 일지를 쓰면서 〈선장은 오늘 취하지 않았다〉고 기록했다.

 이 항해사 이야기와 같은 일이 생명의 역사에서도 일어난다. 하찮은 것을 가장 전형적인 것으로 나타내는 것보다 더 큰 오해를 일으키는 일이 있을까? 선사 시대를 묘사하는 이 유명한 작품들은 모두(단 하나의 예외도 없다) 그 시대 생물계의 주인공들만을 보여준 것이라고 주장하고 있다. 그러나 이 일련의 그림들이 모두 고생대 무척추동물로 시작한다는 사실에 벌써 첫번째 편견이 들어 있다. 척추동물 이전의 바다는 다세포 동물의 역사에서 거의 절반을 차지하는 긴 시기에 해당하는데도, 이 시기에는 전체 그림의 10퍼센트도 할애하지 않은 것이다. 데본기에 어류가 번성하기 시작하자 바다 속 풍경의 주인공은 이 최초의 척추동물들로 바뀐다. 그리고 이후의 다채로운 생물 퍼레이드 어디에서도 무척추동물은 등장하지 않는다(중생대 풍경의 한 언저리에 겨우 끼어든 단역 배우 암모나이트가 유일한 예외이다). 어류도 고생대 말기에 육상 척추동물이 등장한 이후로는 다시 등장하지 못하고(어룡이나 모사사우르스의 밥이 되지 않기 위해 도망치는 그림은 예외이다) 몹시 홀대받고 있다.

　어째서 그렇게 적은 생물들만이 등장하는지, 각 시대를 대표했던 그 많던 생물들은 다 어디로 갔는지 생각해 본 사람이 얼마나 될까? 어류가 나타난 후에도 무척추동물은 멸종되지 않았으며, 또한 진화를 멈추지도 않았다. 오히려 무척추동물의 역사에서 가장 중요한 사건들은 바다 척추동물과 공존하던 시대에 일어났다(생명의 역사에서 가장 흥미롭고 놀라운 사건인 〈5대 멸종〉은 모두 무척추동물계의 변화에서 가장 극명하게 나타난다). 마찬가지로 어류 계통 중의 한 무리가 육지를 점령했다고 해서 바다의 어류가 모두 사라지거나 진화를 멈춘 것은 아니다. 오늘날에도 모든 척추동물의 반 이상이 어류이다 (현존 어류만 해도 2만 종이 넘는다). 어류의 일부가 거처를 육지로 옮겼다고 해서 개체수가 가장 많은 해양 척추동물을 그림에서 빼버리다니, 얼마나 불합리한가?

　게다가 육상 척추동물의 이야기 역시 지독하게 왜곡되어 있다. 첫째, 척추동물이 육지를 점령하자 바다는 생명의 역사에서 완전히 사라져버렸다. 하나의 예외가 있다면 〈그림 1〉이 보여주는 것과 같이 〈고도로 진화된〉 육상 생물 중 일부가 바다로 돌아간 것을 묘사한 것인데, 이것은 이 사건을 진보의 단계에서 일어나는 다양성의 상징으로 사용하는 관례에 따른 것이다. 그에 따라 중생대의 해양 파충류는 그 시대의 지배자인 육상 공룡과 공존하는 생물로 묘사될 수 있었지만, 같은 시대에 살던 어류는 상향 발전하는 진화의 무대가 바다에서 육지로 옮겨갔기 때문에 눈에 보이지 않게 되었다. 신생대 초기를 묘사한 그림에서 고래가 등장하는 것은 포유류가 그 당시 육지를 지배하고 있었기 때문이다. 그들과 공존하던 다른 해양 파충류와 어류는 아예 무시되어 있다.

둘째, 이 그림들이 차례로 보여주는 육상 동물들의 등장 순서는 인간 중심적인 시각에서 본 지배의 변천사이지, 다양성의 변화에 대한 공정한 기록은 아니다. 양서류와 파충류가 육상을 지배하자 물고기는 사라져버린다. 좀 별난 한 무리의 어류가 미지의 새 환경을 개척했다고 해서, 지구 표면의 70퍼센트를 덮고 있는 바다를 여전히 어류가 점령하고 있었는데도, 이 그림들은 바다에서 어류 전체가 사라진 것처럼 매도하고 있다. 양서류와 파충류 역시 계속 번창했으며, 이집트에 대한 모세의 저주 또는 이브에 대한 뱀의 유혹과 같은 이야기들이 보여주는 것처럼 포유류의 삶에 커다란 영향을 주어왔다. 하지만 그들은 포유류가 역사의 무대에 등장하자마자 그림에서 추방당한다. 이 진화 순서도의 마지막에는 예외 없이 인간이 등장한다. 그러나 사실 인간은 포유류 중에서도 아주 작은 집단인 영장목(총 4천여 종의 포유류 가운데 영장목은 약 2백 여 종밖에 되지 않는다)에 속한 한 종에 지나지 않는다. 진화의 관점에서 볼 때 박쥐, 쥐, 영양 등이 오히려 더 성공한 포유류인데도 이들은 전혀 등장하지 않는 것이다.

독자들은 여기에서 내가 괜한 트집을 잡는다고 생각할지도 모르겠다. 이 그림들이 단지 거대한 진화 계통수(系統樹)에서 작은 가지에 지나지 않는 인류의 조상들이 어떻게 출현했는가를 보여주기 위한 것이라고 주장한다면 더 이상 그 편협성에 대하여 왈가왈부하지 않겠다. 그러나 문제는 이 그림들이 나뭇가지 하나에 대한 이야기가 아니라 생명의 역사 전체를 그린 것처럼 행세하는 데 있다. 이 세 쌍의 그림들에 달린 제목을 보라. 「대홍수 이전의 지구」, 「오랜 세월에 걸친 생물들의 퍼레이드」, 「선사 시대 동물」. 이 그림들이 얼마나 우스꽝스러운지를 이해하는 데 도움이 되는 좋은 비유가 있다. 자동차마다 미국의 48개 주의 이름을 붙여 이들이 미국의 영토에 편입된 순서를 보여주는 거대한 카 퍼레이드를 연출한다고 해보자. 위의 그림들에 따르면, 뉴잉글랜드 주의 팻말이 붙은 자동차는 처음 1킬로미터만 등장하다가 영원히 철수해야 한다. 그러고 나서 〈노스웨스트 테리토리〉, 〈루이지애나 구입〉, 그리고 〈서부 개척 영토〉 등의 팻말이 붙은 자동차가 차례로 등장할 것인데, 새로운 퍼레이드 자동차가 등장할 때마다 앞에 있던 자동차는 빼내고 달랑 새 자동차 하나만 행진시켜야 할까? 그 퍼레이드가 캘리포니아 주를 멕시코에서 사들인 〈개즈던 구입〉이라는 팻말이 붙은 자동차가 혼자 쓸쓸히 행진하는 것으로 끝난다면 미국 영토 확장의 위대함을 적절하게 보여줄 수 있을까?

인류는 스스로를 몹시 사랑하지만, 호모 사피엔스는 생명 전체를 대표하는 생물도, 가장 상징적인 생물도 아니다. 인간은 동물 종의 약 80퍼센트를 차지하고 있는 곤충류의 대표도 아니고, 어떤 특수하거나 전형적인 생명체의 본보기도 아니다. 물론 인간은 의식이라

〈그림 1〉 이러한 장르의 그림에 숨겨져 있는 편견을 보여주는 세 쌍의 그림. 순서대로 ① 1860년대 피기에의 작품 「대홍수 이전의 지구」, ② 1940년대 나이트의 작품 「오랜 세월에 걸친 생물들의 퍼레이드」, ③ 1956년 아우구스타와 부리언의 작품 「선사 시대 동물」이다. 각 쌍의 첫번째 그림은 초창기 다세포 생물 시대의 무척추동물을 보여준다. 두번째 그림은 중생대(공룡이 육지를 점령한 시기)의 해양 생태계를 보여준다. 이 중생대 바다에는 물고기나 무척추동물은 없고 오로지 바다로 되돌아간 파충류만이 그려져 있다.

① 「대홍수 이전의 지구」

②「오랜 세월에 걸친 생물들의 퍼레이드」

③「선사 시대 동물」

는 진화의 기발한 발명품을 소유하고 있으며, 이로 인해 오로지 인간만이 이 문제들을 반추할 수 있게 되었다(아니, 반추는 소가 하고 우리는 반성한다고 해야겠지). 그러나 다세포 동물군의 80퍼센트를 차지하는 절지동물들이 신경의 복잡성을 향한 진화를 전혀 택하지 않고도 엄청난 진화적 성공을 거둔 것을 생각해 보라. 더군다나 그 정교한 신경망이 인류를 더 〈고등하다〉고 지칭하는 어떤 생명체로 불꽃처럼 튀어 오르게 하려다가 오히려 인류를 멸망시킬지도 모르는 상황에서, 이 발명품을 생명 진화의 가장 중요한 추진력이나 핵심이라고 볼 수 있을까?

그렇다면 인류는 왜 아직도 척추동물의 역사에서 지극히 미미한 한 갈래에 지나지 않는 자신들을 모든 다세포 생물들의 표본이라도 되는 것처럼 그리고 있는 것일까? 이 엉성하기 짝이 없는 그림들의 정확성에 근본적인 의문을 품어본 사람들이 과연 얼마나 될까? 물론 이 그림들은 너무나 그럴 듯하고 정확해 보인다. 나는 이 책에서 이 그림들을 별 의심 없이 받아들이는 자세가 바로 진화의 경향을 분석하면서 범하는 심각한 오류들의 원인임을 보여줄 것이다. 사람들은 〈전체 시스템〉, 그러니까 이 책의 제목대로 하자면 〈풀하우스〉의 일부로서 변이와 그 확산 패턴의 변천 과정을 연구해야 하는데도, 전체보다는 특정한 세부나 추상적인 것(호모 사피엔스의 계보와 같은 왜곡된 예에서 주로 볼 수 있다)을 엉뚱하게 선택하여(이렇게 특징적이지 않은 극소수의 예들이 어디론가 움직여 가는 경향을 보인다고 믿기 때문이다) 그것에 연구의 초점을 맞춘다. 이 책에서 나는 그러한 오류들 중에서 특히 진보에 대하여 논하게 될 것이다. 이 책의 설명 방식은 종래의 설명 방식과는 상당히 다르다. 가만히 귀기울여

듣고 나면 당연하게 생각되겠지만 기존의 사고 방식에 물들어 있는 사람들은 이해하기 쉽지 않을 것이다. 이 책은 경향이란 정해진 방향으로 나아가는 어떤 확고한 실체가 아니라 변이의 증가와 감소 결과로 봐야 한다고 주장하며, 〈우수성의 확산〉 혹은 〈진보의 경향〉이란 변이의 확장과 축소로 해석하는 것이 가장 정확함을 보일 것이다.

· 2 ·
오해와 편견에 포위된 다윈

프로이트의 통찰

프로이트는 〈과학의 역사에서 일어났던 모든 혁신들은 종류는 다 다르지만 하나의 공통점이 있다. 그것은 절대적 확신이라는 인간의 오만을 차례로 뒤엎어 나간 것이다〉라고 말했다. 나는 이 예리하면서 거의 비탄에 가까운 말을 전에도 여러 번 언급한 바 있다. 프로이트는 그러한 혁신의 예로 다음과 같은 세 가지 사건을 들고 있다. 첫째, 코페르니쿠스, 갈릴레오, 뉴턴이 지구가 변두리 항성에 딸린 작은 행성에 지나지 않음을 밝혀냄으로써 인간이 유한한 우주의 중심에 있다는 믿음을 붕괴시켰다. 그러자 사람들은 신께서 당신의 형상을 닮은 특별한 생명체를 창조하기 위해 이 변두리 장소, 지구를 선택하셨다고 상상하며 안도의 숨을 쉬고 있었다. 그런데 다시 다윈이 나타나 인간을 〈동물의 후손〉으로 격하시켰다. 그러자 사람들은 인간만이 가진 〈이성〉에서 겨우 위안을 찾고 있었는데, (프로이트가 지성의 역사에서 가장 오만한 선언을 통해 말했듯이) 심리학이 다시 무의식을 발견한 것이다.

프로이트의 관찰은 정확했다. 그러나 그는 사람들의 통념을 뿌리째 흔든 중대한 혁명 몇 가지를 빠뜨렸다. 물론 그는 지적 혁명의 과정만을 기술한 것이지 모든 예를 제시하려고 한 것은 아니었으므로 여기에서 프로이트의 통찰력을 비판하는 것은 아니다. 구체적으로 말하자면 지질학과 고생물학 분야가 과학의 혁신에 기여한 바는 코페르니쿠스의 지동설에 못지않았다. 성서의 신화를 문자 그대로 받아들이면 인간에게는 대단히 흐뭇한 일이 될 것이다. 성서에 따르면 지구의 나이는 몇천 년밖에 되지 않았으며, 태초의 닷새를 제외한다면 항상 가장 우수한 생명체인 인간이 그 지배자였다. 지구의 역사는 시공간적으로 인간의 역사와 같다. 그렇다면 아예 물리적인 우주가 우리를 위해서, 우리 때문에 존재한다고 말할 수 있지 않을까?

그런데 고생물학자들이 존 맥피의 멋진 표현처럼, 〈깊은 시간〉을 발견했다. 그 결과 지구의 나이는 몇십억 년 전, 그러니까 우주가 최초로 팽창하던 그 시간까지 거슬러 올라갔다. 물론 그 시간만으론 프로이트의 혁명에 해당되지는 않는다. 인류가 몇십억 년 동안 줄곧 존재했다면 오히려 이 행성을 오랫동안 지배했다는 그 사실로 인해 인류의 오만함이 더욱 커질 수 있기 때문이다. 그러나 고생물학자들이 인류의 존재는 지구 역사의 마지막 순간(지구의 역사 전체를 1킬로미터로 보면 2.5센티미터, 1년으로 보면 1-2분에 해당함)에 등장했다는 사실을 밝혀내자 프로이트적 혁명이 일어났다. 이렇게 바닷가의 모래 한 알만큼이나 미미한 인류의 시간은 특히 프로이트가 꼽은 두번째 혁명(다윈의 혁명)과 함께 커다란 위협이 되었다. 이 사실이 의미하는 바는 명백하다. 만약 인류가 무성한 생명의 나무에 속한 아주 작은 가지 하나에 지나지 않으며, 더욱이 그 가지가 돋아난 시기가 지질학적 연대에서 볼 때 바로 얼마 전이라면, 인류는 근본적으로 진보적 성질을 가진 생명 진화의 예정된 결과가 아닐 것이다. 인류가 이룬 영광과 성취가 아무리 눈부시다 하더라도, 인류의 탄생은 한순간 우연히 일어난 우주적 사건에 지나지 않으며, 생명의 씨앗이 다시 뿌려져 생명의 나무가 비슷한 조건에서 자라난다면 다시는 일어나지 않을 사건임을 의미한다. 위에서 〈명백하다〉고 말한 것은 바로 이런 뜻이다.

그러나 이 단순하고 명백한 의미(그것은 옳다)는 인류(특히 유럽인)의 심리적 위안과 뿌리 깊은 사회적 신념들에 배치된다. 그 때문에 아직 인류의 문화는 이 네번째 프로이트 혁명을 감수할 의사가 없다. 그렇게 프로이트적 혁명을 거부한다면, 논리적으로 타당한 선택은 두 가지뿐이다. 첫번째는 성서를 문자 그대로 해석한 것을 신봉하면서 지구의 나이는 몇천 년밖에 되지 않았고 인류는 이 행성의 시간이 시작된 지 며칠 후 신에 의해 창조되었다고 주장하는 것이다. 이러한 신화는 지질학적 시간의 광대함과 진화의 사실을 뒷받침하는 증거들을 중시하는 현명한 사람들에게는 논리적인 선택이 되지 않는다. 그렇다면 두번째 선택, 즉 변질된 다윈주의에 의존하는 것이다. 인류의 관습적인 오만을 용납하는 방향으로 진화 이야기를 풀어가려면 어떻게 해야 할까?

인류의 시간을 지구 시간의 마지막 순간에 한정시키면서 동시에 우주에서 인류의 중요성도 계속 유지하려면 진화 이야기를 약간 개작해야 한다. 그렇게 개작된 이야기를 화성인(지구에 생명이 있으리라고는 전혀 기대하지 않고 지구를 관찰하러 처음으로 지구에 도착한 공정하고 이지적인 방문객)이 들으면 배꼽을 잡고 웃을 것이다. 그런데도 인류는 그 이야기에 오랫동안, 너무나 깊이 빠져 있어서 그 구태의연한 주장이 얼마나 모순인지를 깨닫지 못하고 있다.

이 새로운 이야기는, 진화에는 예정된 결과를 향해 진행되는 근본적인 경향 또는 추진력이 있으며, 그 힘이 생명의 역사에서 찬란하게 빛나는 최고의 결과(인간)를 낳았다는 오류를 기반으로 한다. 이때 근본적인 경향 또는 추진력이란 물론 진보를 뜻한다. 이 이야기는, 해부학적 복잡성, 신경의 정교함, 습성의 다양성과 유연성 등 호모 사피엔스를 생명 전체의 꼭대기에 올려놓기 위해 명백하게 날조된 온갖 기준으로 생명의 역사를 관찰하고, 생물이 틀림없이 어떤 증가 경향을 보인다고 주장한다. 생명의 역사를 진보로 정의하려는 것이다.[1]

---

1) 진보를 부정하는 주장 중에, 그 단어 자체가 너무나 모호하고 주관적이며 부정확하므로 아예 그 개념을 배제해야 한다는 것이 있다. 그런 주장은 궤변이며 문제 회피에 지나지 않는다. 이 책은 결코 그런 서툰 주장을 채택하지 않는다. 진보라는 단어의 뜻이 모호한 것도 사실이지만, 뇌의 크기처럼 정확하게 측정 가능한 것이나, 좀 애매하긴 하지만 그래도 정의할 수 있는 해부학적인 복잡성(보통 신체 구성 요소의 수나 다양한 방법으로 평가된 분화 정도로 구체화된다)으로 진보에 대한 정의를 대신할 수 있다. 그러나 이런 전술적인 대용물로도 진보가 생명의 역사의 기본 추진력이라는 주장을 옹호할 수는 없다. 그것이 바로 이 책의 주장이다.

인류가 왜 스스로를 이 우주에서 생겨나기로 예정되어 있는 선택된 존재라고 믿고 싶어 하는지는 역사학, 심리학, 신학, 사회학적으로 얼마든지 설명할 수 있다. 그러나 고생물학자로서 프로이트의 네번째 혁명과 관련해서 그것을 해명하자면 다음과 같다. 인류가 지구 시간의 마지막 순간에 나타난 존재라는 지질학의 놀랍고 끔찍한 발견을 가능한 한 듣기 좋게 왜곡하는 방법은 진화의 방향을 인간을 향해 예정된 진보라고 해명하는 수밖에 없다. 그렇게 하면 지구의 역사 속에서 인류가 존재했던 극히 짧은 시간이 더 이상 인류가 우주에서 가장 중요한 존재라고 주장하는 데 문제가 되지 않는다. 인류는 호모 사피엔스 종으로서는 짧은 역사만을 가지고 있지만, 그 이전의 몇십억 년이 인류 정신의 진화라는 절정에 이르기 위한 일련의 사건들이었음을 보여준다면 결국 인류의 기원은 이 세상의 시작에 이미 내재되어 있었던 셈이기 때문이다. 이렇게 보면 인류는 지구의 탄생 순간부터 존재해 온 것이 된다. 인 프린치피오 에라트 베르붐(*In principio erat verbum*, 태초에 말씀이 계시니라).

진보에 대한 믿음은 편견에 지나지 않는다고 생각하고 간단히 넘어갈 수도 있다. 그러나 편견 중에는 옳은 것도 있다. 1950년대에 나는 지극히 주관적인 취향에 따라 양키스 팀을 열렬히 응원한 적이 있었는데 사실 객관적으로 보아도 그 팀은 최고의 야구팀이었다. 그런데 왜 진보가 생명의 역사를 진전시켜 온 추진력이라는 사실을 의심해야만 할까? 우리의 희망이 어쨌든지 간에, 생명계는 점점 복잡해져 가지 않았는가? 어떻게 고생물학이 밝혀낸 것 중에서 가장 두드러진 사실을 부인할 수 있는가? 35억 년 전 지구에 살던 생물은 박테리아와 그 사촌들 같은 아주 간단한 종류의 단세포 생물들뿐이었으나, 오늘날의 지구는 쇠똥구리, 해마, 피튜니아, 인류 등으로 붐비고 있다. 그런데 어떻게 진보가 생명의 역사를 진전시켜 온 기본 추진력이 아니라고 부인할 수 있는가? 진보가 생명의 역사에서 가장 눈에 띄는 사건임을 부인하는 사람은 공허한 논쟁가, 말장난을 즐기는 심술쟁이일 뿐이다.

 그러나 이 책은 진보라는 관념은 네번째 프로이트적 혁명이 드러낸 단순 명료한 의미를 받아들이고 싶어하지 않는 사회적 편견과 심리적 희망이 만들어 낸 망상임을 증명한다. 이 책은 위에서 말한 분명한 사실, 즉 오랜 옛날에는 지구에 박테리아만이 살고 있었지만 지금은 호모 사피엔스를 포함해서 훨씬 다양한 생물들이 존재한다는 사실을 부인하지 않는다. 그 대신에 이 책은 그 동안 인류가 이 근본적인 사실을 곡해하고 있었으며 그것을 제대로 이용할 줄 몰랐다고 주장한다. 그리고 생명의 역사에서 나타나는 어떤 경향에 대한 새로운 해석(적어도 플라톤 시대부터 내려온 사고 방식에 수정을 요구하는 해석)이 그것을 이해하는 데 좀더 유용한 사고의 틀을 제공할 수 있음을 증명할 것이다. 이 새로운 해석은 야구에서 4할 타자가 사라진 이유에서 오늘날에 모차르트와 베토벤이 나오지 않는 이유에 이르기까지 수많은 수수께끼를 푸는 데 도움을 줄 것이다.

다윈 혁명을 완수할 수 있을까?

진보에 대한 편견이 표현되는 방법은 대중 문화의 순진한 설명에서 대단한 학자들이 쓴 책의 전문적인 학설에 이르기까지 다양하게 나타난다. 생명의 역사를 인류를 꼭대기에 둔 하나의 사다리로 최대한 단순화시킨 비유가 널리 쓰이고 있으며, 그것은 심지어 전문적인 저널에도 많이 등장하지만 모든 사람들이 그러한 해석을 받아들이는 것은 아니다. 진화생물학을 조금이라도 맛본 사람들은 진화란 어떤 목표 지점을 향해서 뻗어 있는 고속도로나 하나의 꼭대기를 가진 사다리가 아니라 셀 수 없이 무성한 가지들을 가진 나무임을 잘 알고 있다. 따라서 그들은 광범위한 생명계 전체(진보의 〈메시지〉를 〈못 들은〉 대다수의 생물들은 여전히 비교적 단순한 형태 그대로 살고 있다)의 평균적인 경향으로 진화를 파악하고 있다.

엉터리 진화 이야기들이 어떻게 비판을 받고 비웃음을 사든지, 진화는 바로 진보를 의미한다는 식의 비유와 주장은 온갖 글에서 계속될 것이다. 그것은 근본적인 편견이지만 지금 이 순간에도 계속 늘어나고 있다. 그중 몇 가지의 예를 들어보자.

- 《스포츠 일러스트레이티드 *Sports Illustrated*》 1990년 8월 6일자. 덴버 브론코스 팀의 베테랑 선수인 칼 메클렌버그는 내부 라인배커(미식 축구에서 스크럼 라인의 후방을 지키는 선수──옮긴이)에서 외부 라인배커로 옮기게 되자 〈나는 지금 진화의 사다리를 올라가고 있다〉고 말했다.

- 1987년 1월 18일 메인 주에서 편지 한 통을 받았는데 창조론자들이 발행한 소책자에서 아무런 오류도 잡아내지 못해 곤란해하고 있다는 내용이었다. 소책자에는 〈연대가 분명히 밝혀져 있는 인류의 종들을 보면 몇천 년 동안 종 내에서 어떠한 진보도 일어나지 않

앗음을 알 수 있다. 뿐만 아니라 많은 종들이 동시대에 살았던 것으로 보인다. 이 두 가지 사실은 각 종이 다음의 더 고등한 종으로 발전해 간다는 이른바 진화의 법칙을 부정한다〉라고 되어 있었다.

• 뉴저지 주에서 받은 한 통의 편지(1992년 12월 22일). 그것은 세월의 흐름에 따라 진보하는 것은 한 생물군의 정상에 있는 일부 선택된 계통이 아니라 생물 집단 전체라는 것을 잘 이해하고 있는 전문 과학자에게서 온 것이었다. 〈나는 진화가 진행됨에 따라 생물의 구조나 생리 기능에서 전문화 정도가 커져간다고 생각합니다. 현존하는 종들은 몇십억 년 동안의 진화를 통해 상대적으로 볼 때 고도로 전문화된 상태입니다.〉

• 1992년 6월 12일, 영국의 한 기고자는 직설적으로 표현하고 있다. 〈생명에는 복잡성을 향한 내재적인 힘이 있다. 탈복잡화의 힘은 존재하지 않는다. 인류의 의식은 '복잡화의 길'로 들어서자마자 불가피하게 형성된 것이다.〉

• 1966년에 발간된 고등학교 생물학 교과서는 하나의 단순한 사실(두번째 문장)에서 그릇된 추론(첫번째 문장)을 이끌어낸 전형적인 예이다. 〈진화에 대한 설명은 대개 생명체가 진화하면서 복잡해져 가는 경향이 있다고 가정한다. 이 가정이 옳다면 이 지구에는 과거에 단순한 생명체만 살던 때가 있었을 것이다.〉

• 미국에서 손꼽히는 과학 전문 잡지인《사이언스》1993년 7월호

에 실린 「면역계 진화의 역사를 추적하며」라는 제목의 논문은 〈하등 생물〉에서도 세련된 면역 기구가 발견되는 것은 놀라운 일이라고 말하고 있다. 하지만 그 주장은 〈모든 사람들〉이 생명은 시간에 따라 진보한다고 믿고 있을 때에만 성립할 수 있다. 그 기사는 〈단순한 생물들의 면역 시스템은 섬세함에 있어 인류의 면역 시스템보다 조금도 못하지 않다〉라며 굉장한 통찰력이라도 되는 것처럼 쓰고 있다. 〈다른 생물〉이 〈인류보다 못하다〉는 발상은 도대체 어디서 나온 것일까? 더구나 그 기사가 다루고 있는 〈단순한 생물〉인 곤충류는 포유류와 5억 년 전에 진화적으로 갈라졌으며, 수많은 곤충들이 놀랄 만큼 다양하고 복잡한 화학적 방어 체계를 유지하고 있음은 모든 과학자들이 다 아는 사실인데도 말이다. 또한 그 기사는 〈해면동물처럼 진화의 사다리 저 아래쪽에 있는 생물조차도 다른 생물들의 조직을 인지할 수 있다〉라고 말하면서 놀라워하고 있다. 이렇듯 전문 학술지까지 진화를 사다리로 형상화하는데, 메클렌버그가 그런 비유를 쓴 것을 두고 비웃을 이유가 어디 있겠는가?

앗, 사다리라는 형상이 워낙 매력적이기 때문에 나조차도 그 덫에 걸리고 말았다. 지금 나는 여러 가지 예들을 열거하면서 나도 모르게 스포츠 스타를 처음에 놓고, 서신들을 지적인 순서대로 배치하고, 그 다음에 교과서와 《사이언스》의 기사를 제시했다. 사실 마지막 예가 처음으로 가야 하며, 내가 직선적으로 예로 든 순서는 하나의 원으로 구부러져야 한다. 처음의 예나 마지막의 예나 〈진화의 사다리〉라는 구절을 잘못 사용하고 있기는 마찬가지이기 때문이다. 라인배커의 이야기는 차라리 애교 있기라도 하지!

이런 식의 오류를 예로 들자면 끝도 없을 것이다. 여기에서는 대중 문화의 영역과 학문의 영역에서 명예와 성공의 정점(아차, 또 진보의 개념이 쓰였다)을 대표하는 가장 놀라운 예를 두 가지 더 들면서 그만 끝내기로 하자.

• 심리학자 스콧 펙이 1978년에 초판을 낸 『끝나지 않은 길 *The Road Less Traveled*』은 개인의 영적 성장에 관한 〈처세서〉라는 엄청나게 성공적인 장르에서 출판의 역사상 최고의 성공을 거두었다. 이 책은 《뉴욕타임스》 베스트셀러 목록에 600주 이상 올라 있었으며, 지금까지 총 판매액수에서 최고의 성적을 기록하고 있다. 우리 세대에서 아마 이에 도전할 만한 책이 나오리라고 기대하기 어려울 것이다. 그런데 스콧 펙의 책에는 〈진화의 기적〉이라는 제목이 붙은 장이 나온다(Peck, 1978, 263-268쪽).

그의 논지는 열역학 제2법칙에 대한 전형적인 오해로 시작된다.

> 물리적인 진화 과정에서 가장 놀라운 점은 그것이 기적 자체라는 점이다. 우리가 이 우주에 대해 이해하고 있는 바에 따르면 진화는 일어나지 말아야 한다. 진화 현상 자체가 존재할 수 없다. 열역학 제2법칙의 기본은 에너지가 조직화된 상태에서 덜 조직화된 상태로 자연적으로 흐른다는 것이다. 다시 말하자면 우주는 태엽이 계속 풀려 나가고 있다.

열역학 제2법칙은 보통 엔트로피(무질서도)의 시간적 증가로 묘사되는데, 이것은 외부 에너지원으로부터 어떤 새로운 에너지도 유입되지 않는 닫힌 계에만 적용된다. 그러나 지구는 닫힌 계가 아니다. 지구는 끊임없이 쏟아지는 태양 에너지로 목욕을 하고 있고, 따라서 열역학 법칙을 조금도 거스르지 않으면서 지구의 질서는 증가할 수 있다. 물론 태양계 자체는 아마도 닫힌 계일 것이며, 따라서 열역학 제2법칙을 따를 것이다. 태양은 자체의 연료를 다 소모하고 나면 최후에는 폭발로 그 수명을 다하게 될 것이므로 태양계 전체의 무질서도는 계속 증가한다고 할 수 있다. 그렇지만 그러한 태양의 운명이 지구라는 태양계 한구석의 자그마한 행성에서 질서가 장기간에 걸쳐 국지적으로 증가하는 것을 막지는 않는다.

그런데도 스콧 펙은 진화가 진보를 향한 근본적인 힘을 발휘하는 과정에서 열역학 제2법칙을 위반하기 때문에 기적이라고 한 것이다. 계속해서 그의 말을 들어보자.

진화의 과정은 복잡성, 분화, 조직성이 하등에서 고등으로 끝없이 발달하는 과정이다. …… (그리고 나서 스콧 펙은 바이러스, 박테리아, 짚신벌레, 해면동물, 곤충, 어류 등에 대해 차례로 썼다. 마치 이 뒤죽박죽 뒤얽힌 순서가 진화의 순서라도 되는 것처럼. 그리고 다음 이야기가 진행된다——저자) …… 생명체의 발달 과정은 이렇게 복잡화, 조직화, 전문화의 증가를 통해 진화의 단계를 하나씩 밟아 올라간다. 어마어마한 대뇌 피질과 기막히게 복잡한 행동 패턴을 소유하고 있는 인류는 우리가 아는 한 그 정상에 위치해 있다. 나는 진화란 기적이라고 단언한다. 진화가 조직성과 전문성이 증가하는 과정인 한, 진화는 자연 법칙에 위배되기 때문이다.

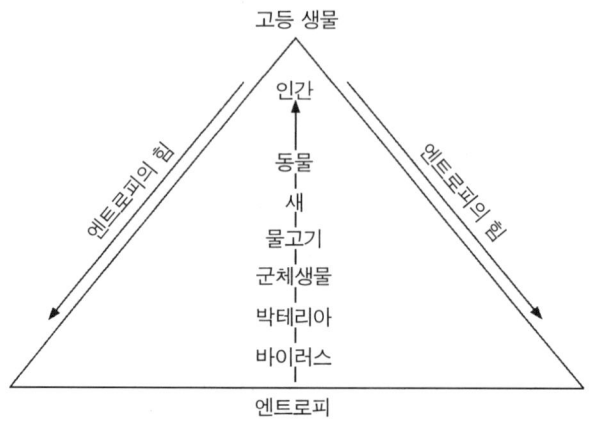

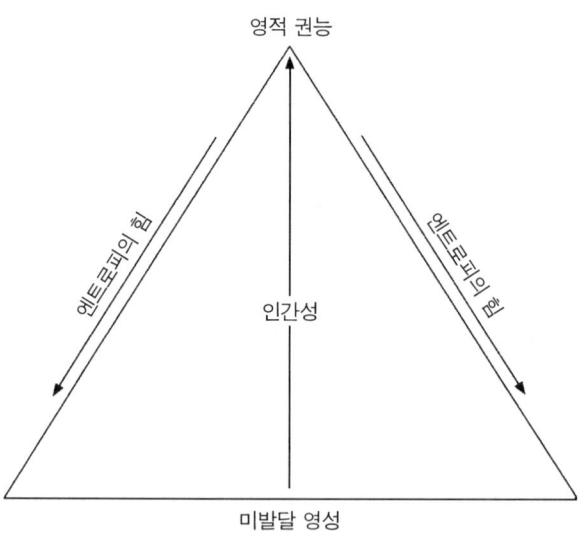

〈그림 2〉 스콧 펙의 베스트셀러 『끝나지 않은 길』에 나오는 진화 과정에 대한 두 가지 잘못된 견해. 위에 있는 그림은 생명체가 가진 복잡성 증가를 보여주는 피라미드이다. 아래 그림은 인간이 가진 영적 능력의 발달에 그것을 적용한 것이다.

그는 자신의 견해를 그림까지 그려가며 요약하고 있다(〈그림 2〉는 그것을 다시 그린 것이다). 그것은 진화가 마치 인류를 향해 일어나는 것처럼 그린 아연실색할 그림이다. 그는 가장 고등한 형태인 인류의 개체수가 가장 적고, 가장 하등한 형태인 박테리아의 개체수가 가장 많다는 자연의 기본 사실이 진보에 대한 견해와 배치됨을 눈치채고 있었다. 진보가 그렇게 좋은 것이라면 왜 진화된 인류의 수가 더 적을까?

스콧 펙은 생명을 밑에서 잡아당기는 엔트로피에 저항하여 위로 솟아오르는 것으로 표현함으로써 좌절의 아가리에서 승리를 건져보려 했다.

진화의 과정은 가장 복잡하고 가장 개체수가 적은 인류를 꼭지점에 놓고, 가장 개체수가 많지만 가장 단순한 형태를 가진 바이러스를 가장 아래쪽에 둔 피라미드 그림으로 나타낼 수 있다. 꼭지점에서 생명은 엔트로피의 힘을 거스르면서 위로 솟구치려고 한다. 피라미드 안에 이 진화의 솟구치는 힘을 상징하는 화살표를 표시했다. 이 힘이야말로 몇백만, 몇천만 세대 동안 〈자연의 법칙〉을 성공적으로 거슬러온 〈무엇〉이며 그 자체가 아직 정의되지 않은 또 하나의 자연법칙임이 분명하다.

그러나 이 간단한 도형에는 진보주의적 편견이 가진 중대한 오류들이 총망라되어 있다. 첫째, 스콧 펙은 생명의 사다리라는 순진한 해석은 배제한 것처럼 보이지만 사실 피라미드의 꼭지점 밑으로 명백히 일직선적 배열로 솟구치는 진화의 상향적 추진력을 드러내고 있다. 이 재구성된 사다리는 그가 경이로운 생명의 다양성과 자연사에 대해 잘 모르고 있음을 두 가지 측면에서 드러낸다. 특히 그가 박테리아와 척추동물 사이의 광대한 영역을 싸잡아서 〈군체생물〉로 채운 것에 분개한다. 그 사이에는 모든 다세포 진핵생물과 다세포 무척추동물이 들어가야 하며, 더 많은 군체생물들은 사실 이 두 범주에 포함되지도 않는다! 그리고 인류 이전의 척추동물을 물고기, 새, 동물이라고 나열한 것도 똑같이 언짢다. 물고기는 헤엄치고, 새는 난다는 것은 알지만, 포유류와 함께 이들도 동물이라고 불리지 않던가?

둘째, 대부분의 생물들은 그가 기대하는 만큼 그다지 멀리 가지 못한 것으로 보이는데도, 스콧은 생명의 상향적 추진력과 무생물 자연의 하향적 끌어내림을 대립시켜 진보를 진화의 가장 보편적이고 강력한 경향처럼 보이게 하고 있다. 모든 생명체는 엔트로피와 같은 강력한 힘에 함께 맞서서 밑바닥에 축적된 힘으로 몇몇 선택된 생명을 피라미드 꼭대기까지 밀어 올린다는 것이다. 치약을 아래에서 짜더라도 치약 전체를 밀어 올리는 힘에 의해 아주 적은 양이 그 꼭지에서 나와 그 목적을 달성하게 되는 것과 마찬가지로 그 힘은 인류를 진화 피라미드의 정상으로 밀어 올린다는 것이다.

이 이야기는 억지스럽고 우둔한 개념에 기초한 더욱더 큰 오류로 끝맺는다. 내가 이러한 장르의 책들에 대해 부정적인 시각을 갖고 있는 것도 이 때문이다. 즉 인류의 삶과 노력을 진보하는 생명의 축소판으로 그리는 것이다. 엔트로피의 힘이 계속 끌어내리지만(우리 자신의 무력감으로 나타나기도 한다) 사랑이 진보의 흐름에 가담하여 (혹시 이 둘은 동일한 힘이 아닐까?) 저급한 〈영적 미발달〉 상태에서 피라미드의 정점 또는 〈영적 권능〉의 정점으로 나아가게 해준다는 것이다. 따라서 〈자기 자신의 연장이라고 할 수 있는 사랑은 바로 진화의 작용이다. 사랑 자체가 진화의 과정이다. 모든 생명에 작용하는 진화의 힘은 인류에서는 인류적 사랑의 형태로 펼쳐진다. 인류에게 사랑이란 자연의 엔트로피 법칙을 타파하는 기적과 같은 힘이다.〉 아주 멋지고 그럴 듯하지만 알맹이 없는 헛소리일 뿐이다.

• 또다른 예가 있다. 나의 동료인 에드워드 윌슨은 세계적으로 유명한 자연사학자이다. 그의 책 『생명의 다양성 The Diversity of Life』(1992)을 재미있게 읽고 《네이처》에 그 책에 대한 서평을 쓰기도 했다. 그와 나는 사회생물학에서 다윈 이론의 핵심에 이르는 여러 가지 문제들에 대해 서로 다른 의견을 가지고 있다. 그러나 생명 다양성의 보존이라는 우리 두 사람의 공통된 목적을 달성하려면, 진보라는 신화에 대해서는 서로 연대해야 할 필요가 있다. 인류는 다른 생물에 대한 태도를 바꾸고 다른 생물에 대한 무관심과 착취에서 그들에 대한 관심, 사랑, 존중으로 인류의 인식을 전환해야 한다. 우리는 인류가 계속해서 스스로를 다른 생물들보다 우월한 우주적 창조물이라고 생각한다면 어떻게 이러한 태도 변화가 일어날 수 있겠는가?

그런데 윌슨은 생명의 역사를 으레 쓰이는 시대 구분으로 도식화했다. 그것은 진보주의자들의 전형적인 개념을 그대로 빌려온 것이다. 그러한 구분법은 어린 시절에 읽었던 교과서들에서나 쓰였고, 이제는 거의 버려졌다고 생각했던 것이다. 아마 개혁의 바람은 주로 언어에 먼저 나타나고(소수 집단과 성 문제에서 정치적으로 올바른 명칭에 대해 끝없는 논란이 있듯이) 개념에는 나중에 나타나나 보다. 에드워드 윌슨은 이렇게 쓰고 있다.

최초의 육상 동물인 절지동물이 등장한 후, 두툼한 지느러미를 가진 어류에서 양서류가 진화했다. 그러자 육상 동물로는 비교적 거인에 속하는 육상 척추동물의 폭발적 진화로 〈파충류의 시대〉가 개막했고, 그 뒤로 〈포유류의 시대〉, 마지막으로 〈인간의 시대〉가 왔다.

이 설명은 시대에 좀 뒤떨어지기는 했으나 편리하기 때문에 빌려온 표현법이 아니다. 윌슨은 이 글에서 분명히 진보를 옹호하면서, 아래와 같이 오싹한 내용으로 끝을 맺었다.

진화의 과정에서 역방향 진화도 많이 일어났지만 생명의 역사 전반에 걸친 평균적 경향은 단순하고 적은 수에서 복잡하고 많은 수로 움직이는 것이다. 지난 몇십억 년 동안 동물들은 전체적으로 몸의 크기, 먹이 섭취 및 방어 기술, 뇌와 복잡한 행동, 사회적 조직화, 환경 조절의 정확성 등에서 상승 진화했다. 따라서 동물 행동의 목적과 의도 달성 수준을 포함하여 생각할 수 있는 거의 모든 직관적인 기준에 비춰볼 때 생명 진화의 전체적인 특성은 진보이다. 진화를 진보와 전혀 무관한 것으로 보는 것은 말이 안 된다. 퍼스의 간청에 귀기울여, 우리가 마음속 깊이 진실이라고 알고 있는 것을 우리의 철학 때문에 부정하는 척하지 말자.

위대한 철학자일지는 모르지만 이 문제와 관련된 퍼스의 견해는 끔찍하다. 너무나 〈당연한〉 사실이기 때문에 몇 세대 전부터 생각해 보기를 멈추고 우리의 가슴속에 묻어둔 개념들, 즉 우리의 가장 편협한 정신적 습관들을 엄밀하게 따져보지 못하게 하는 것들만큼 지적 개혁에 방해가 되는 것은 없다. 태양은 매일 동쪽에서 떠서 하늘을 가로질러 서쪽으로 진다. 그러나 지구가 우주의 중심에 있고 태양이 지구에 종속되어 움직인다는 생각보다 더 비이성적인 것이 어디 있겠는가?

다윈은 링컨과 같은 날에 태어났고 1859년 『종의 기원』의 출판과 함께 혁명의 막을 〈공식적〉으로 열었다. 1959년 다윈 이론 발표 100주년 기념 행사에서 위대한 미국의 유전학자 멀러는 「다윈 이론에 대한 몰이해는 100년이면 충분하다」는 제목의 연설로 행사장을 숙연하게 만들었다. 멀러는 다윈 혁명이 충분히 파급되지 못하게 된 원인을 극단적으로 다른 두 가지 측면에서 봤다. 하나는 창조론이 여전히 대중 문화를 장악하고 있다는 것이고, 다른 하나는 진화를 인정하는 지식인들 사이에서 자연선택에 대한 이해가 충분히 이루어지지 않았다는 것이다.

그러나 사실은 이 두 극단의 중간에 위치한 더 중요한 문제가 항상 다윈 혁명을 완성하는 데 최대의 장애가 되어 왔다. 프로이트가 말한 것처럼 위대한 과학적 혁명들이 이루어낸 공동의 업적은 인류의 오만함을 타파한 것이다. 다윈 혁명(진화에 함축된 〈모든〉 중요한 의미를 받아들이는 것, 즉 프로이트가 말한 두번째 충격)은 아직 완성되지 않았다. 프로이트의 표현을 따르자면, 여론 조사가 반대자를 거의 찾아내지 못할 때까지, 또는 인류 대부분이 자연선택에 대하여 정확한 윤곽선을 그릴 수 있게 될 때까지 그 혁명은 완수되지 않을 것이다. 다윈 혁명은 인류의 오만함이 뿌리째 뽑혀 생명이란 예측 불가능하고 방향이 없다는 진화론의 명백한 의미가 이해될 때, 그리고 다윈적 지질학 연구를 진지하게 고려하여 호모 사피엔스는 거대하고 풍성한 생명의 나무에 엊그제 돋아난 작은 가지에 지나지 않으며, 그 나무가 다시 씨앗으로 뿌려진다면 지금과는 전혀 다른 모습을 띠게 될 것이라는 사실을 숙지할 때 비로소 완성될 것이다. 인류는 아직 다윈 혁명을 받아들일 준비가 되어 있지 않기 때문에 진보라는 이데올로기의 지푸라기를 놓지 않는 것이다. 진화론의 세계에서 인류의 오만한 위치를 유지하기 위한 유일한 희망으로 진보를 붙잡고 늘어지는 것이다. 그렇지 않다면 어떻게 엉성하게 구성된 말도 안 되는 주장들이 오늘날까지도 그렇게 막강한 영향력을 행사하고 있는지 이해할 수 없다.

· 3 ·
경향에 대한 설명

잘못 읽은 경향

　어떤 주제가 중요할수록, 또 그것에 기대하는 바가 크고 절실할수록, 그것을 분석하는 틀을 짜는 데 잘못을 저지르기 쉽다. 인간은 이야기를 지어내는 생물인 동시에, 인간 자신 또한 그 역사의 산물이기도 하다. 이 책은 경향(trend는 이 책의 중심 주제로 문맥에 따라 경향, 추세, 방향, 동향 등으로 다르게 번역했다——옮긴이)에 관한 것이다. 경향은 시간에 방향성을 부여함으로써 이야기를 만들어 내고, 일련의 사건에 도덕적 의미를 부여한다. 경향은 어떤 것이 점차 파멸의 길을 따라 비통한 결말을 향해 다가가는 것을 보여주기도 하고, 어쩌다가 발견한 희망이 점차 커져 가는 것을 부각시키기도 한다.

그러나 그러한 경향을 알고 싶어 하는 강렬한 욕망 때문에 우리는 종종 실재하지도 않는 방향성을 찾아내거나 입증되지 않는 원인을 추론해 낸다. 경향은 사고의 전형적인 오류들을 만들어 낸다. 사람들은 확률에 대해 잘 모르는데다 사건들에서 반드시 패턴을 찾고 싶어 하는 습성이 있어서, 단순히 무작위적으로 발생한 사건들에서 〈분명한〉 경향을 잡아 그 원인을 찾는다.

그 전형적인 예로 대부분의 사람들은 순전히 무작위적인 결과에서도 규칙성이 자주 나타날 수 있음을 잘 모르고 있다. 동전 던지기의 경우를 살펴보자. 연속된 사건의 확률은 그 사건들이 개별적으로 일어날 확률을 곱하여 구한다. 동전을 던져 앞면이 나올 확률은 0.5(1/2)이므로 다섯 번을 던져서 연속으로 앞이 나올 확률은 $0.5 \times 0.5 \times 0.5 \times 0.5 \times 0.5$, 즉 0.03125(1/32)이다. 이 정도면 높은 확률은 아니지만 특별한 원인이 없어도 어쩌다 일어날 수 있다. 그러나 많은 사람들, 특히 동전 뒷면에 판돈을 건 사람들은 5회 연속 앞면이 나오는 것은 사기라고 생각할 것이다. 수많은 서부 영화가 보여주듯이 그 때문에 죽음을 당한 사람들도 있다.

비슷하지만 좀더 미묘한 오류로 농구 팬이나 선수 모두 확실하다고 알고 있는 현상을 들 수 있다. T. 길로비치, R. 밸론, A. 트버스키가 밝혀낸 것으로, 던지는 슛마다 연속해서 골대에 들어가는 마술의 순간에 대한 것이다. 한 번 들어가기 시작하면 연속으로 들어가고, 빗나가기 시작하면 계속 빗나간다는 말이 그럴 듯하게 들릴지도 모른다. 그러나 마술의 순간이란 없다. 나의 동료들이 NBA의 한 선수가 던진 슛을 한 시즌 이상 분석해 봤다. 그 결과 다음과 같은 두 가지 사실이 드러났다. 첫째, 두번째 골을 성공시킬 확률은 첫번째 슛을 성공시킨 후에도 여전히 올라가지 않는다. 둘째, 연속 득점은 결코 무작위적으로 동전을 던지는 표준 모델의 기대값을 초과하지 않는다는 것이다. 동전 던지기를 32번 시도할 때 적어도 한 번은 연속해서 다섯 번 앞면이 나올 수 있음을 기억할 필요가 있자. 그와 마찬가지로 어떤 농구 선수에 대해서도 연속 득점의 확률을 계산할 수 있다. 예를 들어 마이클 조던이 자유투를 제외한 모든 슛의 60퍼센트를 성공시킨다면 20번의 시도에서 한 번은 여섯 번 연속 득점할 수 있다($0.6 \times 0.6 \times 0.6 \times 0.6 \times 0.6 \times 0.6 ≒ 0.047$, 4.7퍼센트, 약 1/20). 마이클 조던이 실제로 스무 번의 시도에서 여섯 번 연속 득점을 했다면 이것은 당연한 것이지 어떤 마술이 벌어진 것이 아니다. 길로비치, 밸론, 트버스키는 무작위적 사건에서 기대되는 범위를 벗어나는 연속 득점은 하나도 찾지 못했다.

노벨 물리학상을 수상한 에드 퍼슬은 열렬한 야구팬이었다. 그는 야구의 연속 안타와 슬럼프를 분석하여 그 결과를 나와 공동으로 발표했다(Gould, 1988c). 퍼슬은 영웅(그리고 손가락질을 당하는 선수)에 대한 온갖 신화를 만들어 낸 모든 기록에서 단 하나의 기록만이 기대치를 넘었으며, 결코 일어날 수 없는 사건이었음을 밝혔다. 그것은 바로 1941년 시즌에 조 디마지오가 이루어낸 56게임 연속 안타였다. 퍼슬의 발견은 많은 팬들에게 디마지오의 기록이 현대 스포츠에서 이루어진 최대의 성취였음을 확인시켜 주었다(동시에 그는 슬럼프에 빠진 선수도 구제해 주었다. 슬럼프란 특정한 슛 또는 안타 성공률을 가진 선수에게서 기대되는 범위 내의 연속 실수였을 뿐임을 보여주었기 때문이다).

마지막 예를 들어 보겠다. 아마도 주식 시장의 경향 분석에는 어떤 분야보다도 많은 지적 에너지가 투입되었을 것이다. 돈이 걸려 있는 문제이니 오죽하겠는가? 그러나 세계에서 가장 똑똑한 사람들이 많은 시간과 노력을 쏟아 부었는데도 그 체계를 완전히 이해할 수 있는 일관된 방법이 아직 발견되지 않았다. 이는 그러한 인과 관계가 원래 존재하지 않으며 주식 시장은 사실 무작위적임을 뜻한다.

사람들이 경향을 바라볼 때 흔히 저지르는 두번째 오류는 어떤 방향성은 맞게 찾아냈으나 같은 방향으로 동시에 움직이는 다른 어떤 것이 그 원인이라고 잘못 가정하는 것이다. 인과 관계를 융합시키는 이 오류는 어떤 순간에는 모든 것이 같은 방향으로 움직인다는 잘못된 믿음에서 발생한다(헬리 혜성이 지구에서 멀어짐에 따라 우리집 고양이의 성질도 점점 고약해져 가고 있다). 연관된 것처럼 보이는 사건들의 대부분은 실제로 아무런 인과 관계가 없다. 이와 관련된 전형적인 한 예로, 한 유명한 통계학자가 19세기 미국의 침례교 목사의 수와 술 주정으로 잡혀간 사람 수 사이의 관계를 발표한 것이 있다. 언뜻 보면 두 수치는 진짜 밀접한 연관 관계가 있는 것처럼 보인다. 그러나 그 둘 사이에 인과 관계는 없으며 두 수치의 증가는 미국 인구 전체의 급격한 증가라는 다른 요인에서 온 결과일 뿐이라고 추정해도 좋을 것이다.

이 책에서 소개되는 오류들은 별로 지적되거나 다루어진 적이 없지만, 모두 경향에 대한 우리의 그릇된 사고를 대표한다. 전혀 다른 문화 영역에 속하는 두 가지 대표적인 예를 들어 설명해 보자. 하나는 〈요즘 야구에서는 왜 4할 타자가 안 나오는가?〉라는 문제이고, 다른 하나는 〈진보가 생명의 역사를 어떻게 바꾸어놓았는가?〉 하는 문제이다. 이 두 가지 예는 각각 중요하지만 잘못된 사고 관습의 핵심과 그 역사를 보여주고 있으며, 도덕적 의미도 함축하고 있다(야구의 예는 현대적 생활이 우수성 또는 전통적 가치를 퇴보시키고 있다는 암시를, 생명의 예는 인류가 앞으로도 계속해서 모든 생명 위에 군림하는 데 필요한 위안과 구실을 제공한다).

그렇다고 여기에서 이 두 가지 문제가 본질적으로 얼마나 비슷한가 하는 식의 시시한 소리나 늘어놓으려고 하는 것은 아니다. 단지 똑같은 종류의 오류로 인해 두 문제 모두 경향을 잘못 해석하게 되는 것을 보여주고자 한다. 그릇된 논리를 바로잡고 나면 야구에서 4할 타자가 사라진 것은 오히려 경기 수준이 향상되었기 때문이며, 반대로 생명의 역사에 전체적인 발전 경향 같은 것은 보이지 않으며, 지난 30억 년 동안 박테리아 형태를 그대로 유지하면서 단지 아주 작은 부분에서만 복잡화가 가끔씩 추가되었음을 알게 될 것이다. 야구는 발달했지만 생명의 역사는 지금까지도 그래 왔고, 태양이 최후의 폭발을 일으켜 사라져버릴 먼 미래에도 언제나 〈박테리아의 시대〉일 것이다.

외견상의 방향성 또는 경향은 사실 한 시스템 안에서 변이의 정도가 축소되거나 확장된 부차적 결과이지 어떤 것이 특정한 방향으로 움직여 간 결과가 아님을 깨닫지 못하는 데서 오류가 생겨난다. 메이저리그의 평균 타율이 그렇고, 박테리아 형태가 유사 이래 지금까지 계속된 것에서 볼 수 있듯이 한 시스템 내의 평균값은 언제나 일정하다. 방향성이란 그러한 시스템의 가장자리가 확장되거나 위축되는 변이의 한 극단에서 찾아낸 희귀한 대상에 근시안적 초점을 맞추는 것에서 비롯된다. 변이의 경계가 확장되고 축소되는 이유는 평균값이 변화되는 원인과는 전혀 다른 범주의 것이다. 따라서 경계선의 확장과 위축을 전체 덩어리의 확장과 위축으로 착각하면 완전히 엉뚱한 해석을 내릴 수 있다. 이 책은 야구에서 4할 타자가 사라진 것은 경기 기술의 현격한 발달로 인한 경계선의 위축을 뜻하는 것이지 소중한 것의 상실(무엇인가의 퇴보와 우수성의 상실)을 뜻하는 것이 아님을 보여주고자 한다.

분명히 어떤 경향이 있는 것처럼 보이는 것이 어째서 변이의 확장과 축소에 의해 일어나는 것뿐인지를 단순한 예 두 가지를 들어서 설명해 보자. 두 경우 모두 경향이란 어떤 실체가 어딘가 목표 지점을 향해 움직여 가는 것이라고 믿고 싶은 사람들의 마음이 만들어 낸 오해를 잘 보여준다.

어떤 나라에서 살고 있는 백 명의 주민들이 모두 똑같은 음식을 섭취하고 몸무게도 똑같이 50킬로그램이라고 하자. 그런데 열량이 높은 새로운 케이크를 생산해 내자고 주장하는 사람들과 더 절제된 식사를 주장하는 사람들 사이에 영양에 관해 논란이 벌어졌다. 대부분의 주민들은 이 논쟁에 귀기울이지 않고 예전대로 살아갔는데, 열 명의 주민이 그 케이크를 열심히 먹고 몸무게가 약 75킬로그램이 나가게 되었다. 다른 열 명은 꾸준히 달리고 굶어서 25킬로그램까지 줄였다. 주민 전체 몸무게의 중간값은 여전히 50킬로그램이지만 그 집단의 몸무게 변이의 폭은 훨씬 커졌다(양극단으로 대칭적 확산).

케이크 제조업자들은 이 새롭고 통통한 체형의 아름다움을 치켜세우면서 대다수의 사람들은 무시하고 자신들의 영향력 밑에 있는 이 일부의 사람들에 초점을 맞추어 체중 증가의 경향을 부추길 것이다.

〈조깅-다이어트주의자〉들 역시 자신의 추종자들을 겨냥해 빼빼 마르는 경향을 찬양하며 부추길 것이다. 그러나 이 집단에 어떤 전반적인 경향이 생긴 것은 절대로 아니다. 주민 몸무게의 평균은 1킬로그램도 변하지 않았으며, 대부분의 사람들(이 경우 80퍼센트)의 몸무게는 전혀 변화를 보이지 않았다. 오직 변화된 것은 조금도 변하지 않은 평균값의 양쪽으로 같은 정도만큼 더 벌어진 양극단의 값이다(물론 이런 확산에도 어떤 의미가 있다. 하지만 이러한 방향이 없는 변화를 〈경향〉이라고 하지는 않는다.)

너무나 유치하고 뻔한 이야기라고 생각할 독자도 있을 것이다. 이 가상의 마을에서 일어난 변화를 이해하지 못하는 사람은 없을 것이다. 케이크 제조업자와 조깅-다이어트주의자 들이 부분적인 변화를 집단 전체의 경향인 양 선전했다가는 한데 묶여 사회에서 쫓겨날 것이다. 따라서 이와 마찬가지 경향을 보이는 것으로 알려진 수많은 현상들, 인쇄 매체에서 신이 나서 잉크 아까운 줄 모르고 찬양하거나 애석해하는 그러한 경향들(그중에서도 4할 타자의 실종 사례가 대표적이다) 역시 고정된 평균값 주변에서 일어난 대칭적 변화일 뿐이며, 좀더 잘 감추어진 똑같은 종류의 오류에 지나지 않는다.

두번째 경우는 조깅-다이어트주의자들이 통치하는 전체주의 사회 이야기이다. 그들은 오랫동안 자신들의 이념을 강력히 추진해 나가면서 주민 모두를 사회적 압력에 굴복시켜 25킬로그램으로 만들었다. 그러다가 그 정권이 붕괴되고 뒤이어 들어선 개방적인 정권이 이상적인 몸무게에 대한 토론을 허락했다. 그러나 아무리 자유로워져도 정치가 아니라 생리학적 이유 때문에 변화의 방향은 제한되어 있다. 25킬로그램의 몸무게는 성인 남녀가 생명을 부지하는 데 필요한 최소한의 몸무게이며 그 이하가 되면 살 수 없기 때문이다. 따라서 시민들은 이제 마음대로 몸무게를 바꿀 수 있게 되었지만, 오직 한 방향으로만 변화가 가능한 셈이다. 주민들 대다수는 여전히 옛날 몸무게에 만족해하면서, 25킬로그램을 유지해 나간다. 15퍼센트의 주민들만이 새로운 자유를 쌍수를 들어 반기면서 한껏 몸무게를 늘려갔다. 6개월이 지나자 이들 15명은 평균 37.5킬로그램이 되고 1년 후에는 50킬로그램, 2년 후에는 75킬로그램이 된다.

그러자 이 살찐 15명에 대한 통계학적 해설이 만들어진다. 주민 전체의 평균 몸무게가 꾸준히 증가한 것은 이들 15명의 비만 철학이 사회 전체를 휩쓸고 있다는 명백한 증거라는 주장이 나온다. 그 통계학적 증거를 부인할 수 있는 사람이 있을까? 게다가 멋진 도표까지 제시된다(그림 3). 자유가 주어지기 이전에는 몸무게가 25킬로그램에 머물렀는데 6개월 후 평균값은 26.9킬로그램으로 증가(25킬로그램의 몸무게를 가진 85명과 37.5킬로그램의 몸무게를 가진 15명의 전체 평균값), 1년 후에는 28.75킬로그램으로, 그리고 2년 후에는 32.5킬로그램(원래의 25킬로그램에서 30퍼센트가 증가된 값)이 되었다. 이는 꾸준하고 비가역적이고 상당히 큰 증가다.

독자들의 눈에 이 예 역시 상당히 유치해 보일 것이다(전체 시스템과 그 변이를 이해하고 나면 알게 되겠지만, 이런 식의 오류가 얼마나 황당한 것인가를 보여주기 위해 일부러 유치한 이야기를 지어냈다). 이야기 전체를 이해하고, 주민들 대부분은 몸무게가 변하지 않았으며, 평균값의 꾸준한 증가는 지조를 지키는 대다수와 혁명적인 소수의 전혀 다른 집단을 함께 섞어서 계산한 것에서 발생하는 부차적인 효과임을 안다면 이러한 통계적 속임수에 넘어가지 않는다. 그러

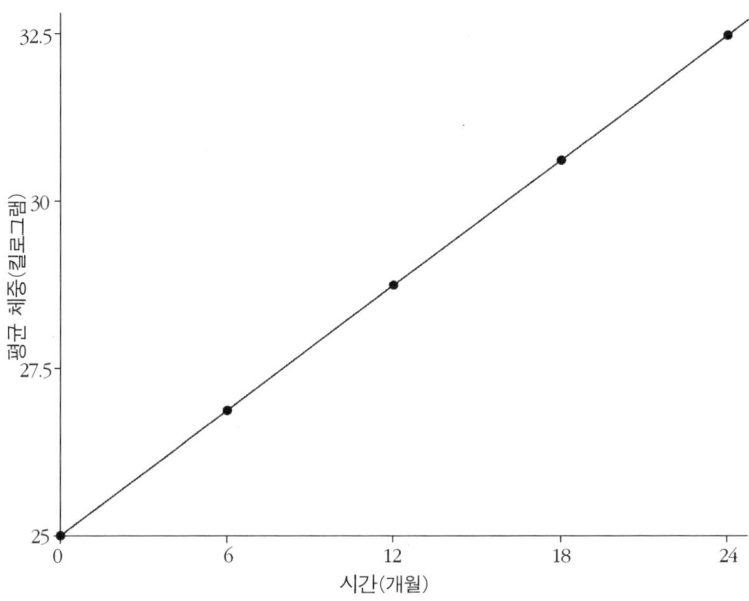

⟨그림 3⟩ 가상 집단의 시간에 따른 평균 체중의 변화. 전체 경향에 대한 잘못된 인상이 쉽게 만들어진다.

나 이 사건을 올바르게 인식하지 못하고 살이 찐 15명을 중심으로 만든 통계만 들었다고 해보자. 게다가 여러분이 각 개체들과 그들이 가진 다양성을 무시하고 평균값에만 마음이 쏠리는 경향이 있다고 해보자. 그러면 여러분은 ⟨그림 3⟩을 보고, 어떤 일반적인 경향이 이 집단으로 하여금 체중 증가를 향해 ⟨전체적으로⟩ 전진시키고 있다는 설명에 설득될 것이다.

이는 평균의 어느 한쪽 방향의 변동에는 제한이 있어 그 반대 방향으로만 변화가 가능한 경우에는 더 속기 쉽다. 이 경우 평균값이 상승하는 동시에 뚜렷하게 어떤 경향이 나타나는 것처럼 보이기 때문이다. 그것은 마크 트웨인과 디즈레일리가 세 가지 종류의 날조라고 한 유명한 말(거짓말, 터무니없는 거짓말, 통계)과 똑같은 의미에서 착각을 불러일으킨다. 전문적인 논의는 나중에 하고, 우선 이 경우에 옳은 자료가 왜 그렇게 왜곡된 인상을 주게 되는지(이것은 여론 조작 전문가들이 자주 악용하는 수법이다) 간단히 살펴보자. 궁하면 통한다는 말도 있듯이 〈평균〉은 필요에 따라 여러 방법으로 나타낼 수 있다. 가장 보편적인 방법은 전문적으로 〈평균〉이라고 부르는 것으로, 전체 값을 더해서 전체 개체수로 나누는 것이다. 열 명의 아이가 10달러를 가졌다면 각 아이는 평균 1달러를 가진 셈이다. 그러나 이 평균은 앞서 의도적으로 선택된 예(한 방향으로만 변이가 가능하고, 다른 쪽으로는 변화가 제한되어 있을 경우)만큼은 아니라도 심각한 오해를 불러일으킬 수 있다. 그렇게 되면 평균이 변화가 열려 있는 쪽으로 밀려가면서, 집단 전체가 그쪽으로 이동한 듯한 인상(대개의 경우 잘못된 것이다)을 주게 되기 때문이다.

극단적인 예를 생각해 보자. 한 아이가 10달러를 다 가지고 있으며, 다른 아홉 명은 돈을 하나도 가지고 있지 않을 수도 있다. 그래도 1인당 가지고 있는 돈의 평균은 1달러이다. 이러한 평균값이 그 집단을 정확하게 표현한다고 할 수 있을까? 실제로 정치판의 여론 조작 전문가들은 현실을 화려하게 채색하기 위한 눈속임으로 평균 소득을 자주 이용한다. 예를 들어 부자들에게만 세금을 감면해 주는 슈퍼 레이거노믹스 체제에서 소수의 백만장자들이 엄청난 부를 축적하고, 빈곤선에 있는 대부분의 사람들은 더 궁핍해졌다고 가정해 보자. 이때 1인당 평균 소득은 증가한 것으로 나타날 것이다. 갑부한 사람의 소득이 연간 600만 달러에서 6억 달러로 늘어난 것이 몇백만 극빈자의 소득 감소를 상쇄하기 때문이다. 한 사람이 5억 9,400만 달러를 벌고 1억 명이 모두 5달러씩 수입이 감소되었다 하더라도(총 5억 달러) 전체 집단의 평균 소득은 올라간다. 그러나 속임수로 이용하는 경우를 빼고는 이러한 경우에도 감히 사람들의 평균 수입이 늘어났다고 말할 수는 없다.

통계학에서는 이러한 문제를 해결하기 위해 〈중심 경향성〉 또는 평균을 측정하는 다른 방법을 개발해 놓았다. 그 중의 하나가 〈최빈값 mode〉이다. 이것은 그 집단에서 가장 흔한 값으로 정의할 수 있다. 그러나 어떤 문제에 대해서 어떤 중심 경향성 측정법이 가장 적합한지를 결정해 주는 수학 법칙은 없다. 결정은 주어진 경우와 관련된 모든 요소에 대한 지식과 기본 양심을 바탕으로 내려질 수밖에 없다.

여태까지 예로 든 모든 경우를 평균이 아니라 최빈값으로 더 잘 이해할 수 있다. 10명의 아이들 경우에 아이들이 가진 돈의 최빈값은 0이다. 갑부와 빈곤층의 경우에 소득의 최빈값은 변함이 없지만 (또는 약간 떨어졌지만) 한 명의 갑부가 떼돈을 벌어들였기 때문에 평균은 올라간다. 또, 유치한 조깅-다이어트주의자 이야기에서 최빈값은 25킬로그램으로 변함이 없다. 체중이 증가한 15퍼센트의 사람들은 꾸준히 체중이 늘어갔지만(그리고 집단 전체의 평균도 따라서 올라가지만) 집단 전체의 일반적 특성은 안정적으로 변하지 않았다. 어떤 개인적 이유에서 체중이 증가한 사람들에게 더 큰 관심을 기울인다고 하더라도, 〈그림 3〉에서 평균값의 증가가 그 집단의 일반 특징인 것처럼 말할 수는 없다. 다수의 안정성이 그 집단의 중요한 특징으로 정의되어야 한다. 내가 이 점을 공들여 강조하는 이유는 〈생명의 역사에서 진보란 무엇인가〉라는 나의 두번째 질문도 이와 같은 종류의 이야기이기 때문이다. 소수의 생물들은 변이가 열려 있는 쪽으로만 계속 복잡성을 진화시켜 왔다. 그러나 최빈값은 유구한 생명의 역사 기간 내내 박테리아였다. 박테리아는 어떤 기준에 비추어 보아도 태초부터 지금까지, 그리고 앞으로도 영원히 지구에서 가장 성공적인 생물일 것이다.

보편적인 현실로서의 변이

앞에서 우리는 시스템 전체의 현상으로 보이는 경향(전통적으로 이것은 어디론가 움직여 가는 〈무엇〉, 예를 들면 집단의 평균 같은 것으로 잘못 이해되고 있다)이 사실은 그 시스템 안에서 일어나는 변이의 확장과 축소를 잘못 해석한 것임을 봤다. 평균의 변화를 경향으로 오해하는 이유는 변화하는 극단적인 소수에 근시안적으로 초점을 맞추거나 그것을 전체의 경향으로 오해하기 때문이다(4할 타자 문제). 아니면 변이가 한 방향으로만 확장 또는 축소되어, 최빈값이 전혀 다른 해석을 보여주는데도, 변화하는 평균값을 그 시스템 전체의 성질로 인식하기 때문이다(생명의 역사를 움직이는 일차적 힘이 진보라는 망상).

물론 이 책은 모든 경향이 이러한 오류라고 주장하는 것은 아니다(때때로 어떤 경향은 순수한 형태로 나타나는 경우가 있으니까). 이러한 〈변이를 사물화하는 오류〉[2]가 더 일반적으로 나타나는 두 가지 오류, 즉 무작위적인 사건의 연속을 경향으로 혼동하거나 억지로 인과 관계를 설정하는 것보다 더 심각한 오류라고 주장하는 것은 아니다. 그러나 변이를 사물화하는 오류는 우리로 하여금 가장 중요하고, 가장 논란이 되고 있는 문화적 경향을 엉뚱하게 해석하도록 만들었다. 내가 이러한 오류에 관심을 갖는 이유는 변이에 대한 일반적인 오해 또는 과소 평가가 물리적 현실 세계에 대한 근본 인식에 있어서 훨씬 더 심각한 문제를 야기하기 때문이다.

분류학은, 자연의 옷걸이에 옷 걸기, 캐비닛에 물건 정리하기, 또는 현실이라는 우표첩에 우표 수집하기 등의 냉소적 비유에서 알 수 있듯이, 학문 중에서도 가장 따분한 분야로 간주된다. 널리 퍼져 있는 이러한 이미지는 분류학의 날개를 잘라버리고, 분류의 과학을 사물을 깔끔하게 정리하는 시시한 작업으로 비하시키고 있다. 이러한 비유들에는 중대한 오류가 반영되어 있다. 즉, 〈저 밖의〉 자연은 완벽하게 객관적이고, 편견을 갖지 않고 보면 모든 관찰자에게 똑

---

2) 〈(추상적인 것을) 사물화하기〉는 낯선 말이지만 오류를 설명하는 데 워낙 적합하기 때문에 사용했다. 이 단어 reification은 19세기 중반 철학자와 사회 과학자들이 만들어 낸 것으로 〈사람이나 추상적 개념을 어떤 '것'으로 변화시키는 정신적 행위〉를 뜻한다. reification의 re는 〈것〉 또는 〈물건〉을 의미하는 라틴어 *res*에서 왔다(예를 들어 영어의 republic은 *res publica* 즉 대중의 것이란 뜻을 가지고 있다). 이 책에서 논의된 오류는 다음과 같은 것이다. 우리는 우선 한 시스템 내의 변이를 추상화하여 중심 경향성의 척도(예를 들면 평균값)로 삼는다. 그런데 문제는 이 추상적인 것을 사물화해 평균값을 구체적인 〈사물〉로 만드는 데 있다. 그리고 평균값 그 자체가, 어디론가 움직여 가고 있는 실체라고 해석해 버린다. 이것으로 오류가 증폭된다. 이것과 같은 종류의 오류가 하나 더 있다. 변이의 최대값이나 최소값에만 초점을 맞추고 이들 값을 변이로서의 시스템으로부터 분리할 수 있는 독립적인 것으로 취급하면서 사물화하는 것이다.

같이 보인다고 가정하는 것이다. 그러한 견해가 옳다면 분류학은 정말 이 세상에서 가장 재미없는 학문일 것이다. 자연은 비둘기장이고, 분류학자들은 각 구멍 속에 배치할 적합한 입주자를 찾아내 그 속에 밀어 넣기만 하면 되기 때문이다. 그것은 별 창의성이나 상상력도 필요 없고 부지런만 떨면 될 일이다.

그러나 분류는 결코 객관적으로 잘 구분되어 있는 세계를 명확한 범주들 안에 기계적으로 정돈하는 것이 아니다. 분류는 자연에 대한 인류의 결정이며, 자연의 근본 질서에 대한 인류의 개입이다. 분류의 역사적 변천 과정을 살펴보면, 인류의 사고에 일어났던 개념적 혁명이 그대로 반영되어 있다. 객관적 자연은 분명히 존재하지만, 우리는 분류 시스템의 얼개를 통해서만 그것과 교감할 수 있다.

이 점을 잘 알면서도 사람들은 어떤 기본 범주들은 너무나 명확하기 때문에 그 구분법은 시간과 문화를 초월해서 절대 변하지 않을 것이라고 생각한다. 그러나 이 세상에 그렇게 명백한 것은 아무것도 없다. 분류란 인류가 자연에 부과하는 것이다(역으로, 자연의 사실은 인류에게 그것의 대가로 힌트와 암시를 준다). 예를 들어 인류를 당연하게 두 성(性)으로 나누는 경우를 생각해 보자.

우리는 남자와 여자를 영원한 이분법으로, 배 발달과 그 이후 성장 과정에서 다른 경로로 들어가면서 분화된 것이라고 생각한다. 인간을 도대체 달리 어떻게 구분할 수 있을까? 그러나 이러한 〈양성 모델〉은 서양의 역사에서 최근에야 보편화되었으며(Laqueur, 1990; Gould, 1991) 뉴턴과 데카르트의 기계적 세계관이 신플라톤주의를 극복할 때까지는 별 지지를 받지 못했다. 고대에서 르네상스까지는 인류의 분류 방식은 하위 속물에서 상위 이상형 상태까지 위계적 연속체를 이루고 있다는 〈단성 모델〉이 선호되었다. 물론 그때에도 인류를 크게 여자와 남자 두 무리로 가를 수 있음은 알고 있었지만, 이상적 또는 원형적 형태는 단 하나이고 실제로 표현된 것(실제 인류)은 형이상학적 발전 과정의 어느 한 위치에 있다고 생각했다. 이 고대의 분류 체계도 분명 〈양성 모델〉만큼이나 성 차별적이지만, 그 이유는 지금과 크게 달랐다. 시대를 걸쳐서 지속되는 여성 억압의 심도를 이해하려면 분류가 급격하게 변화한 역사를 알아볼 필요가 있다(단성 모델에서 전통적인 남성성은 더 큰 열정에 의해 단일 사다리의 정상에 있고, 전형적 여성성은 힘의 생성이 상대적으로 약하기 때문에 사다리 밑에 위치한다).

이 책은 이러한 남녀의 성 문제보다 더 근본적인 분류학적 문제, 그러니까 사물이라고 지칭된 것에 대한 분류학적 문제를 다룬다. 사물의 분류 문제에 관련해서 우리는 플라톤 시대로부터 물려받은 유산에서 아직 벗어나지 못하고 있다. 즉, 하나의 이상형이나 평균을 그 시스템의 〈본질〉로 추상화하고 전체 집단을 구성하는 각 개체들 사이의 변이를 무시하거나 평가 절하하고 있다.

〈정상〉에 대한 사람들의 끊임없는 열망을 생각해 보라. 처음 아빠가 되었을 때 나는 아내와 함께 유명한 소아과 의사 베리 브래즐턴이 쓴 육아 책을 샀다. 그는 모든 부모가 가지는 지나친 걱정, 즉 어린이의 성장에는 정상이라는 기준이 있으며, 아이의 행동이 그것에서 약간이라도 벗어날까 봐 두려워하는 부모들의 걱정을 덜어주기 위해 그 책을 썼다. 그에 따르면 아이들의 성장 패턴에는 세 가지가 있는데 모두 다 정상적인 과정이다. 하나는 망나니이고, 하나는 좋게 말해서 〈발동이 걸리는 데 시간이 좀 걸리는〉 얌전한 아이이고, 하나는 그 중간이다. 하나보다는 셋이 낫지만, 그 세 가지로는 정상적으로 존재하는 엄청난 다양성을 포괄하지 못한다. 어쨌든 그가 세 가지라도 꼽은 것이 다행이라고 생각한다.

플라톤은 『국가』에서 현실 세계의 생물들은 동굴 벽(경험적 자연)에 비춰진 그림자에 지나지 않으며, 따라서 그림자를 만드는 본질들이 모여 있는 이데아의 세계가 존재할 것이라고 주장했다. 오늘날에는 그렇게 막나가는 플라톤 철학을 고집하는 사람은 거의 없다. 그러나 실제 개체들로 이루어진 집합이 결점투성이고 불완전하며 우연적인 형상들로 만들어진, 이데아에 접근할 수 없는 개체들의 집합이라는 플라톤적 시각을 완전히 배제했던 적도 없다. 혹시 인류의 우연한 형상들을 조사해서 이 사람에게서 가장 정확한 좌우대칭의 코, 저 사람에게서 가장 갸름한 눈, 또 다른 사람에게서 가장 동그란 배꼽, 가장 균형 잡힌 발가락 등 가장 좋은 부분들만을 따서 서툴게 꿰맞추면 이상적 인류를 만들 수 있을지도 모른다. 그러나 그런 범주들 저 깊은 곳에 숨어 있는 본질을 대표할 수 있는 개인은 없다.

오늘날까지도 플라톤적 사고가 어슬렁거리고 있기 때문이 아니라면, 사람들이 평균값의 의미를 완전히 뒤집는 이유를 도저히 이해할 수 없다. 플라톤 이후 다윈의 세계에 와서야 비로소 변이는 부인할 수 없는 현실이 되었고 산출된 평균은 추상이 되었다. 그런데도 아직도 이전의 전도된 시각에 마음이 흘려, 변이란 무의미하고 우연한 사건들의 집합일 뿐이며, 본질에 대한 최선의 접근인 평균을 계산할 때에만 필요하다고 생각하는 사람들이 있다. 이 책을 쓰게 만든 경향에 대한 일반적인 오류(한 시스템 내에서 일어나는 변이의 확장과 축소를 평균 또는 극단이 어디론가 움직여 가는 것으로 곡해하는 것)는 플라톤의 유산이 아니라면 도저히 설명할 수 없다.

앞에서 우리는 다윈 혁명의 완성에 대한 이야기를 했다. 이 지적 대변혁은 많은 의미를 가진다. 한편으로는 단순히 성스러운 창조대신 진화가 인정된 것이고(이것은 다윈 생존시에 이미 교양 있는 사람들 사이에서 성취되었다), 또 한편으로는 호모 사피엔스가 유구한 역사를 가진 아름드리 계통수 한 구석에 최근에 돋아난 미미한 가지에 지나지 않는다는 프로이트적 인식이 생긴 것이다(이것은 아직 성취되지 않았다). 그러나 이보다 더 근본적인 의미에서 보자면, 다윈 혁명은 자연의 참모습을 파악하는 중심 범주를 본질 대신 변이로 대치한 것이다(마이어는 『동물 종과 진화 *Animal species and Evolution*』(1963)를 통해 플라톤적 본질론이 아니라 〈집단 사고〉야말로 다윈 혁명의 핵심임을 온몸으로 옹호한 이 시대 최고의 진화학자다). 플라톤의 세계에서는 변이가 우연한 것이고 본질이 더 높은 현실이었지만, 다윈의 혁명에서는 오히려 변이가 확고한 현실로서 가치를 갖고, 기술적으로 〈본질〉에 가장 가깝다고 생각되던 평균은 추상적인 것이 되었다. 현실에 대한 이해에서 이러한 〈전도〉보다 더 우리를 혼란스럽게 하는 것이 있을까?

다윈은 자신의 이론이 그리스 시대에서 이어져 내려온 근본 개념을 전복하고 있는 것임을 잘 알고 있었다. 20대에 그가 진화에 대하여 쓴 혈기 충만한 노트에는 플라톤의 본질론에 관한 냉소적인 비평이 들어 있다. 그는 생득적 이데아의 존재가 반드시 변함 없는 본질적 개념의 영적 세계가 있음을 암시하지 않고, 단지 인류가 물질적 조상에서 유전되었음을 뜻할지도 모른다고 썼다.

플라톤은 『파이돈』에서 우리가 〈상상한 이데아〉는 경험에서 발생하는 것이 아니라 영혼의 선재(先在, preexistence)에서 생겨난다고 말했다. 선재하는 영혼을 원숭이로 고쳐 읽을 것.

에머슨은 자신의 시 「역사」에서 모든 분야에서 가장 위대한 것들로 이루어진 유산을 기록하고 있다.

> 나는 지구의 주인이요.
> ……
> 카이사르의 손, 플라톤의 두뇌,
> 그리스도의 심장,
> 그리고 셰익스피어의 시의 주인이다.

이들 유산은 우리의 기쁨과 영감의 원천이지만 우리에게 짐과 장애이기도 하다. 앞선 존재는 원숭이이고, 자연의 참모습을 가장 잘 나타내는 말은 다양성이다.

2부

죽음과 말 — 변이의 중요성에 대하여

· 4 ·
죽음, 개인적인 이야기

중심 경향성을 나타내는 값들은 모두 유해한 추상 개념으로 작용하고 변이만이 의미 있는 현실로서 돋보인 경우

1982년 나이 마흔 살 때에 나는 복부중피종이라는, 당시의 모든 공식 진단에 의하면 희귀하고 〈거의 치료가 불가능〉한 암에 걸렸다는 진단을 받았다. 그러나 나는 신념을 가진 의사들의 치료 덕분에 완치되었다. 그들이 나에게 시도했던 실험적인 치료 방법은 현재 초기에 이 질병을 발견한 환자들의 생명을 구하고 있다.

암을 극복한 사람들의 개인적인 투병기는 수없이 많았다. 나는 그 책들을 소중하게 읽어가면서 투병 기간 동안에 그것들에서 많은 것을 얻었다. 그러나 고통스러운 불치병과 오랜 기간 동안 싸우는

것보다 더 강렬한 체험은 있을 수 없으며, 글 쓰기를 생업으로 삼고 있는데도 나는 투병기를 쓰고 싶은 욕구나 필요를 느껴본 적이 없다. 극도로 사적인 성격인 나는 고통으로 가득 찬 개인의 삶을 문장으로 공개하는 것을 무서운 일이라고 생각한다. 그 오랜 투병 기간 동안, 그리고 그 이후에 내 인생의 이 중요한 시기에 대해 글을 쓸 마음이 일었던 것은 짧은 글 한 편을 썼을 때 딱 한 번뿐이었다.

나는 은혜를 입었으면 그것을 다른 사람에게 도움이 되는 방법으로 갚아야 한다는 도덕적 명령을 받아들이고 있으며, 그에 따르려고 노력하고 있다. 따라서 내가 쓴 그 글이 많은 사람들에게 도움이 되었으며 수많은 독자들이 자신이나 암을 앓고 있는 친지를 위해 그 글의 복사본을 요청했을 때 무한히 기뻤다. 그러나 나는 그것을 심리적 강박감(개인적 간증)을 떨치기 위해 쓴 것도, 의무감(도덕적 명령)에서 쓴 것도 아니었다. 내가 「중간값으로는 알 수 없다」를 쓴 것은 그와는 다른 종류의 지적 욕구 때문이었다(Gould, 1985). 나는 사람들이 끊임없이 심각한 오류에 빠지는 것은 변이를 사물화하는 오류 때문이거나 모든 경우가 포함되는 〈풀하우스〉를 고려하지 않기 때문이라고 믿고 있다. 나의 투병 생활은 그러한 오류를 피함으로써 실질적 이득을 얻게 되는 좋은 예가 될 수 있다.

의사들은 오랫동안 암 진단이 내려지면 환자들에게 그 사실을 숨기는 나쁜 관행을 지켜왔다. 대개의 환자들이 극도의 공포감을 느끼고 사형 선고나 다름없는 말을 견디지 못할 것이라는 동정 어린 추측과 거짓말이 환자의 안정 유지에 도움이 된다는 믿음 때문이다. 그러나 눈을 감는다고 장애물이 극복되는 것은 아니다. 프랭클린 루즈벨트가 소아마비를 감추지 않고 자신은 다리로 통치하는 게 아니라고 당당히 선언했더라면, 장애에 대한 우리의 이해에 얼마나 큰 기여를 했을지 생각해 보라.

미국 의사들, 특히 보스턴과 같은 지식인 도시(하버드 대학교가 이곳에 있다)에 있는 의사들은 이제는 내가 이런 어려운 문제에 대해 최선이라고 생각하는 전략을 따르고 있다. 아무리 잔인한 정보라도 본인이 원하면 알려주며(물론 가장 동정적이고 외교적인 방법으로 알려준다), 환자는 그 사실을 알기를 원하지 않으면 묻지 않으면 된다. 내 주치의는 이 현명한 규칙을 약간 위배했다. 그러나 나는 앞뒤의 정황을 파악하고 곧 그녀를 용서했다. 첫 수술 뒤의 면담에서 나는 그녀에게 중피종에 대해 자세히 알고 싶은데(그전에 한번도 들어본 적도 없는 병명이었기 때문이었다) 읽어볼 만한 문헌이 혹시 있느냐고 물어봤다. 그녀는 문헌은 있으나 별로 읽을 만한 내용이 없을 것이라고 대답했다. 그러나 지적인 사람을 책에서 떼어놓으려는 것은 부질없는 짓이다. 겨우 걸을 수 있을 정도로 회복되자 나는 휘청거리는 걸음으로 의대 도서관까지 찾아가 도서 검색 프로그램에 〈중피종〉을 입력했다. 반시간 후에 그에 대한 최신 문헌들에 파묻혀서 비로소 왜 주치의가 그에 관한 정보를 환자에게 알리지 않으려고 했는지 이해하게 되었다.

모든 문헌들마다 한결같이 끔찍한 내용이 들어 있었다. 중피종은 불치병이며, 진단 후 중간값 생존율이 8개월 이하라는 것이었다. 베스트셀러 작가 시겔이 말했듯이, 암처럼 치명적인 질병과 싸울 때에는 긍정적인 사고가 큰 역할을 한다. 회의적이고 이성적인 나는 하느님에게 나를 캘리포니아적 감성에 빠지지 않게 해달라고 진심으로 기원했다(시겔은 켈리포니아 출신의 작가——옮긴이). 그런데도 나는 시겔의 기본 주장에 동의할 수밖에 없었다. 그러나 두 가지 사실을 분명히 해두고 싶다. 첫째, 정신적 안정과 강인한 의지의 잠재적 힘은 신비로운 것이 아니다. 그 힘이 어떻게 작용하는지는 아직 밝혀지지 않았으나 과학적 접근이 가능한 범위에 있는 문제임을 확신한다(결국 이 문제는 사고와 감정의 생화학이 면역 체계에 일으키는 반응의 문제로 좁혀질 것이다). 둘째, 〈긍정적인 태도를 갖자〉하는 운동이 생각지 않게 발휘하는 잔인성에 단호히 대처해야 한다. 이 운동은 개인적 절망에서 벗어나지 못해 내면 깊은 곳에서 긍정적 사고를 불러내지 못하는 사람들을 꾸짖는 식으로 교활하게 변질되는 경우가 있기 때문이다. 성격과 기질은 오랜 세월에 걸쳐 형성된 것이기 때문에 성격을 근본적으로 개조할 필요가 있음을 알아도 그렇게 쉽게 고치지 못한다. 우리의 심장에 〈긍정적 태도〉라는 이름의 단추는 없으며, 그것을 한번 누르기만 하면 당장 긍정적 사고가 효과를 발휘하게 하는 손가락도 없다. 개인의 습성과 기질은 오랜 세월에 걸쳐 쌓인 것이다. 어떤 사람이 자신의 인생에 초대한 적도 없고 반갑지도 않은 사건에 휘말렸을 때 다른 사람들은 다 잘 대처하는데 당신은 왜 그렇게 못하느냐고 누가 감히 책망할 수 있겠는가? 한 사람이 공포와 절망 속에서 암으로 사망하면 그의 고통과 지난 삶을 애도해 주자. 이를 악물고 끝까지 웃으며 싸우다 죽은 사람은 마지막 인생을 좀더 편히 살았는지는 모르겠으나 더 인간적으로 세상을 떠난 것은 아니다.

어쨌든 그 섬뜩하게 비관적인 문헌들은 내가 이전부터 짐작하고 있었으나 확실히 알지 못했던 사실을 가르쳐 주었다(우리는 보통 극단적인 시험에 들기 전까지는 그것을 깨닫지 못한다). 즉, 나는 낙천적인 기질에 긍정적인 태도를 가졌다는 것이다. 솔직히 고백하건대 나는 그 문헌들을 읽고 몇 분 동안 망연자실했다. 그러나 상황이 이해되기 시작하면서 곧 미소를 지었다. 〈아하, 그래서 이 문헌들을 읽지 말라고 했구나!〉 나중에 주치의는 나를 잘 몰랐기 때문에 환자가 눈치채지 못하도록 조심하는 쪽을 택했다고 설명했다. 그리고 만약 내 반응을 좀더 잘 가늠할 수 있었더라면 자신이 가지고 있는 문헌들을 몽땅 복사해 그 다음날 내 침대에 놓아줄 수 있었을 것이라고 사과했다.

나의 적극성이 최초로 발휘한 효과는 감정적으로 용기를 갖게 하는 정도에 지나지 않았다. 만약 그 감정을 낙관적으로 만들 만한 정당한 이유로 그것을 뒷받침하지 않았더라면 용기는 그렇게 오래 지속되지 못했을 것이다. 만일 그 문헌들에 빠져 그로부터 8개월 후면 죽을 수밖에 없다는 결론을 내렸더라면, 결코 그 슬픔을 극복할 수 없었을 것이다. 내가 올바른 분석을 할 수 있었던 것은 통계학 교육과 자연사에 대한 지식 덕분이었다. 나는 변이를 자연의 기본 속성으로 다루어야 한다는 것, 평균이라는 것은 조심해야 하며 그것이 개체에는 적용될 수 없는 추상적인 숫자일 뿐 아니라 대체로 각 개체의 상황과는 아무 관련이 없다는 것을 알고 있었다. 다시 말해 이 책의 주제, 즉 평균이나 중심 경향성과 같은 추상적인 값이 아니라 〈풀하우스〉 또는 〈전체 시스템의 변이〉에 초점을 맞출 필요성은 내가 가장 큰 위안을 필요로 할 때 상당한 위로가 되어 주었다. 그런데도 지식과 배움은 아무 짝에도 쓸모 없는 것이고 개인적 시련을 겪을 때 도움이 되는 것은 감정뿐이라는 말을 감히 누가 할 수 있단 말인가?

최초의 충격에서 벗어나 두뇌가 다시 기능을 시작하자 나는 〈중간값 생존율 8개월〉이라는 치명적 선고와 문헌들에 대해 곰곰이 생각해 보기 시작했다. 그때 나는 진화생물학자로서 갈고 닦은 기술을 발휘했다. 〈중간값 생존율 8개월〉이 도대체 무슨 뜻일까? 이 물음은 바로 이 책을 쓰게 된 동기인 철학적 오류와 딜레마와 이어져 있다. 대개의 사람들은 평균을 기본 사실로, 변이는 중심 경향성을 나타내는 의미 있는 특정 값을 계산하는 데에만 필요한 도구로 본다. 이러한 플라톤적 세계에서는 〈중간값 생존율 8개월〉이라는 말은 누구에게나 가장 소름끼치는 선고, 〈당신은 거의 틀림없이 8개월 이내에 죽을 것이다〉를 뜻할 것이다.

중심 경향성의 값을 한 개인에게 일어날 확률이 가장 큰 사건으로 보는 것은 잘못이다. 그런데도 우리는 늘 이러한 오류를 범하며 살아간다. 중심 경향성은 추상적인 것이고, 실제로 일어나는 것은 변이이다. 먼저 〈중간값〉 생존율의 의미를 알아보자. 중간값이란 중심 경향성을 나타내는 세번째로 중요한 척도다. (다른 두 가지는 앞 장에서 논했다. 평균값은 모든 값을 합산한 것을 경우의 수로 나눈 값이고, 최빈값은 가장 흔한 값이다.) 중간값은 말 그대로 점차적으로 변하는 여러 값들의 중간이 되는 값이다. 따라서 어느 집단에서나 구성원의 반은 중간값 이하이고, 다른 반은 그 이상이다. 예를 들어서 다섯 명의 아이들이 있을 때 각각의 아이들이 1센트, 10센트, 25센트, 1달러, 10달러를 가지고 있다면 25센트를 가진 아이가 위로 두 명, 아래로 두 명이므로 25센트가 중간값이 된다. (이 경우 평균값과 중간값이 같지 않음에 주목하라. 평균값은 전체 금액 11.36달러를 5로 나눈 값인 2.27달러이며, 네번째와 다섯번째 아이 사이에 떨어진다. 이것은 10달러를 가진 갑부가 나머지 빈민을 모두 구제해 끌어올리기 때문이다.) 이렇게 변이의 한쪽 극단에 있는 값이 평균값을 자기쪽으로 크게 끌어갈 경우에는 중간값이 더 선호된다. 중피종과 같은 질병의 생존율에서는 일반적으로 중간값이 중심 경향성을 측정하는 척도로 선호된다. 시간에 따라 점차 변하는 비슷한 값들의 중간값을 알려주기 때문이다. 중피종의 경우 높은 평균값은 대단한 오해를 불러일으킬 소지가 크다. 10달러를 가진 아이처럼 오래 생존하는 한두 명의 사람이 평균값을 오른쪽으로 끌어당겨 이 질병에 걸린 사람들이 대부분 8개월 이상 사는 것과 같은 인상을 주기 때문이다. 반면에 중간값은 이 병에 걸린 사람의 절반은 진단 후 8개월 이내에 죽는다는 정확한 정보를 제공한다.

이제 최종적으로 실전 문제를 풀어보자. 나는 평균값이나 중간값 같은 중심 경향성을 나타내는 척도가 아니다. 나는 중피종에 걸린, 그리고 〈나〉의 생존 가능 기간에 대한 가장 정확한 평가를 원하는 개인일 뿐이다. 나는 나름대로 남은 생을 정리해야 하며, 나의 생존율은 추상적인 평균으로 평가될 수는 없다. 나는 내가 처한 상황의 특수한 요소들을 기초로 내가 속할 가능성이 가장 큰 변이의 범위를 찾아내야 한다. 내 개인의 운명이 중심 경향성을 나타내는 어떤 값에 해당될 것이라고 가정해서는 안 된다.

나는 이 문제에 열쇠가 되는 통찰력을 갖게 되었다. 그것은 결정적인 순간에 정말 내 생명을 보장해 줄 것처럼 보였다. 변이에 대해 숙고한 후에 나는 사망자의 분포가, 통계학적 표현을 빌리자면, 심하게 〈오른쪽으로 기울어졌다는〉 결론을 내렸다. 즉 정해진 중심 경향성 값 양쪽으로 비대칭적으로, 왼쪽보다 오른쪽이 훨씬 길게 당

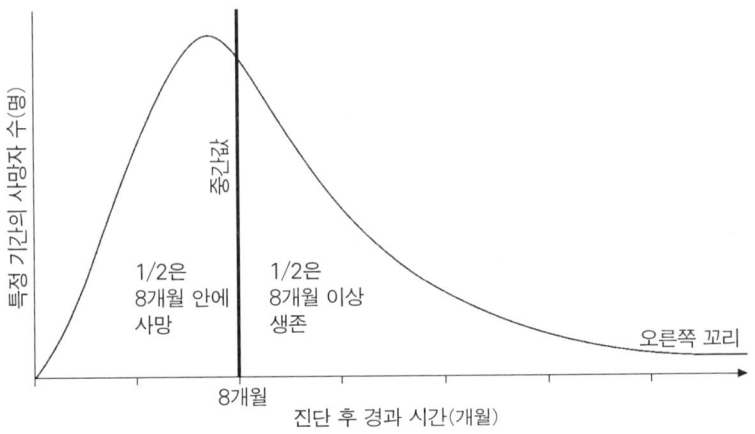

〈그림 4〉 진단 후 사망까지 걸리는 시간에 따른 사망자 분포. 오른쪽으로 기울어진 분포를 보여준다. 각 개인은 하나의 개별적인 실체이므로 8개월이라는 중간값으로는 분포 전체를 규정할 수 없다.

겨지면서 연장된다는 뜻이다. 8개월이라는 중간값과 최소값(진단 순간에 사망하는 경우) 사이에는 간격이 클 수 없다. 변이의 절반은 곡선의 왼쪽 반 안에, 중간값과 최소값 사이에 들어가야 한다(그림 4). 그러나 오른쪽 반은 이론적으로 하면, 영원히 또는 적어도 최고 연령까지 연장될 수 있다(통계학에서는 그런 형태의 분포의 끝을 〈꼬리〉라고 부른다. 따라서 왼쪽 꼬리는 생존율 0의 벽에 닿는 반면, 오른쪽 꼬리는 이론적으로 무한정 연장될 수 있고, 최소한 인간 수명의 한계까지 연장될 수 있다).

나는 질병의 변이 형태와 확장 범위, 그리고 내가 그 범위 내에 어디에 위치해 있는지를 알고 싶었다. 나는 곧 모든 조건에 근거해 내가 오른쪽 꼬리의 한 지점에 있음을 깨달았다. 나는 아직 젊고, 끝까지 싸워 이겨야겠다는 의욕에 불타고 있고, 현대 의학에서 최상의 치료를 받을 수 있는 도시에 살고 있고, 든든하게 후원해 주는 가족도 있고, 운 좋게도 비교적 초기 단계에서 암이 발견되었다. 따라서 나는 중심 경향성(나와 아무 관련이 없는 추상적 개념)을 나타내는 여러 값들보다도 오른쪽 꼬리(아마도 내가 위치하는 부분)에 훨씬 더 관심을 가졌다. 변이의 형태가 크게 오른쪽으로 기울어진 것이라는 추론보다 더 용기를 고취시켜 주는 것이 어디 있겠는가? 데이터를 검토해 본 결과 내 예상대로 변이는 소수의 사람이 오래 사는 현저하게 오른쪽으로 기울어진 것임을 확인할 수 있었다. 그렇다면 내가 그 오른쪽 꼬리 영역에 속하는 사람이 되지 못할 이유가 없었다.

 이러한 해석이 정상 수명을 보장하는 것은 아니지만 적어도 그 어려운 순간에 나는 세상에서 가장 값진 선물, 즉 생각하고 계획하고 싸울 충분한 시간을 얻은 셈이었다. 나는 이사야가 히스기야 왕에게 내린 〈너의 집안을 정리하거라. 너는 죽으리니. 살지 못하리라〉라는 명령을 당장 따르지 않아도 되었다. 나는 변이의 중요성과 평균값 이용의 한계에 대한 통계학적 추론을 해냈고, 이러한 의심을 실제 데이터로 확인한 것이다. 지식에서 구원을 찾은 것이다(여기서 나중에 더 좋은 결과가 더해진 것을 자랑해야겠다. 오른쪽 꼬리에 들어간데다가 실험적인 치료 방법이 성공해 이제 암이 완전히 제거된 것으로 보인다. 이 새로운 상황은 이전의 분포 곡선으로는 전혀 예측할 수 없는 것이었다. 나는 이 성공적인 치료법에 기초한 새로운 분포 곡선의 오른쪽 꼬리를 향하고 있다고, 즉 두 자릿수의 최고 연령까지, 아니 아마 잘하면 백 살 이상까지 충분히 살다 죽을 것이라고 믿는다).

나는 이 이야기를, 내 인생에 있었던 중대한 사건을 다시 들려주는 즐거움 때문만이 아니라 그 안에 이 책에서 논의하고자 하는 핵심 요소들이 요약되어 있기 때문에 길게 소개했다. 첫째, 이 이야기는 〈전체 시스템의 변이〉야말로 궁극적 현실이며, 평균은 제한적이라는(그리고 본질적으로 추상 개념이라는) 것을 잘 보여준다. 또한 이 이야기에는 앞으로 논의될 모든 예에서 사용될 개념적 도구인 세 가지 용어와 개념이 구체화되어 있다. 이 원리들을 너무 딱딱하고 난해한 것으로 만들지 않으면서 정식으로 정리해 본다.

• 기울어진 분포. 변이를 현실의 참모습으로 다루기로 했으므로 우선 집단의 성질과 분포를 나타내는 표준 용어와 그림을 익혀보자. 흔히 도수 분포라고 부르는 그래프는 가로축에 고찰하고자 하는 성질(키, 몸무게, 나이, 질병의 치사율, 야구 타율, 해부학적 복잡성 등)의 수치를 눈금으로 표시하고 세로축에는 수평축 값의 각 범위(몸무게 10-20킬로그램, 20-30킬로그램, 또는 나이 10-15세, 15-20세 등)에 속하는 개체수를 나타내는 눈금을 매긴다. 도수 분포는 중심 경향의 양쪽으로 똑같은 모양과 수를 가지면 대칭이 된다. 〈정규 분포〉 또는 〈종 모양 곡선〉은 이러한 점에서 대칭이며, 어느 시스템에서나 나타날 수 있는 이상적인 곡선이다(그림 5). 일반적으로 사람들은 표준 정규 분포 곡선을 너무 자주 접해 왔기 때문에 무의식중에 자연의 시스템들은 항상 이러한 이상적인 형태를 나타내는 것으로 생각한다. 그러나 실제로 대부분의 집단들은 그렇게 단순하지도, 정연하지도 않다. 물론 평균값 근처에서 완벽하게 무작위적인 변이를 갖는 시스템은 대칭적일 수 있다. 변이들이 평균값 양쪽으

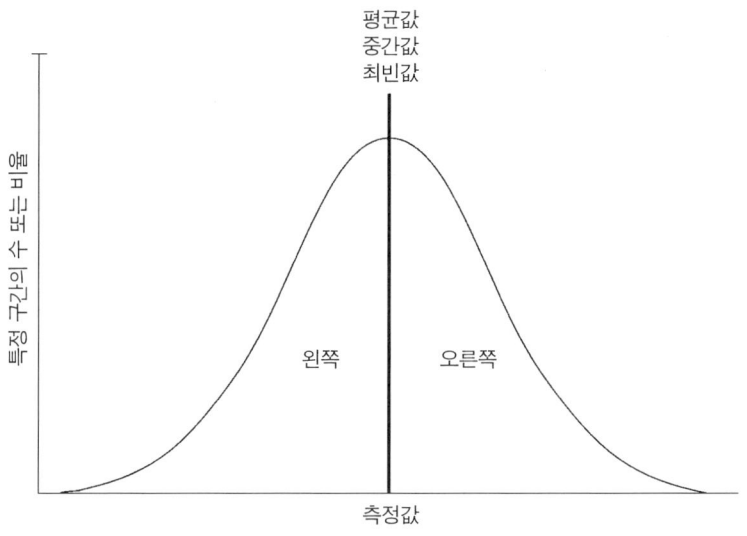

〈그림 5〉 이상적인 종 모양 곡선 또는 정규 분포 곡선에서는 중심 경향성을 나타내는 값들(평균값, 중간값, 최빈값)이 일치한다.

로 균등한 확률로 떨어지고, 각 변이는 평균에 될수록 가까이 있을 확률이 크기 때문이다. 동전을 던져 앞이나 뒤가 나오는 상황이 그렇다. 그것은 표준 정규 분포 곡선을 그린다. 사람들은 정규 분포를 가장 표준적인 것으로 생각하는데, 그 이유는 모든 시스템들에는 반드시 이상적인 〈옳은〉 값이 있으며 무작위적 변이는 그 양쪽에 있는 것으로 보기 때문이다. 이것은 또 하나의 좀처럼 근절되지 않는 플라톤 철학의 영향이다. 아쉽게도 자연은 우리의 기대에 부응하는 경우가 별로 없다.

이처럼 실제의 분포는 보통 비대칭적이다. 비대칭 분포에서는 변이가 어느 한쪽으로 기운다. 곡선이 기울어지는 방향에 따라 오른쪽

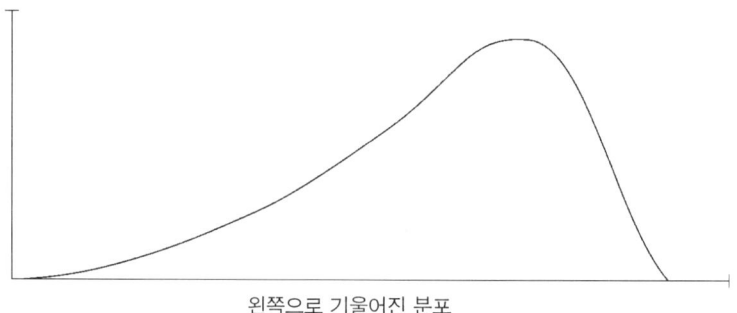

왼쪽으로 기울어진 분포

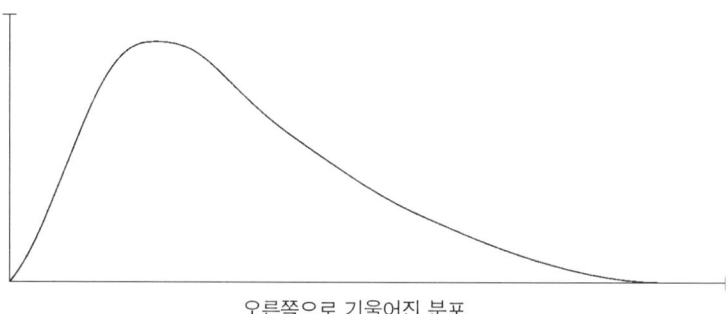

오른쪽으로 기울어진 분포

〈그림 6〉 기울어진 분포 곡선

으로 기울어진 분포, 왼쪽으로 기울어진 분포라고 부른다(그림 6). 곡선이 기울어지는 원인은 대단히 흥미로우며 자연의 시스템에 대한 커다란 깨달음을 준다. 기울어짐은 무작위성에서 벗어남을 의미하기 때문이다. 이 책은 변이의 성질과 시간에 따라 곡선이 변화하는 이유를 다루므로 분포 곡선의 기울어짐은 앞으로 들 모든 예의 중요한 주제가 될 것이다.

● 중심 경향성의 측정과 그 의미. 앞에서 중심 경향성 또는 〈평균〉

을 나타내는 세 가지 표준 척도인 즉 평균값, 중간값, 최빈값에 대해 알아봤다. 대칭적 분포에서는 세 가지 값이 일치한다. 중심이 평균값인 동시에 가장 빈도가 큰 값이고, 중간 지점이기 때문이다. 보통은 〈표준 정규 분포 곡선〉이 정상이고, 기울어진 곡선은 특수하고 드문 경우로 여긴다. 그리고 이 세 값의 우연한 일치 때문에 이 척도들 사이의 근본 차이를 잊고 만다. 기울어진 분포 곡선에서는 중심 경향성의 척도들이 다 다르다. 여론 조작 전문가들이 하는 일은 자신들을 고용한 거물들을 위해 선전용으로 어떤 척도가 가장 좋은지를 고르는 것이다.

이미 우리는 오른쪽으로 기울어진 소득 분포 곡선에서 높은 평균과 낮은 최빈값이 어떻게 이용될 수 있는지를 살펴봤다. 일반적으로 분포가 유난히 많이 기울어졌을 때에는 평균값은 곡선이 기울어진 쪽으로 크게 끌려가며, 중간값은 그보다 덜 끌려가고, 최빈값은 전혀 변하지 않는다. 그러므로 오른쪽으로 기울어진 분포 곡선에서는 평균값이 중간값보다 크고, 중간값은 최빈값보다 크다. 〈그림 7〉은 이들의 관계를 명확하게 보여준다. 대칭적인 분포(평균값, 중간값, 최빈값이 동일한 경우)에서 시작하여 오른쪽으로 기울어진 분포가 되도록 변이를 잡아당기면 평균값은 기울어진 방향으로만 이동할 것이다. 오른쪽 꼬리에 있는 한 명의 백만장자가 왼쪽 꼬리에 있는 몇백 명의 궁핍을 보충해 주기 때문이다. 중간값은 덜 변화한다. 그 이유는 중심 경향성 양쪽 꼬리에 있는 사람 수만을 고려하면, 이제는 단 한 명의 극빈자가 백만장자를 보상하기 때문이다. 중간값은 사람들의 수가 아니라 사람들의 수입만 곡선의 오른쪽 꼬리에서 증가하면 움직이지 않는다. 오른쪽 꼬리에 있는 부자의 수도 같이 증

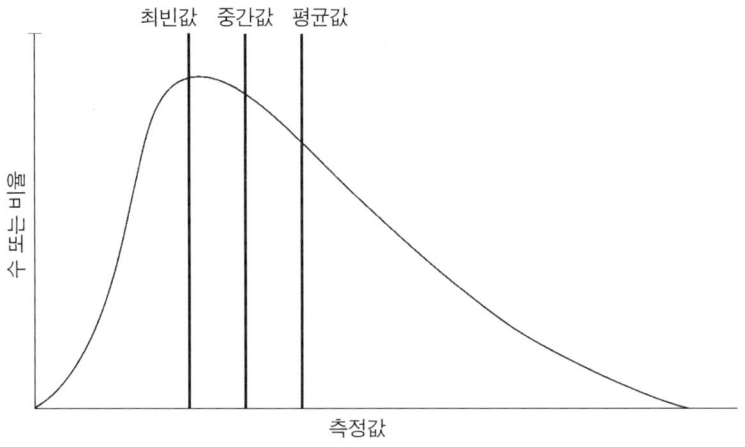

〈그림 7〉 오른쪽으로 기울어진 곡선에서는 중심 경향의 척도들이 일치하지 않는다. 중간값은 최빈값의 오른쪽에, 평균값은 가장 오른쪽에 위치한다.

가할 때에만 중간값은 평균값만큼 많이는 아니지만 오른쪽으로 옮겨간다. 한편 최빈값은 평균값과 중간값이 오른쪽으로 기울어져 가는 곡선을 따라 계속 증가해도 전혀 움직이지 않을 수 있다. 부자들의 수가 계속 증가해도 가장 빈도가 높은, 즉 가장 많은 사람들이 버는 수입은 연간 2만 달러로 변함 없을 수 있다.

● 벽 또는 변이 확산의 한계. 곡선이 기울어지는 중요한 원인의 하나는 변이가 확산될 수 있는 범위가 대개 어느 한 방향으로 한계가 있기 때문이다(다른 쪽으로는 훨씬 자유롭게 확장된다). 그러한 한계의 원인은 아주 분명하다. 앞의 암 치료 이야기의 경우를 보자. 중피종에 걸리기 전에는 사망하지 않으며, 발병한 순간이 0이 되면 그것이 바로 최소값이다. 3부와 4부에서 다루어질 야구의 타율과 생

명의 역사에 관련한 예에서는, 그 벽의 원인이 아주 미묘하고 좀더 재미있다. 어느 경우에나 그러한 한계는 기울어진 곡선을 만든다. 중피종에 걸리기 전에는 죽을 수 없지만, 진단 후에는 오래 살 수 있으므로 변이가 한 방향으로만 확장되는 것이다. 8개월이라는 중간값 사망률과 경과 시간 0이라는 견고한 최소 한계를 가지고 사망 분포 곡선을 그리면 오른쪽으로 기울어질 수밖에 없지 않은가?

이 책 전체에 걸쳐 이러한 변이 확장의 한계를 〈벽〉, 경우에 따라 〈오른쪽 벽〉, 〈왼쪽 벽〉으로 지칭한다. 왼쪽 벽은 오른쪽으로 기울어지는 분포(변이는 오직 벽에서부터 멀어지는 쪽으로 확장해 간다)를 유도하고, 오른쪽 벽은 왼쪽으로 기울어지는 분포의 원인이 된다. 암 이야기에서 나오는 왼쪽 벽은 사망 분포를 오른쪽으로 기울어지게 했다.

나는 오른쪽을 높은 값으로, 왼쪽을 낮은 값으로 정하는 문화적 편견을 따랐지만, 경우에 따라서는 다이어트에 집착하는 현대 사회의 체중 분포처럼 낮은 쪽이 더 좋은 것으로 평가되기도 한다. 이러한 편견에 빠지는 것은 방심할 수 없는 이유와 별 해가 없는 이유, 두 가지 모두 때문이다. 인류 문화 전체가 가진 공통 특성인 왼손잡이에 대한 편견이 방심할 수 없는 이유에 해당한다. 예수는 하나님의 〈오른〉편에 앉아 있다. 오른쪽은 옳고 능숙하며, 왼쪽은 사악하고 서툴다. 불어와 독일어에서 〈법〉을 뜻하는 단어는 오른쪽과 어원이 같다. 별 해가 없는 이유에 해당하는 것으로는 글을 왼쪽에서 오른쪽으로 읽기 때문에 성장과 증가를 그런 방향으로 개념화하고 있다는 사실을 들 수 있다. 이 책을 이스라엘 사람들처럼(대다수가 오른손잡이인데도) 오른쪽에서 왼쪽으로 쓴다면 왼쪽을 증가의 방향으로 생각하고 있을 것이다. 일본 사람처럼 쓰면 윗벽, 아랫벽을 논하고 있었을 것이다.

　독자들은 이 책의 예들을 완벽하게 소화시키기 위해 조금 고생스럽더라도 변이의 특성에 관한 세 가지 개념, 즉 변이의 확장에는 오른쪽 벽과 왼쪽 벽이라는 한계가 있다는 것, 이 한계에 의해 오른쪽으로 기울어진 곡선과 왼쪽으로 기울어진 곡선이 발생한다는 것, 그리고 중심 경향성을 말하는 평균값, 중간값, 최빈값 사이에는 차이가 있다는 것만 잘 이해해 주기 바란다.

· 5 ·
말, 생명의 작은 농담

중심 경향성의 변화가 실제로 큰 의미가 있으나 변이를 고려하지 않음으로써 정반대 해석을 내린 경우

말〔馬〕의 진화에 관한 이론은 일반적으로 가장 잘못 알려진 오류 중의 하나이다. 그 이론은 잘 이해되고 있다고 믿기 때문에 아무도 문제 제기도 면밀한 검토도 하지 않고 있다. 아마도 진화의 계통 가운데 가장 친숙한 것이 무엇이냐고 물으면 누구나 말이라고 대답할 것이다. 에오히푸스eohippus라는 귀여운 이름의 소형 다지성 원시 말에서 버드와이저 트럭과 군함을 단숨에 끌 수 있는 대형 단지성 클라이즈데일(스코틀랜드산 힘센 복마〔卜馬〕의 일종──옮긴이)에 이르는 말문(門)은 진화를 보여주는 가장 인상적인 예임에 틀림없

다. 주요 자연사 박물관들 중에서 각 진화 단계에 해당하는 말 계통의 화석들을 하나씩 길게 일렬로 진열해 놓고 그 성공적인 진화의 경향을 과시하지 않는 곳이 어디 있을까?

말의 진화 계통은 가장 먼저 발견된 것으로 유명하다. 1870년에 다윈의 열렬한 지지자였던 토머스 헨리 헉슬리는 유럽 각지에서 발견된 화석들로부터 말의 진화 순서를 최초로 제안했다. 그의 이론은 별로 오래가지 못했다. 그 이유는 그가 제시했던 유럽 화석 세 가지는 하나의 진화 계통으로 연결되기는 했으나 사실은 아메리카 말의 혈통들이 각각 유럽으로 이주해 간 것으로 유입된 이후 멸종했기 때문이다. 말의 진화는 아메리카에서 완벽하게 끝까지 전개되었다.

1876년 헉슬리는 미국을 방문했다. 그의 주된 목적은 미국의 독립 100주년 축하 행사에 참가하고, 존스 홉킨스 대학교의 창립 기념사를 하는 것이었다. 헉슬리는 미국의 선구적인 포유류 고생물학자였던 오스니엘 마시를 만나 그가 미국 서부에서 수집한 말 화석들을 보게 되었다. 마시는 미국 계통이 진화의 진정한 주 계통이고, 유럽의 방계는 단절된 곁가지라고 헉슬리를 설득했다. 몇 주 후에 말 화석에 대해 뉴욕에서 강의를 하기로 일정이 잡혀 있던 헉슬리는 끙끙대며 자신의 이론을 완전히 바꿔야 했다.

헉슬리는 마시에게 도움을 요청했고, 마시는 강연회를 위해 그 유명한 도표를 만들어주었다(이것을 다시 그린 것이 〈그림 8〉이다). 이 그림은 과학의 역사에서 가장 유명한 것으로 고전 이론에서 말하는 세 가지 경향 중 두 가지를 보여준다. 첫째, 발가락 수의 감소. 최초의 말(그림 맨 밑)에는 앞발에 네 개의 발가락이, 뒷발에 세 개의 발가락이 있었는데, 그것이 앞뒤 모두 가운데 발가락과 양쪽에

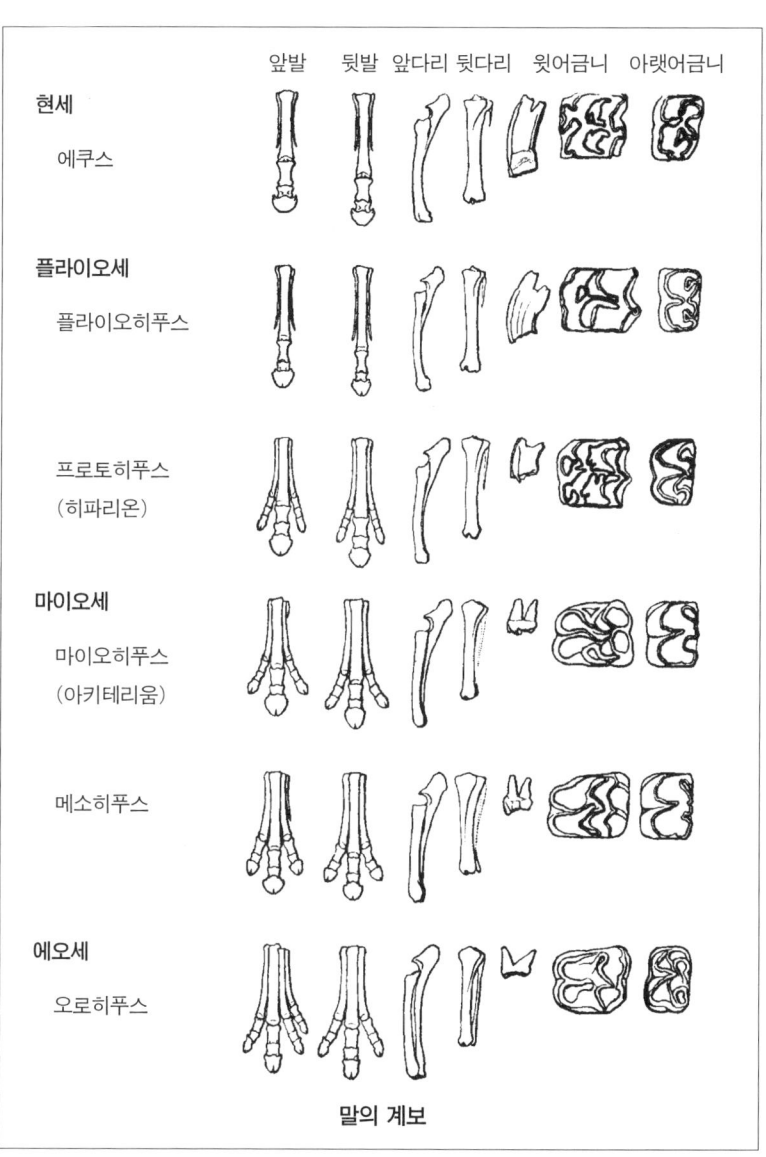

〈그림 8〉 마시가 헉슬리의 뉴욕 강연을 위해 준비한 말의 진화도. 모든 특성이 직선적으로 진보했음에 주목하라.

짧은 발가락 두 개가 달린 세 개의 기능적인 발가락으로 변하고, 다시 하나의 발가락과 그 옆에 흔적만 남은 작은 두 발가락으로 이루어진 단지성 말로 변하게 되었다(그림 맨 위에 있는 현생 말). 둘째, 어금니 치관 높이의 지속적인 증가(화석 표본 중 다섯번째 열)와 함께 치관(齒冠) 모양의 복잡화. 마시는 모든 표본을 같은 크기로 그렸기 때문에 세번째의 가장 분명한 경향, 즉 초기의 작은 크기에서 오늘날의 덩치 큰 클라이즈데일에 이르는 크기의 현저한 증가는 이 그림으로 알 수 없다(그는 고양이 크기라고 했지만, 이후에 애완견 폭스테리어가 표준 비유로 자리잡았다——Gould, 1991). 나중에 개정된 그림은 이 세 경향을 한꺼번에 보여준다. 그 중 제일 유명한 그림은 마시 이후 고생물학의 지도자였던 윌리엄 매튜가 20세기 초 미국 자연사 박물관에서 제작한 팜플렛에 처음 발표한 것으로, 1950년대까지만 해도 그 박물관의 기념품 가게에서 팔고 있었으며, 그 이후로도 끊임없이 여기저기에서 복제되고 있다(예를 들면 테네시 주 데이튼의 초등학교 어린이들에게 진화를 가르치기 위해 존 스콥스가 사용했던 교과서에도 이 그림이 나온다. 이것은 유명한 〈원숭이 재판〉에서 브라이언의 맹렬한 비난의 표적이 되었다. 그는 이 그림을 보고 〈이보다 더 역겨울 수는 없다〉고 말했다). 이 개정판은 화석 표본을 지층 순서대로 지질 연대 옆에 배치하고 크기, 발가락, 치아를 모두 보여준다(그림 9).

말의 진화에 관련된 이 세 가지 경향은 어느 정도까지는 맞다. 최초의 말, 전문 용어로 하면 히라코테리움(*Hyracotherium*, 나는 분류학적으로는 부정확할지 모르지만 이 말의 비공식적인 이름인 〈새벽의 말〉이라는 뜻을 가진 에오히푸스를 더 좋아한다)은 정말로 크기가 작

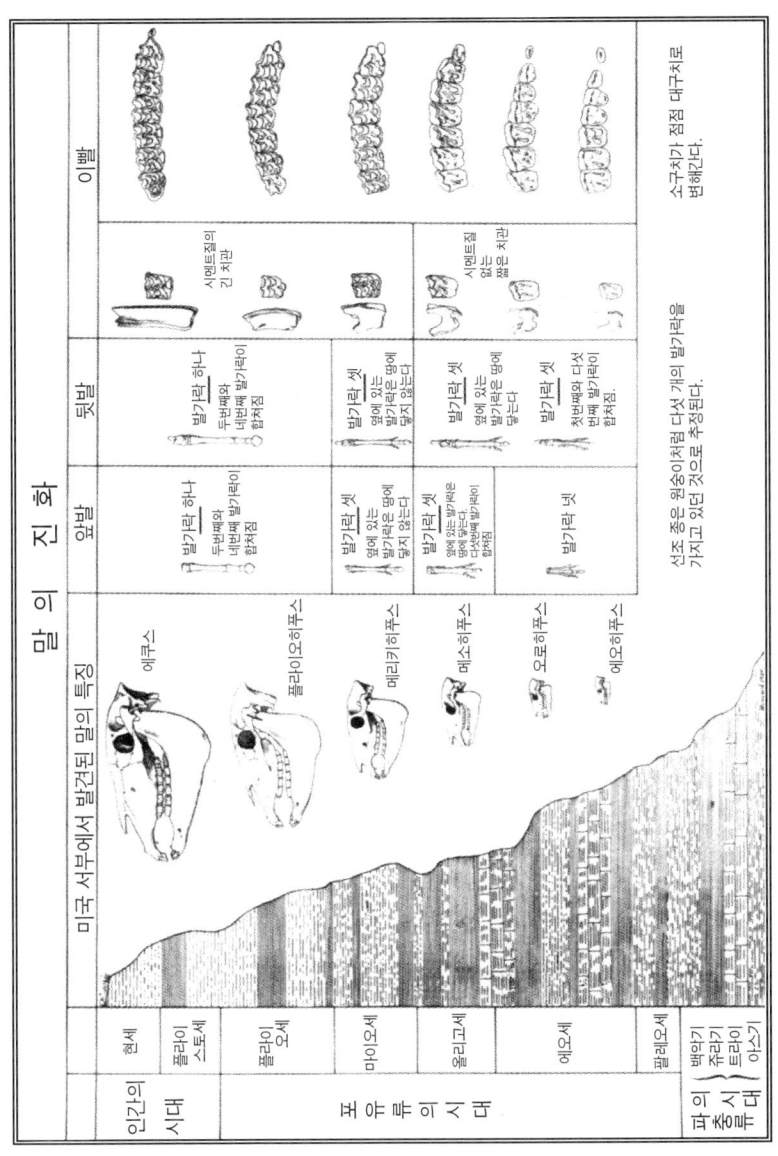

〈그림 9〉 지층 순서에 따라 매튜가 그린 직선적이고 진보적인 말의 진화. 신체 크기의 증가, 발가락 수의 감소, 치관 높이의 증가를 보여준다.

고, 앞발에 네 발가락, 뒷발에 세 발가락, 그리고 낮은 치관을 가지고 있었다. 이 세 가지 경향에 대한 전형적인 설명(아마 기본적으로는 옳으리라)은 숲 지역에서 나무의 어린잎을 먹는 습성에서(여러 발가락으로 딱딱하지 않은 숲 바닥에서 균형을 잡고 서서 낮은 치관의 이로 나뭇잎을 먹었다) 초원에서 풀을 뜯는 습성으로 바뀌어간 말의 습성 변화를 그 이유로 들고 있다(발굽은 딱딱한 지형에 더 적합하고 튼튼하고, 높은 치관은 실리카 함량이 많은 질긴 껍질의 풀들을 먹기에 더 적합하다. 풀은 말의 진화 과정 중간에 처음 진화되어, 실리카 함량을 증가시켜가면서 광활한 새로운 서식지의 시대를 열어갔다). 점과 점을 잇는 단순한 의미에서라면 히라코테리움와 현대의 에쿠스(세 종류의 얼룩말, 네 종류의 당나귀, 진짜 말만 속해 있는 에쿠스 카발루스 등의 여덟 종이 속해 있는 유일한 현생 말속)를 연결하는 것은 말의 계통에 대한 올바른 해석일 수도 있다.

그렇지만 이 그럴 듯한 설명은 너무나 편협하고 너무나 오해의 여지가 큰 해석이다. 히라코테리움에서 에쿠스까지 이르는 계보는 지난 5,500만 년에 걸쳐 엄청나게 복잡한 패턴으로 흥망성쇠를 거듭했던 진화의 얽히고 설킨 가지들 중에서 단 하나에 지나지 않는다. 이 특정한 진화 경로가 말의 계통수에 관한 요약으로, 또는 더 큰 진화 이야기의 축소로, 말의 진화와 관련된 중심 경향을 나타내는 것으로 해석되어서는 안 된다. 이 작은 표본을 선택한 이유는 단 하나이다. 에쿠스는 현재 생존하는 단 하나의 말속이며, 따라서 한 계통의 마지막 점으로 볼 수 있는 유일한 〈현생〉 동물이기 때문이다. 그러나 현생 집단의 진화 과정을 그 조상에 해당하는 한 점에서 현재의 영광스런 형태까지 단 하나의 직선 과정으로 묘사하는 것은 문제가 있다. 좀더 포괄적인 진화 모델을 연구해야 한다.

그것을 위해서는 사다리 대 계통수(系統樹)의 문제 또는 편견으로 선택된 개별적 진화 경로 대 전체 시스템(풀하우스)과 그것을 이루는 모든 변이의 이야기를 살펴봐야 한다. 〈지혜는 그것을 붙드는 자에게 생명의 나무가 된다〉라는 성서의 한 구절은 진화와 관련된 그림을 올바르게 그리는 데 적용할 수 있다. 진화는 한 집단이 한 단계에서 다음 단계로 전환하는 식으로 진행되는 법이 거의 없다. 그런 진화를 전문 용어로 〈향상 진화 anagenesis〉라고 하며 사다리, 연쇄, 선형성을 나타내는 비유들로 변화를 형상화한다. 그러나 진화는 정교하고 복잡하게 갈라지는 가지〔分枝〕처럼 〈분지 진화 cladogenesis〉의 방식으로 진행된다. 경향이란 하나의 길을 따라 전진하는 것이 아니라 하나의 종 분화 사건에서 다음 종의 분화 사건으로 이어지는 일련의 복잡한 전환 또는 옆길로 들어서는 과정이다. 말의 진화 계통수에는 수많은 종착점이 있고, 그 각각은 가지가 갈라지는 사건의 미로를 따라 히라코테리움으로 거슬러 내려간다. 히라코테리움으로 가는 경로 중에 일직선인 것은 없으며, 미로 같은 수많은 경로들 중에 중심이 된다고 특별히 주장할 만한 것도 없다(그림 10). 히라코테리움에서 에쿠스까지 이르는 경로를 하나의 직선으로 그리는 도상적 관습은 울퉁불퉁한 지형을 불도저로 평평하게 밀어버리는 것과 같다.

그러면 왜 사람들은 그런 곡해를 하고, 말은 왜 진화의 〈경향〉을 보이는 대표적인 예가 되었을까? 그것은 내가 〈생명의 작은 농담〉이라고 부르는 아이러니 때문이다(Gould, 1987). 말을 선택한 이유는 그들의 현생 종이 〈실패한〉 계통의 종점이기 때문이었다. 실제

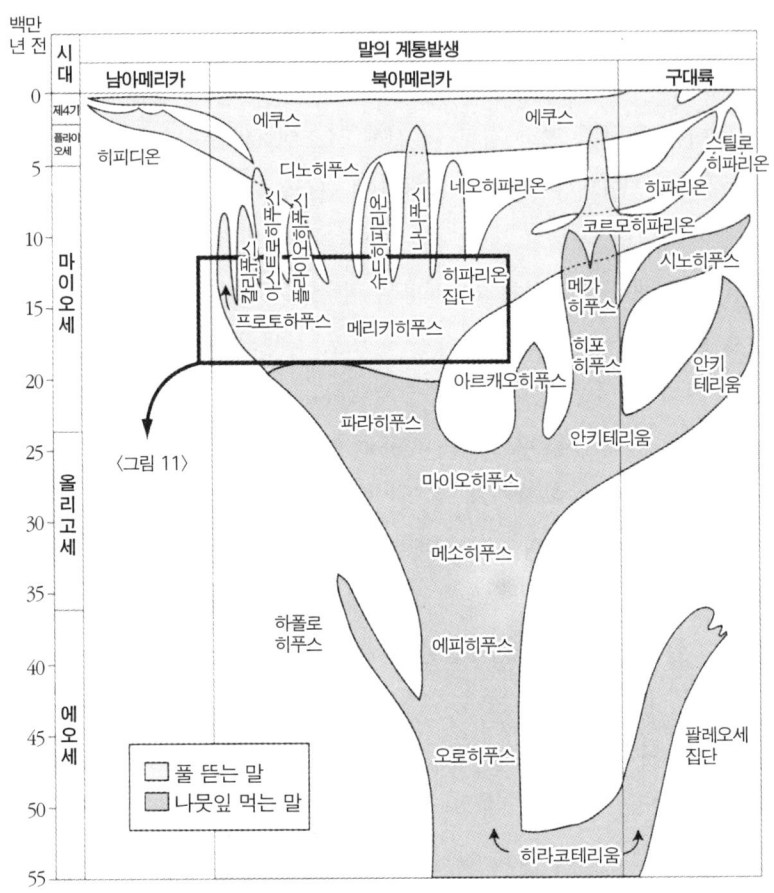

⟨그림 10⟩ 1988년 맥퍼든이 그린 보다 복잡한 말의 진화 계통수.

사정은 더 〈나쁘다〉. 그것은 이렇게 일반화시킬 수 있다. 전체 시스템의 변이를 고려하지 않고 생명의 역사에 나타나는 경향을 〈어디론가 움직여 가고 있는 실체〉로 묘사하고 싶어 하는 사람들의 편견이 선택한 진화의 경향과 〈진보〉의 모든 예들은 실패한 집단들로 이루어져 있다. 즉 이전의 무성한 가지들은 다 사라지고 단 하나의 가지만이 남아 지난 영광을 증거하고 있는 것이다. 이것을 생명의 〈작은〉 농담이라고 하지 달리 무어라 하겠는가.

그렇다면 진정으로 성공한 포유류는 어떤 것일까? 종의 수와 드넓은 서식지만을 기준으로 본다면, 쥐, 박쥐, 사슴(공식 용어로 말하자면 설치목, 익수목, 우제목 중의 사슴과) 등이다. 왜 그럴까? 이에 대한 답은 명확하다. 이 세 집단은 그 수와 생태학적 확산이라는 두 가지 측면에서 포유류의 세계를 장악하고 있다. 그러나 이들의 성공을 보여주는 도해를 본 사람이 누가 있는가?

이 집단들에 대해 별로 이야기하지 않는 이유는 이들의 승리를 어떻게 그려야 할지 모르기 때문이다. 사람들에게 진화란 더 커지고, 세련되고, 아니면 환경에 더 잘 적응하는 생물들이 일직선으로 죽 늘어선 것이다. 그러나 어떤 집단이 정말로 성공해서 그들의 계통수가 수많은 가지를 가지고 있고, 또한 그 모든 가지가 동시에 번창하고 있으면 어떤 경로도 특별히 중요하다고 말할 수 없다. 따라서 그들의 진화를 묘사하거나 이해하는 특정한 방법도 있을 수 없다. 진화의 가지들이 멸종에 의해 떨어져 나가고 오직 한 계통(예전의 풍부함에서 나온 한 조각, 이전의 나무에서 나온 가지)만이 살아남았을 때 우리는 이 미미한 잔재를 유일한 정점으로 보기 쉽다. 한때 존재했다 멸종된 경로들이 있었음을 잊거나 그것들은 〈막다른 길〉, 또는 기본 줄기에서 나온 시시한 곁가지라고 우습게 여기기 쉬운 것이다. 그러고는 그 살아남은 가지에서 조상까지 이르는 작은 경로를 일직선으로 펴기 위해 개념의 불도저를 가지고 나온다. 마지막으로 그럴 듯한 진화 경향을 꾸며내면서 말의 진보를 찬양한다.

진화의 〈경향〉이라고 사람들이 주장하는 것들의 대부분이 그렇게 실패한 집단의 이야기이다. 다른 가지는 다 떨어져 나가고 하나만 남은 나무의 이야기이다. 전체 시스템 내의 변이가 가장 중요하고 추상적 개념이나 표본들은 변이가 있는 전체를 나타내기 위해 선택된 부차적인 것에 지나지 않음을 깨닫기 전에는 생명의 작은 농담에 담긴 아이러니를 이해할 수 없다. 말의 진화 계통수는 하나의 시스템이다. 히라코테리움에서 에쿠스까지 불도저로 밀어버린 〈직선〉은 미로와 같은 수많은 경로들 중의 하나일 뿐이다. 근근히 존재해 온 것에 우연 이상의 어떤 의미도 부여할 수 없다.

이러한 개념 오류들이 말에 대한 해석과 말이 전해 줄 수 있는 진화에 대한 메시지를 일찌감치 차단시켜 버렸다. 헉슬리조차도 말의 진화를 〈미국식 동화〉로 해석하는 마시의 이론에 항복하면서, 말의 진화 사다리를 모든 척추동물 진화의 모델로 삼았다. 예를 들면, 오늘날의 경골어류들을 막다른 끝이라는 설명으로 모욕했다. 〈이 어류들은 진화의 주 계통에서 벗어난 것으로, 어떤 시기에 시작된 작은 옆길로 보인다〉(Huxley, 1880, 661쪽). 그러나 경골어류들은 척추동물 집단들 중에서도 가장 성공적인 집단이다. 척추동물 전체 종의 거의 50퍼센트가 경골어류이다. 그것들은 전세계의 바다, 호수, 강에 서식하며, 영장류 종을 모두 합친 것의 거의 100배나 되며, 모든 포유류를 다 합친 것의 약 다섯 배에 이른다. 그런데 어떻게 인류의 진화 경로가 3억 년 전에 그들과 갈라졌다고 해서 그들을 〈주 계보에서 벗어난〉 것들이라고 부를 수 있을까?

말의 사다리 그림으로 가장 유명한 것(그림 9)을 그린 매튜도 똑같은 잘못을 범했다. 하나의 경로를 주 계보로 지정함으로써 다른 모든 것들을 그보다 덜 중요한 변형체로 해석한 것이다. 매튜는 자신이 그린 사다리를 〈계열의 정통 계보〉라 칭하고, 〈그 외에도 상당히 가까운 많은 곁가지가 있다〉고 부언했다(Matthew, 1926, 164쪽). 그리고 다시 〈멸종된 곁가지들 중에는 특별한 방식으로 말과에 이르는 것도 있었다〉(같은 책, 167쪽)고 하면서, 수평적 해석에 대한 자신의 옳은 비판에 먹칠을 하고 말았다. 도대체 이 멸종된 계통들이 현대의 말보다 어떤 면에서 더 특별하다는 말인가? 매튜의 말은 그 계통이 사라진 것은 무엇인가 잘못되었기 때문이라는 생각을 조장한다. 하지만 지구에 등장했던 종들의 99퍼센트 이상이 현재 멸종되고 없지 않은가? 멸종되었다는 것은 생물학적 주홍글씨가 될 수 없다.

지금까지 말의 진화 과정이 많은 가지를 가진 계통수인가, 단선적인 사다리인가 하는 것만을 논의했다. 물론 말의 진화 과정에서 보이는 전형적인 경로나 크기, 치아, 발가락 변화의 경향성을 부인할 수는 없다. 그러나 히라코테리움-에쿠스가 말 진화의 기본 줄기고, 풀하우스 계통수 안의 다른 경로들이 제공하는 변이들을 무시하는 것이, 이 작은 진화의 사건을 얼마나 왜곡되고 퇴보적인 관점으로 보는 것이다. 시간에 따라 변이 정도가 변하는 것을 고려하면, 말은 실패한 큰 집단 내에서 사라져 가는 한 계통에 지나지 않는다. 그 관점의 중요성을 다음 세 가지 설명이 확실하게 보여준다.

1. 말의 진화 계통수는 전체적으로 볼 때에는 가지가 풍성하다. 말 역사의 어느 지질학적 기간도 굵은 줄기와 옆에 난 잔가지로 기술될 수 없다. 말에 관한 고생물학의 선도적 연구자인 플로리다 자연사

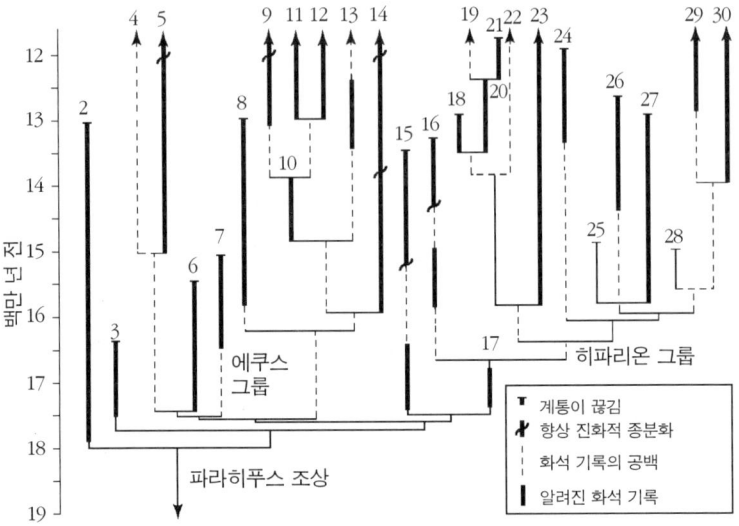

〈그림 11〉 마이오세 중기에 말의 진화 계통수에서 가지가 너무 많이 분화했기 때문에 맥퍼든은 모든 계통들을 자신의 그림 안에 포함시킬 수 없었다. 이 그림은 〈그림 10〉에 표시된 사각형 부분을 확대한 것이다. 비교적 짧은 기간 동안 얼마나 많은 가지가 분화했는지 주목하라.

박물관의 브루스 맥퍼든은 최근 단순화시킨 말의 계통수 그림을 발표했다(그림 10). 그중에서 나뭇잎 뜯기에서 풀 뜯기로 크게 방향을 전환하기 시작한 지난 2천만 년을 살펴보자. 거기에는 다양하고 풍성한 가지들만 보이지 중심 세력 같은 것은 없다. 그는 그 복잡한 가지들을 단순한 도표에 모두 표시할 수가 없어서 중요한 부분만(그림 안에 네모 친 부분) 따로 확대해(그림 11) 그에 해당하는 700만 년 동안을 상세히 표시했다. 북아메리카에서만 1,500만 년 전과 1,800만 년 전 사이에 적어도 열아홉 종이 분지 진화를 통해 발생했다.

1,500만 년 전에는 풀 뜯는 종 열여섯 가지가 북아메리카에 서식했다(나뭇잎을 먹는 더 오래된 계통 몇이 아메리카와 구대륙에서 함께 살고 있었다). 이러한 다양성은 그 이후 700만 년 동안 거의 변하지 않았는데, 그것은 〈멸종과 새로운 종의 탄생이 균형을 이루어 다양성의 패턴을 안정되게 유지시켰기 때문이다〉(Macfadden, 1988, 2쪽). 그 후 북아메리카에서 말의 다양성은 급속히 축소돼 갔고, 결국 말의 계통수 전체가 신대륙에서는 사라지게 되었다(아즈텍 인들이 원래 아메리카 대륙에서 발생했다 멸종된 짐승인 말을 처음 보고 얼마나 무서워했는지를 생각해 보라. 유라시아는 말 진화의 경향을 이끌어간 중심지가 아니라 말이 생존을 이어간 변방이었다).

이 그림에 나타나는 말의 역사 마지막 3분의 1 부분에서 두 가지 점이 특기할 만하다. 우선, 제일 눈에 띄는 사실은 가지가 갈라지고, 또 갈라지고, 다시 또 갈라지는 것이다. 이 숲의 어디에서 중심 기둥을 찾아낼 수 있겠는가? 수많은 가지 끝이 있었지만 에쿠스 단 하나만 남기고 모두 절멸했다. 각 끝점은 모두 이전의 공통 조상으로 미로를 따라 연결되지만 단선적인 길은 하나도 없다. 모두 하나의 가지가 갈라져 나오는 종분화 사건에서 또다른 종분화 사건으로 이어지지, 연속적인 변화의 사다리를 타고 내려오는 것이 아니다. 물론 에쿠스가 아직 멸종되지 않았으며, 한때 모든 주요 대륙에 퍼져 살았으므로(인류가 옮긴 것이 아니라 스스로) 현대의 에쿠스로 이어지는 경로를 중심 계보로 봐야 하지 않느냐는 반문이 있을 수 있다. 그러나 에쿠스는 북아메리카 선조의 땅을 비롯한 거의 모든 영역에서 사멸했으며, 현생 말은 모두 구대륙의 잔존 말들에서 비롯되었다고 할 수 있다. 다음으로, 이 도표를 편견 없이 관찰해 본 사람이라면 누구나 지난 1천만 년 동안 일어난 말 진화의 특징이 퇴화임을 알아챌 수 있을 것이다. 이 기간은 사다리 모델에서 말의 발가락이 완벽하고 섬세한 조율을 통해 양 옆 발가락들은 흔적만 남기고 없어지고 발굽 하나로 변하는 뚜렷한 경향을 보인다고 했던 바로 그 기간이다. 약 1,500만 년 전에서 800만 년 전까지는 북아메리카에서만 평균 열여섯 종류의 종이 살고 있었으나, 그 후 크리스티의 추리소설 『그리고 아무도 없었다』에서처럼 하나씩 차례로 죽어간 것이다.

사다리 이론을 지지하는 사람은 지금의 논의는 말 진화의 마지막 3분의 1 기간(그리고 명백히 가지가 많은 기간)에 국한된 것이 아니냐고 반문할 것이다. 그렇다면 맥퍼든의 계통수 그림에서 그런 대로 직선으로 보이는 처음 4천만 년을 살펴보자. 이 초반의 시기는 직선적 진화를 지지하는 사람들이 주로 연구했던 영역이었다. 예를 들면, 심슨은 1951년에 쓴 『말 Horses』에서 분지 진화적 사고로 전향하면서, 최초로 말의 계통수를 그렸다. 그러나 그도 초기 말 화석 기록은 근본적으로 직선이라고 주장했다. 그는 〈에오히푸스(히라코테리움)에서 히포히푸스(*hypohippus*)까지 이르는 계보는 상당히 연속적인 진화를 예증한다〉고 썼다(1951, 215쪽). 심슨은 메소히푸스(*mesohippus*)에서 이 선의 거의 꼭대기에 위치한 마이오히푸스(*maiohipus*)로 진화하는 과정은 점차적이고 연속적임을 강조했다(〈그림 10〉에서 이름들과 시대 참조).

올리고세 중기의 좀더 진보된 말들은 관습에 따라 독립된 속인 마이오히푸스에 넣었다. 사실은 메소히푸스와 마이오히푸스는 완벽한 단계적 변화를 보이지만 차이가 미약하고 일관성이 없어 전문가들조차도 정확하게 구별하기가 힘들거나 불가능할 때가 있다.

심슨 이후 엄청나게 화석 자료가 증가하자 그것을 바탕으로 고생물학자 돈 프로서로와 닐 슈빈(1989)은 심슨의 잘못된 견해를 뒤집었다. 그리고 단속 평형설 punctuated equilibrium(Eldredge and Gould, 1972; Gould and Eldredge, 1993)이 예상했던 대로 사다리의 마지막 요새에 빽빽한 가지가 들어차기 시작했다. 이들은 심슨이 점차적인 변화가 단선적으로 일어나는 가장 뚜렷한 예(메소히푸스에서 마이오히푸스로 전환하는 과정)로 꼽았던 말 역사의 초기 단계에서 네 가지 중대한 사실을 발견했다.

첫번째 발견, 두 개의 속은 새로 발견된 발 뼈 모양의 차이로 확실하게 구분되었다. 메소히푸스는 서서히 마이오히푸스로 변하지 않았다. 이전의 주장은 포유류 골격 중에서도 가장 잘 보존되는 치아에 근거한 것이었다. 이 두 속은 심슨의 판단 기준이었던 치아 자료로는 구분이 되지 않는다.

두번째 발견, 메소히푸스는 마이오히푸스로 눈에 띄지 않을 정도로 작은 변화의 누적을 통해 진화하지 않았다. 오히려 마이오히푸스는 그것이 출현한 이후에도 오랫동안 함께 공존했던 메소히푸스의 혈통에서 가지쳐 나왔다. 이 두 목은 연대적으로 적어도 400만 년 정도 겹친다.

세번째 발견, 각 목은 사다리의 단이 아니라 그 자체가 몇몇 연관된 종들로 이루어진 계통수를 이룬다. 이들 종은 동시대에 같은 서식지에서 함께 살며 서로 영향을 주었다. 예를 들면 와이오밍 주의 한 지층에서는 메소히푸스 3종, 마이오히푸스 2종, 그리고 현대 종들이 함께 발견되었다.

네번째 발견, 이 종들은 지질학적으로 갑자기 출현했다가 오랜 기간 아무 변화 없이 그대로 지속되는 경향이 있다. 진화적 변화는 가지가 갈라져 나오는 바로 그 지점에서 일어난다. 변화는 사다리를 꾸준히 타고 올라가는 것이 아니라 계통수의 가지가 갈라져 나오는 각 분지점들에서 조금씩 생겨난 이로운 특성들의 누적으로 이루어진다. 프로서로와 슈빈의 글을 인용하자면 다음과 같다.

> 이 사실들은 종이 하나의 연속체 안에서 점진적으로 변해 가는 부분들이며, 종 사이에는 어떤 실질적인 구별도 없다고 보는 말에 대한 기존의 신화와 배치된다. 말의 진화사 전체에 걸쳐 각 종들은 뚜렷이 구별되며, 몇백만 년 동안 변함 없이 정지되어 있다. 자세히 분석해 보면 점진적인 것처럼 보이는 말의 진화 그림은 사실 가깝게 연관된 종들이 서로 중첩되는 복잡한 하나의 계통수이다.

다시 말하자면 말이란 생물의 계통수는 전체에 가지를 펼치고 있다.

2. 이와는 전혀 다르지만 별로 매력적이지 않은 또다른 역사도 구성해 볼 수 있다. 계통수를 사다리로 대치하는 것은 발가락 수의 감소, 몸체 크기의 증가, 치관의 상승으로 전진해 가는 것으로 생각하는 전형적인 견해가 잘못되었음을 입증하지는 않으나 그에 대한 의문을 제기한다. 어쨌든 계통수의 오래된 가지들이 반드시 오래 지속되지는 않기 때문에 그것들의 조기 단절은 경향을 부정할 만한 옛

흔적을 하나도 남기지 않는다. 처음의 가지들은 모두 말라죽고 나중의 가지들이 〈진보적인〉 성격을 띤다면, 계통수는 전체적으로 〈현대화〉될 것이다. 또한 우리는 크기가 증가하고 발굽이 하나로 줄어드는 일반적인 경향이 있다고 자신 있게 말할 수 있으며, 히라코테리움에서 에쿠스에 이르는 말의 진화 과정은 실제 진화의 방향성을 잘 요약한다고 할 수 있을 것이다(하지만 이러한 경우에도 그에 못지않게 중요한 다양성의 성쇠 패턴을 고려하지 않는 데 대한 비판은 여전히 남는다). 그러한 세계에서는 이 책이 이야기하는 반대 주장들은 일종의 트집이 될 것이다. 물론 우리는 아직 수많은 진화의 경로가 계통수를 따라 뻗어나간다는 것과 히라코테리움에서 에쿠스에 이르는 변화는 그중 한 계통임을 강조할 수 있다. 그러나 모든 경로들이 똑같은 순서를 밟아 크기가 커지고 발굽의 수가 줄어드는 방향으로 나아간다면 그 어느 경로나 진화의 경향으로 볼 수 있고, 여러 개 중에서 하나를 집어내어 그것이 전체를 대표한다고 생각하는 관습에 그렇게 비판적일 필요도 없어진다.

그러나 말의 진보에 대한 이 필사적 방어 논리는 결코 지지할 수 없다. 전형적인 경향이 반드시 보편적인 것은 아니다(그 경향들이 나타나는 상대적인 빈도가, 좀 단속적이기는 하나, 계통수를 따라 올라가면서 증가하기는 하지만). 뒤에 나타나는 계통들이 가장 중요한 경향을 부인하는 경우도 있으며, 그러한 조금 다른 결과(우리가 살아가는 우연성의 세계에서 이것은 얼마든지 가능하다──Gould, 1989)는 전혀 다른 말의 역사 이야기를 쓰게 했을 것이다.

그중에서 가장 흥미 있는 시나리오 하나를 생각해 보자. 말의 크기가 점점 커진다는 움직일 수 없는 견해에 반해, 맥퍼든(1988)은 말 계통수에서 확실하게 구별할 수 있는 조상-자손 관계를 조사했다. 그 결과, 스물네 쌍 중에서 다섯 쌍 또는 20퍼센트 이상에서 크기의 감소를 발견했다. 이러한 왜소화는 꾸준히 나타나는 현상으로 말의 역사 전체에서 반복되었다. 첫번째 속 히라코테리움조차도 그 지질학적 역사에서 크기가 감소했던 시기가 있었다(Gingerich, 1981).

북아메리카에서 가장 최근에 일어난 가장 큰 왜소화 사건은 나니푸스(*nannippus*, 난장이 말)라는 적절한 이름이 붙은 속의 출현이었다. 심슨은 이 특이한 속을 이렇게 설명했다(Simpson, 1951, 149쪽). 〈최근의 일부 화석 표본들은 조랑말보다 크지 않은 소형이면서 더 날씬하다. 이 우아한 짐승은 길고 가는 다리와 발을 가졌으며 전반적으로 말보다는 작은 가젤 영양을 연상시킨다.〉

자, 그럼 나니푸스가 말과에 속하는 유일한 구성원으로서 혼자 살아남고 에쿠스는 벌써 죽고 없거나 생겨난 적이 없었다고 가정해 보자. 그렇다면 불도저로 계통수를 밀어서 나타나는 하나의 계통을 표준이라고 부르는, 이 편견으로 가득 찬 말의 역사는 어떻게 될까? 독자들은 〈말도 안 된다〉고 할 것이다. 나니푸스는 어쩌다 생겨난 곁가지이고, 에쿠스가 중심 계보라고 말할 것이다. 그렇다면 나는 일어날 수 없는 이야기를 놓고 말장난을 하고 있는 것일까? 그렇지 않다. 이 이야기는 충분히 가능한 해석이며, 단지 지금까지 인식되지 않고 있을 뿐이다. 나니푸스는 지리학적 분포와 지질학적 지속 연대가 상당했다. 이 목은 1,000만 년 전에 생겨나 미국과 중앙 아메리카에서 살다가 우연한 사건으로 생존에 실패해 200만 년 전부터 사라지기 시작했다(MacFadden and Waldrop, 1980). 나니푸스에 속하는 것으로는 네 종이 알려져 있는데(MacFadden, 1984) 그들이 살

앉던 800만 년이라는 기간은 에쿠스의 수명을 훨씬 웃도는 것이다 (그림 11). 만약 나니푸스는 구대륙을 점유해 본 적이 없었던 데 비해, 에쿠스는 조상의 땅 아메리카에서 유라시아와 아프리카로 퍼져 나갔기 때문에 생존 확률이 훨씬 컸을 것이라는 반론을 제기할 수도 있다. 그러나 그 반론에는 이렇게 대답할 수 있다. 에쿠스는 그 기원이 된 아메리카 대륙 전체에서 완전히 절멸했고, 따라서 그 생존은 우연에 지나지 않는다고. 만약 나니푸스가 이주하고 에쿠스가 본 고장에 남아 있었다면 어떻게 되었을까?

나니푸스가 살아남고 에쿠스가 멸종했다면, 그 자랑스러운 말 이야기는 어떻게 달라졌을까? 나니푸스는 더 큰 조상에서 왜소화되기는 했지만 원래의 히라코테리움보다 많이 크지는 않기 때문에 지금 우리는 크기의 증가 경향 같은 것을 떠벌리고 있지는 않을 것이다. 아마도 발가락 수의 감소도 별 흥미를 끌지 못했을 것이다. 시조 히라코테리움은 앞발에 네 개, 뒷발에 세 개의 발가락을 가진 반면(일반적으로 오해받고 있듯이 다섯이 아니다), 나니푸스는 각 발에 세 개씩을 가지고 있었기 때문이다(양 옆 발가락은 축소되었다). 그렇다면 어금니 치관 높이의 증가 경향만이 남는데, 여기에서도 문제가 있다. 나니푸스는 에쿠스를 비롯한 역사상의 어느 말보다도 높은 치관의 어금니로 먹이를 씹었기 때문이다. 그러나 치아의 높이는 교과서나 박물관의 그림에 그려질 만큼의 관심거리를 제공해 본 적이 없었고, 전형적인 말의 역사는 항상 몸 크기의 증가와 발톱 수의 감소에 의거해 설명되어 왔다. 한마디로 나니푸스가 살아남고 에쿠스가 멸종되었더라면 지금과 같이 말의 역사가 유명해지지 않았을 것이다. 말의 계통수는 풍부한 포유류 기록의 이름 없는 부분에 지나지 않았을 것이며, 전문가들에게나 알려지고 일반 대중에게는 알려지지 않았을 것이다. 단순히 이 풍성한 역사의 맨 마지막에서 이 가지가 저 가지로 바뀌는 것 외에는 아무것도 달라지지 않는다.

3. 현생 말은 사라진 과거 말에 비해 종 수만 감소한 것이 아니다. 크게 보면 살아남은 모든 기제목(말을 포함한 대형 포유류 집단) 계통은 모두 이전의 풍성한 성공에 비해 초라한 생존자들에 지나지 않는다. 다시 말하자면 현대 말들은 실패자 중의 실패자로 진화적 진보(이 용어가 정확히 무엇을 뜻하든지 간에)에서 가장 형편없는 생물의 표본이다.

포유류는 목이라는 20여 개의 주요 갈래로 나누어진다. 말은 발에 홀수의 발가락을 가진 대형 초식동물인 기제목에 속한다(또다른 발굽동물로는 짝수의 발가락을 가진 우제목이 있다. 이 두 목은 공통 조상으로 거슬러 올라갈 수 있는 순수한 진화적 단위이지 발가락 수만 가지고 인공적으로 분류된 것은 아니다). 기제목은 작게 축소된 목으로 오직 세 개의 생존 집단, 말(여덟 종), 코뿔소(다섯 종), 맥(네 종)을 가지며 총 17종으로 이루어져 있다.

여러분이 무척 너그럽게, 생존한 세 종류만으로도 충분히 매력적이기 때문에 이 집단의 현생 종수가 다양하지 못한 것이 단점이 될 수 없다고 주장한다면, 내가 할 수 있는 일은 좀더 깊은 지질학적 고찰을 하도록 독려하면서 다윗이 사울과 요나단의 죽음을 전해 듣고 부른 애가(哀歌)를 들려주는 것뿐이다. 〈아, 용사들이 싸움터에 쓰러졌구나.〉 기제목은 한때 포유류 역사의 거인이었으나 지금은 그저 흥미롭고, 그중 한 종이 인류 역사에 크게 기여했기 때문에 경의를 받곤 하는, 동물원에 흩어져 있는 패잔병들이다.

코뿔소는 한때 모든 포유류 무리 중에서 가장 수가 많고 다양했으며, 광범위한 지역에서 살았다. 개보다 크지 않은 작고 맵시 있는 형태, 하마와 비슷하게 강에서 사는 살찐 형태, 여러 종류의 왜소한 형태, 그리고 역사상 가장 큰 육상 포유류인 발루키테리움(어깨까지의 높이가 5.5미터나 되며 나무꼭대기의 잎을 뜯어먹었다)이 포함된 인드리코테레스(*Indricotheres*) 등이 있었다(Prothero, Manning, And Hanson, 1986; Prothero and Schoch, 1989; Prothero, Guerin, and Manning, 1989). 다섯 가지 현생 종들은 구대륙에서 살고 있으며, 모두 서로 비슷하게 생기고, 멸종 위기에 처해 있는 눈부신 옛 영광의 슬픈 잔재들이다. 말의 역사도 똑같이 슬프다. 말은 구대륙에 살던 열여섯 종이 모두 사라졌으며, 맥은 한때 전세계에 분포하고 있었으나 오늘날에는 아시아와 남아메리카에만 잔존해 있다.

게다가 현존 세 계통은 이전의 기제목이 가지고 있던 다양성의 일부만을 가지고 있다. 몇 개의 중심 집단, 그중에서도 거대한 뿔을 가지고 있던 신생대 제3기 초기의 티타노테레스(*Titanotheres*)와 땅을 팔 수 있는 엄청나게 힘이 좋은 발톱을 가지고 있던 칼리코테레스(*Chalicotheres*)는 완전히 사라졌다.

기제목의 쇠퇴와는 대조적으로 우제목의 지배력은 상승했다. 우제목은 한때 지배자였던 기제목의 그늘에 가려 작은 집단에 불과했으나, 이제는 대형 포유류 중에서 가장 가짓수가 많은 목이 되었다. 가축들, 양, 염소, 사슴, 영양, 돼지, 낙타, 기린, 하마 등이 속해 있는 이 집단이야말로 크기로 따지면 임금 격이다. 더 이상 무슨 말이 필요할까? 말은 겨우 살아남은 잔존자 중의 잔존자인데도 그들의 이야기는 진보라는 허상을 만들어 내니, 이것이야말로 생명의 작은 농담이라 할 수 있다. 영양은 현재 가장 활발하게 팽창중인 집단이다. 그러나 이 집단의 기막힌 진화적 성공을 그린 것을 본 사람이 어디 있는가? 영양은 박물관과 교과서 어디에도 예로 등장하지 않는다.

따라서 어떤 존재(집단, 사회 조직, 진화적 계통)의 역사를 이야기할 때에도, 모든 다양한 구성 요소들(풀하우스 전체)가 그대로 어떻게 변하는가를 추적해야 한다. 단선적인 경로를 따라 움직여 가는 하나의 항목(평균값과 같은 추상적인 것이나 전형적인 예 같은 것)을 끄집어내 그것이 전체를 대변하는 것처럼 나타내서는 안 된다. 생명의 작은 농담에 대한 마지막 주석으로서 독자들에게 환기시키고 싶은 것이 있다. 말과 함께 전통적으로 진보의 사다리로 묘사되고 있는 종이 있다. 그 종 역시 과거엔 지금보다 풍성했던 계통수에서 살아남은 하나의 종에 지나지 않는 것이다. 그 종이 무엇인가 알고 싶으면 거울을 들여다보기 바란다. 그리고 현재의 일시적 지배력을 행여나 인류의 근본적인 우월성 또는 미래의 영원한 생존 가능성과 동일시하고 싶은 유혹에 빠지지 말 것을 충고하고 싶다.

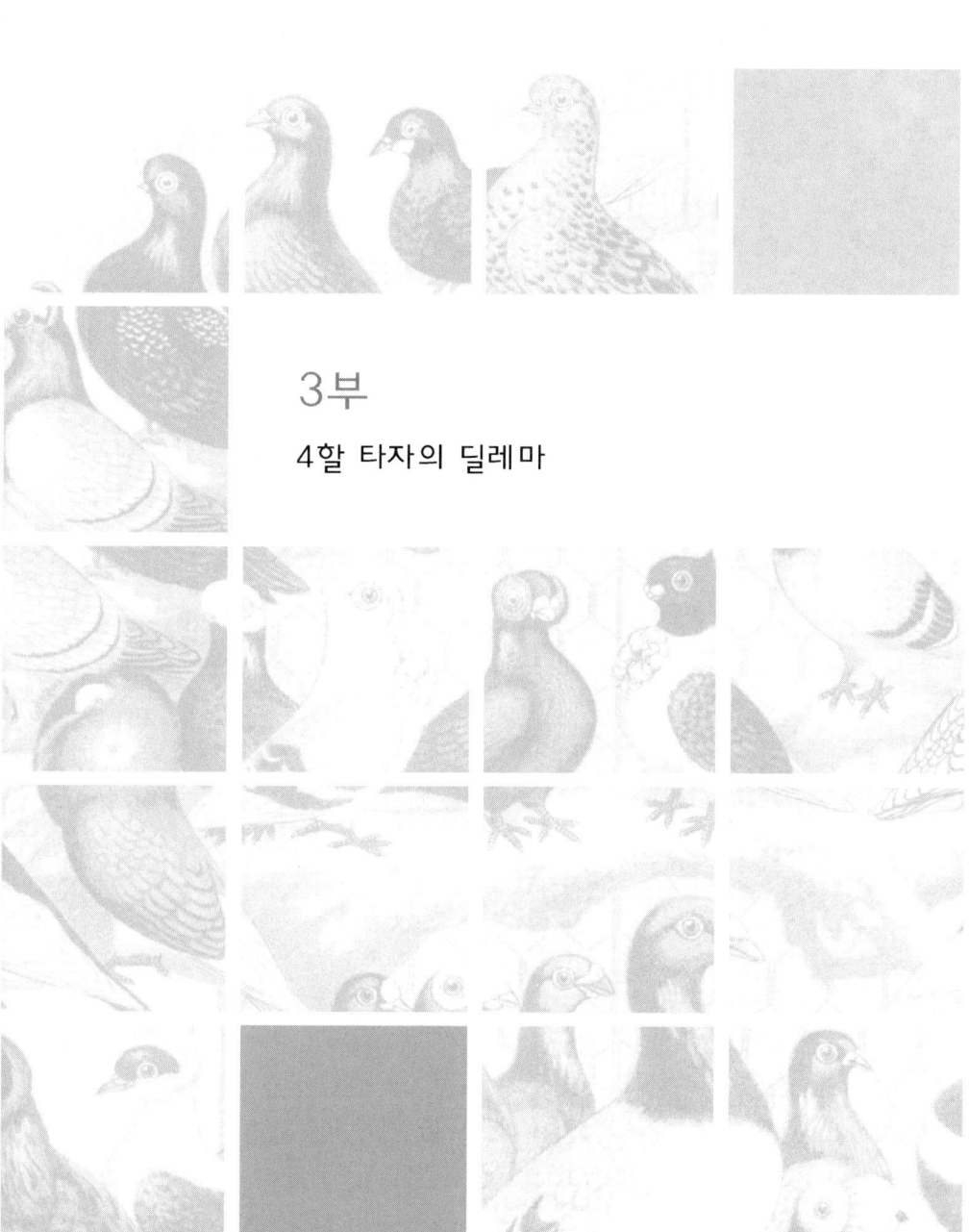

3부

4할 타자의 딜레마

· 6 ·
야구 역사상 최대의 수수께끼

　지금까지 살아오는 동안 야구의 타격 역사에서 이정표가 될 만한 사건이 두 가지 일어났다. 하나는 조 디마지오가 이룩한 56경기 연속 안타였으며, 또 하나는 테드 윌리엄스가 기록한 한 시즌 평균 타율 4할 6리(0.406)였다. 불행히도 나는 1941년에 그 두 사건이 함께 일어났던 시즌 동안 태아로서 할 일이 너무나 많아서 그것을 지켜볼 수 없었다. 보스턴 레드 삭스의 감독 조 매카시는 그 시즌의 마지막 날에 있었던 의미 없는 더블헤더 경기에 윌리엄스가 참가하지 않고 앉아만 있어도 좋다고 허락해 주었다(그때 이미 양키스의 우승이 확정되어 있었다). 윌리엄스의 타율은 0.3995였으며 반올림하여 4할이라고도 할 수 있었다. 뉴욕 자이언츠의 1루수 빌 테리가 1930년 4할 1리의 타율을 기록한 이래로 10년 동안 아무도 4할 이상의 기록을 낸 적이 없었다. 윌리엄스는 그대로 앉아 있을 수 없었고, 두 게임을 모두 뛰어 그 시즌을 4할 6리로 마감했다. 그 후로는 아무도 4할의 타율을 기록한 적이 없었다(가장 근접했던 것은 1980년 시즌에 조지 브렛이 기록한 3할 9푼과 1977년 로드 커루가 기록한 3할 8푼 8리, 그리고 1957년 테드 윌리엄스가 자신의 39세 생일이 낀 시즌에 세운 기록 3할 8푼 8리이다). 그러므로 나는 아직도 그것을 직접 보게 될 날을 기다리면서 계속 나이를 먹어 가고 있다.

아메리칸리그가 시작되고 냅 라조이가 4할 2푼 2리를 쳤던 1901년과 빌 테리가 4할 1리를 쳤던 1930년 사이에 평균 타율 4할은 영예로운 것이긴 했지만 특별히 드문 것도 아니었다. 그 30년 동안 아홉 리그의 수위 타율이 4할이 넘었으며 일곱 선수(냅 라조이, 타이 콥, 맨발의 조 잭슨, 조지 시슬러, 로저 혼즈비, 해리 힐만, 빌 테리)가 이 기록을 돌파했다(타이 콥과 혼즈비는 각각 세 번씩이나 이 기록을 세웠다). 그중 1924년에 혼즈비가 기록한 4할 2푼 4리가 최고 타율이었으며, 1922년에는 내셔널리그의 시슬러와 혼즈비, 아메리칸리그의 타이 콥 등 모두 세 선수가 4할을 넘기기도 했다(여기서 나는 이보다 더 흔하게 4할을 넘어섰던 19세기의 평균 기록은 뺐다. 왜냐하면 야구의 전문성이 걸음마 수준이었던 당시의 경기 규칙과 진행이 지금과는 너무 달라 비교하기 어렵기 때문이다). 그 후로는 넘쳐흐르던 그 기록이 다 말라 버리고, 1930년대에는 완전히 황무지가 되었다(그러나 이때의 리그 평균 타율은 높았음을 뒤에서 설명하겠다). 그리고 윌리엄스가 1941년 한 번 힘겹게 4할을 넘긴 이후 지금까지 영영 소식이 없다.

우표 수집가들이 천공 자국의 온전함에 매혹되듯이, 또 스모 선수들이 몸무게 늘이기에 몰두하듯이, 통계 숫자와 시시콜콜한 것을 캐는 것을 좋아하는 사람들은 자석에 쇠가 끌려가는 것처럼 야구에 빠져들었다. 숫자에 밝은 사람들에게 야구가 어떤 미덕을 가지고 있는지 생각해 보라. 한 세기 동안 똑같은 규칙으로 운영되어 왔으며 (따라서 전체적인 비교 분석이 가능하다), 모든 행동과 성과를 수치화하여 완벽한 기록을 가지고 있는 시스템이 야구말고 또 있는가? 뿐만 아니라 다른 단체 경기와는 달리 야구의 수치는 개인의 성취 기록이다. 한 선수의 것이기는 하지만 팀 전체 경기 내용의 한 측면일 뿐인 다른 경기의 모호한 수치와는 질적으로 다른 것이다. 야구는 투수와 타자, 주자와 외야수 등, 선수들 사이의 승부를 집적한 것이다. 그러므로 각 선수의 과거 기록은 그들의 개인적인 업적으로 해석할 수 있으며, 현대 선수들과 똑같은 기준으로 직접 비교할 수 있다. 그러고 보면 학구적인 야구팬들의 모임인 미국 야구 연구 협회 Society for American Baseball Research(SABR)가 왜 그렇게 숫자를 밝히는지 이해가 간다. 야구를 통계적으로 분석하는 연구를 의미하는 sabermetrics란 신조어는 이 조직의 머리 글자를 따서 만들어졌다.

 앞에서도 말했듯이 인류는 경향을 찾는 동물이다(아니, 우리가 정말로 좋아하는 것은 재미있는 이야기이므로 아마 〈이야기를 지어내는 동물〉이라고 하는 편이 낫겠다. 우리는 문화적인 이유에서, 그리고 근본적인 이유에서, 경향을 제일 재미있는 이야기로 친다). 따라서 사람들은 야구의 기록표를 샅샅이 훑어 어떤 경향을 찾아낸 다음 그 원인을 꾸며낸다. 우리의 문화가 만들어 내는 전설은 경향을 두 종류의 표준 틀, 그러니까 축하해야 할 발전과 탄식을 자아내는(〈옛날에는 좋았는데〉 하며 상상의 황금 시대를 동경하는) 퇴보로 바라볼 때 만들어진다는 것을 기억하라. 4할 타율이라는 것은 너무나 화려하고 축복 받는 것이기 때문에, 또 그 쇠퇴와 실종 패턴이 너무나 분명하게 두번째 이야기 틀에 맞기 때문에, 이 이야기만이 야구의 역사를 통계적으로 연구하는 집단에게 열렬한 환영을 받는다. 그들에게 있어, 야구 역사에서 현저하게 보이는 다른 통계적 경향들은 관심을 끌지도 못하고, 탄식을 자아내지도 못하는 것이다.

    문제는 너무나 분명해 보인다. 한때에는 굉장한 기량을 가진 최고의 타자가 멋진 타격을 자주 보여주었으나 지금은 그런 타자가 완전히 사라졌다는 것이다. 따라서 뭔가 심각한 일이 타자들에게 일어났다는 것이다. 아니면 달리 어떻게 해석할 수 있단 말인가? 최고는 사라졌으며, 따라서 무엇인가가 계속 나빠지고 있다. 그러나 이러한 통념과는 달리 나는 4할 타자가 사라진 것이 오히려 프로 야구 경기의 전반적인 수준 향상을 의미한다는 모순적인 주장을 하고자 한다. 이 말은 타율 4할 자체를 하나의 〈실체〉로 파악하는 플라톤적 사고에 매달려 있는 한 이해할 수 없을 것이다. 플라톤적 사고 방식은 좋은 것이 사라진 것을 무엇인가 잘못되었다는 의미로 해석하게 만든다. 그러나 그 사고 방식은 잘못되었으며, 타율 4할은 하나의 실체가 아니라 다양한 것들이 꽉 차 있는 풀하우스의 오른쪽 꼬리로 봐야 한다. 왜 그런지 살펴보자.

· 7 ·
4할 타자는 더 이상 없다

 야구의 역사를 분석하는 통계학적 시도 중에서 4할 타자가 사라진 것만큼 많은 지면이 할애된 것은 없을 것이다. 저자들마다 설명은 구구했으나 그 저변에 깔려 있는 전제는 한결같았다. 즉, 4할 타자가 사라진 것은 야구 경기에서 무언가가 나빠지고 있음을 보여주는 증거이며, 따라서 이 문제는 무엇이 잘못되었는지를 알아냄으로써만 해결된다는 것이다.
 이 비통한 합창은 1부와 2부로 나누어진다. 1부는 재미도 없는 엉터리 가락이고, 2부는 이 책에서 본격적으로 다루게 될 좀더 심각한 실수가 잘 반영된 흥미로운 오류이다. 전자의 해석은 나약한 요즘 아이들, 전자 오락, 송전탑의 전자파, 높은 세금, 채식주의의 유행 등 삶의 도덕적 퇴락 상태를 반영하는 온갖 병폐에 비하면 옛

날이 좋았다는 뻔한 신화에 의존한다. 그 좋던 시절, 사람이 사람답게 살고 담배를 씹고 거리낌없이 동성연애자들을 벌주던 그 시절, 선수들은 강인했고 야구에 몰입했다. 오로지 야구 생각만 하고 야구만 하고 야구에 죽고 살았다. 3루로 슬라이딩하면서 3루수의 몸통을 향해 스파이크를 날렸던 타이 콥을 생각해 보라. 요즘같이 높은 연봉과 정신 없는 오락 속에서 어떤 선수가 그렇게 헌신 비슷한 것이라도 할 수 있단 말인가? 나는 이런 유의 해석을 성서 구절에 빗대어 창세기 신화라고 부른다. 〈그때에는 지구상에 거인(네피림)들이 살았느니라.〉 나는 현대에 대한 맹렬한 비판을 심각하게 받아들일 필요는 없다고 생각한다(그 이유는 곧 설명할 것이다). 몇백만 달러의 연봉이라고 해봐야 최상의 신체 조건을 가진 몇 년 동안뿐이며, 그것도 순간의 실수로 영원히 잃어버릴 수 있는 오늘날의 선수들은 연봉이 그 정도는 되어야 자신의 재주에 혼신을 다해 매달릴 수 있을 것이다. 또 오늘날의 야구 선수들은 술 마시고 담배 씹고 연애하던 옛 시절의 선배들보다 분명히 몸 관리를 더 잘하고 있다.

또다른 접근은 타격을 어렵게 만들고 최고 타율의 하락을 가져온 요인들이 무엇인지 규명하려는 좀더 진지한 노력이다. 이 설명은 야구에 나타난 새로운 장애를 옳게 설명하고 있다. 그러나 그들 주장의 전제에 해당하는, 즉 4할 타자가 사라진 것은 절대적 또는 상대적인 타격 실력의 퇴보 때문이라는 것은 말도 안 되는 소리다. 4할 타자가 사라진 것은 오히려 경기 수준의 전반적인 향상을 뜻한다.

창세기 신화가 보다 단련된(그리고 보다 수입이 적었던) 시대의 강타자들에 의해 열렬히 주장되고 있는 것은 그렇게 놀라운 일이 아니다. 그들은 현대의 억만장자 선수들에 맞서 자신의 권위를 유지해야 되기 때문이다. 최후의 4할 타자 테드 윌리엄스는 그 기록이 다시는 재현되기 어려운 이유를 이렇게 설명했다(《USA투데이》 1992년 2월 21일자). 〈오늘날의 선수들은 30년 전의 선수들보다 더 강하고, 더 크고 더 빠르고 더 낫다. 그런데 한 가지 확신할 수 있는 것은 오늘날의 타자들은 투수와 타자가 벌여야 하는 그 미묘한 게임을 할 줄 모른다는 것이다. 요즘에는 예전만큼 머리 좋은 타자가 없는 것 같다.〉

그가 1986년에 쓴 책 『안타의 과학 *The Science of Hitting*』에서도 같은 주장을 하고 있다. 야구는 타격 외에는 하나도 변하지 않았으므로 높은 타율을 가진 타자들이 감소한 것은 선수들의 타격 기량이 절대적인 퇴보했음을 뜻한다고 설명하면서 〈창세기 신화〉의 핵심 가정을 고스란히 채택했다.

> 4년 동안의 감독 생활을 통해…… 내가 받은 가장 큰 인상은 경기는 변하지 않았다는 것이다. …… 내가 선수였던 시절과 기본적으로 똑같다. 포수들의 스타일도, 타자들의 스타일도 똑같다. 그러나 50년 동안 야구를 지켜본 결과, 좋은 타자가 예전만큼 많지 않다는 것을 확신하게 되었다. …… 힘 좋게 멀리 치는 선수들은 얼마든지 있지만, 교묘한 타격 기술을 가진 선수는 별로 없다. 이들은 평균 이상을 칠 수 있는데도 못 친다. 그 원인은 특별한 게 아니다. 선수들은 공이 잘 튀지 않는다고 하지만, 공이 잘 튀지 않는 것이 아니라 타자들이 멍청해진 것뿐이다.

내셔널리그에서 윌리엄스와 같이 활약했던 스탠 무지얼도 1975년

〈왜 4할 타자가 사라졌을까?〉(Durslag, 1975)라는 제목의 글에서 비슷한 의견을 피력했다. 〈좋은 타자가 되려면 오늘날에는 흔히 볼 수 없는 특별한 재주를 하나 정도 가지고 있어야 한다. 타자들은 수비의 입장에서 바라볼 수 있어야 하는데, 어찌된 일인지 요즘은 이러한 기술을 터득한 선수가 많지 않다.〉

혹시 이러한 생각이 단지 늙은 전사들 사이에서나 회자되는 것이라고 잘못된 결론을 내려서는 안 된다. 1992년 토론토의 존 올러루드가 최선을 다했으나 성과를 거두지 못한 것을 두고, 《보스턴 글로브 Boston Globe》의 케빈 폴 듀폰 기자가 쓴 글을 보자. 〈똑똑한 타자가 도대체 없다. 선수들은 모두 가장 날카로운 선구안을 가지려고 벼르는 게 아니라 멋진 선글라스에만 관심을 갖는다.〉

좀더 논리적이고, 일부 옳기도 한 두번째 해석, 즉 야구에 일어난 다른 변화들이 타자들을 어렵게 만들어왔다는 주장(이에 반해 창세기 신화는 경기는 그대로인데, 타자들이 물러 터졌다고 주장한다)에는 크게 두 가지 형태가 있다(그리고 그것에서 약간씩 변형된 수많은 이론들이 있다). 이 두 주장을 〈외부 요인 이론〉과 〈내부 요인 이론〉이라고 부르자. 외부 요인 이론은 현대 야구의 상업적인 현실이 선수들에게 새로운 장애로 등장했다고 주장한다.[3] 이 〈더 열악해진 조건〉 이론은 요즘 선수들은 녹초가 될 정도의 바쁜 일정에 쫓겨 너무

---

3) 과거의 목가적인 야구 경기장과 현대 배금주의적 스타디움을 비교하는 창세기 신화에도 이 주장이 들어 있다. 나도 이 사실을 잘 알고 있다. 하지만 과거에 비해 절대적으로 열등해졌다는 창세기 신화와 선수의 능력은 과거와 비슷한 정도로 우수하지만 (오히려 보다 우수하겠지만) 다른 이유 때문에 타자가 상대적으로 어려워졌다는 적당히 합리적인 주장을 구별하는 것이 내 주장의 핵심이다.

많이 돌아다녀야 하고, 너무나 야간 게임을 많이 치러야 하고, 사생활도 없이 끊임없이 기자들에게 시달려야 한다(한 선수가 4할 타자라는 고지에 육박할수록 그것은 더욱 심해진다)는 평범한 논리인데, 뜨겁게 달아오른 리그에서 이 통계학적 수수께끼가 거론될 때마다 열렬히 옹호된다.

내부 요인 이론은 타자의 타율을 떨어뜨리는 측면들이 타자들의 능력을 앞질러 버렸다는 것이다. 이것은 다시 말하면 타자들이 경기의 다른 측면에서 일어난 기막힌 기량의 발달을 미처 따라잡지 못하고 있다는 뜻이다. 이 〈치열한 경쟁〉 이론은 세 가지 논리를 펴는데(각각 몇 개의 작은 소주제로 나뉜다), 이들은 타율을 낮추는 야구의 세 측면이기도 하기 때문에 쉽게 이해할 수 있다.

첫째, 투구 실력의 향상. 슬라이더와 스플리트 핑거드 패스트볼과 같은 새로운 투구 방법의 개발, 구원 전문 투수의 등장으로, 한 경기에서 오래 던진 지친 투수가 아니라 힘이 남아도는 투수와 후반에도 상대해야 할 필요성의 대두.

둘째, 수비 실력의 향상. 조그만 보호용 덮개에 불과하던 글러브가 커지면서 공을 낚아채는 기계로 발전됨, 일반적인 수비 실력의 향상, 특히 외야수들 사이의 협동 발달.

셋째, 구단의 관리 능력 향상. 직감에 의존했던 리더십이 각 타자 개인의 장단점에 대한 컴퓨터를 이용한 과학적 평가로 대치됨.

〈치열한 경쟁〉이라는 외부 요인 이론을 지지하는 예로 토미 홈스가 《스포츠 Sports》 1956년 2월호에 쓴 「다시는 4할 타자를 볼 수 없다」라는 기사에서 〈더 바쁜 일정〉이라는 주제를 강조한 적이 있다.

예전의 4할 타자들은 항상 단일 경기는 오후 중반쯤, 더블헤더 경기 2차전은 그보다 조금 늦게 시작했다. 일몰 이후에는 경기를 하는 적이 없었으며 주로 어두워지기 몇 시간 전에 다 끝냈다. 하루는 뜨거운 햇볕 아래에서, 그 다음날은 축축한 밤 공기 속에서 경기하는 적이 없었다. 규칙적인 식사와 적당한 휴식을 취하지 못하는 선수가 있다면 그것은 자신 탓이지 다른 원인 때문이 아니었다.

그 외의 이론으로는, 코넬 대학교의 보이스 톰슨 식물학 연구소에 있는 존 치멘트 교수가 자신의 실험실에 있는 야구팬들의 여론을 조사하여 야간 경기 이론을 옹호하는 다음과 같은 글을 보내 준 것이 있다(1984년 4월 24일 편지). 〈여기 연구소의 여론은 '야간 경기'가 문제라는 쪽으로 기울어져 있다네. 보이지 않는 데 잘 칠 수가 없겠지. '구원 전문 투수의 부상(浮上)'이니 '현대의 도덕적 타락'이니 하는 것을 지지하는 사람이 없음은 말할 것도 없네.〉

마지막으로, 1993년 6월 선수 출신인 콜로라도 록키스 팀의 감독 돈 배일러는 자신의 팀에 소속된 앤드리스 갈라라가와 토론토의 존 올러루드 두 선수가 4할을 초과하자(물론 예상대로 시즌 후반에서는 타율이 떨어졌지만) 〈언론의 방해〉 이론을 들먹였다. 〈게임이 끝날 때마다 기자 회견을 가져야 하는 오늘날의 선수들이 가지는 스트레스를 상상이나 할 수 있겠는가? 8월에 웬 선수가 4할을 친다고 생각해 보라.〉 올러루드가 8월에도 계속해서 4할 타율을 유지하자 조지 브렛도 똑같은 푸념을 했다. 그는 1980년 8월 26일에는 4할 7리의 타율을 갖고 있었지만 결국 3할 9푼으로 시즌을 마감했다. 그 경험을 근거로 그는 올러루드를 이해할 수 있었을 것이다. 그는 기자들의 공격을 잊지 않고 있었다.

똑같은 질문이 지겹게 반복되었다. 정말 짜증나게 단조롭고 지겨웠다. 1961년 로저 메리스는 베이브 루스의 기록을 넘어설 당시(한 시즌 홈런 기록으로) 머리카락이 다 빠졌고, 나는 치질에 걸렸다. 존도 무사하지 못할 것이다.

〈치열한 경쟁〉이라는 내부 요인 이론의 세 가지 기본 주장 모두 광범위한 지지를 받고 있다.

1. 투구 실력의 향상. 야구팬으로서 내가 살아온 동안 투구만큼 극적인 변화를 보인 부분은 없다. 1940년대에는 대부분의 투수들이 커브와 강속구에 의존했으며, 심각하게 부상당하거나 녹초가 되지 않는 한 9회까지 완투하는 것이 당연한 일이었다. 구원 전문 투수가 존재하지 않았기 때문에 선발 투수가 지치면 감독은 아무 선수나 대신 집어넣었다. 오늘날에는 거의 모든 투수들이 다양한 구질을 개발해 왔으며, 슬라이더와 스플리트 핑거드 패스트볼은 그중 가장 선호하는 구질이다. 또한 좋은 팀들은 구원 투수를 필수적으로 갖고 있는데, 그것도 중간 계투 전문 투수(선발 투수가 비틀거릴 때 2-3회 경기를 하는 것이 전문인 투수)와 마무리 투수(오로지 결정적인 마지막 회에 등판해 총력을 다하는 투수)로 세분화되어 있다.

따라서 투구 실력의 향상은 4할 타자가 사라진 원인으로 두드러지게 지적되었다. 하나의 예로, 스탠 무지얼은 이렇게 말했다.

 4할 타자의 등장은 두 가지 요소에 의해 거의 끝장났다. 하나는 슬라이더로…… 이것은 그렇게 복잡한 투구가 아니면서도 타자들의 날카로움을 무디게 할 정도로 충분한 골칫거리다. 두번째는 불펜 투수의 수준 향상이다.

 2. 수비 실력의 향상. 홈스는 〈타자들에 대항하여 무장한 물샐틈없는 방어〉를 〈다시는 4할 타자를 못 보게 된〉 가장 중요한 원인으로 꼽았다(Holmes, 1956, 37-38쪽). 그는 효율이 증대된 글러브를 일차 용의자로 꼽았다(그가 이 글을 쓴 것은 글러브가 바구니나 올가미와 다름없는 오늘날에 비해 보잘것없었던 1956년이었다).

 스포츠용품 제조업자들이 예전 선수들이 쓰던 글러브와는 비교도 안 될 정도로 뛰어난 것을 생산하는 것으로 타율에 재갈을 물리는 데 가장 큰 기여를 했을 것이다. …… 옛날에는 선수들이 맨손으로 공을 잡았으며, 글러브는 얼얼한 충격을 완화시키는 역할만 했다. 요즘은 글러브가 아예 공을 낚는 강력한 자석 올가미이다. …… 오늘날은 손이 아니라 엄지와 둘째손가락으로 조절되는 주머니(글러브)를 이용해 잡는다.

 3. 구단의 관리 능력 향상. 이제는 감독과 코치들 사이에도 컴퓨터와 작전 회의가 깊이 파고들었다. 배구표(配球表)와 컴퓨터 수치 해석 프로그램이 모든 타격 폼을 세밀히 분석해 타자의 약점이 어디에 있는

가를 집어낸다. 리처드 호퍼는 〈과학화〉된 관리가 4할 타자가 나타나지 않게 된 주요 원인이라고 말했다(Richard Hoffer, 1993, 23쪽). 1941년도에 윌리엄스가 거둔 최후의 성공을 거론하면서 호퍼는 〈그는 끊임없는 도표화된 분석과 오늘날 감독과 코치들이 일상적으로 들먹이는 방어 구조 같은 것에 대처할 필요는 없었다〉라고 썼다.

스포츠 평론가들은 이러한 전형적인 설명들을 눈덩이 굴리듯 커다란 덩어리 하나로 만들어 한꺼번에 던지고 있다. 1981년 댈러스 애덤스는 《야구 연구 저널 Baseball Research Journal》에서 〈한 시즌 4할 타율의 가능성〉에 대해 이렇게 썼다.

야간 경기, 대륙간 장거리 여행이 주는 피로, 일반화된 최고 수준의 구원 투수 기용, 거대한 구장, 야수의 대형 글러브, 그 외 다른 요소들이 타자들의 4할 타율 달성을 불가능하게 만들고 있다는 것이 오늘날의 일반적 견해다.

이러한 설명은 몇 번이고 반복되었기 때문에 진실로 숭배되고 있다. 이러한 주장들은 경쟁이 치열해졌든, 조건이 열악해졌든 간에, 결국 변화하는 경기 내용에 비해서 타자들의 기량이 떨어져서 4할 타자가 사라졌다고 주장하는 것과 마찬가지이다. 그러나 열악해진 조건 이론들은 사실 합리적인 설명을 전혀 제공하지 않는다. 항공기 여행이 미국 동부에서 시카고 또는 세인트루이스까지 한없이 기차를 타고 가는 여행보다 더 피곤한 일일까? 고급 호텔의 냉방 시설이 잘 된 일인용 객실에서 자는 것이 세인트루이스의 뜨거운 폭염 속에서 한 방에 두 명씩 투숙하는 것보다 더 지치게 만들까? 어째서 사람들은 요즘의 경기 일정이 더 힘들다고 줄기차게 주장하는 것일까? 오늘날의 팀은 162게임을 뛰고 더블헤더는 거의 하지 않는다. 지난 100년 동안 거의 언제나 야구 구단들은 지금보다 더 짧은 시즌 동안(그리고 경기 벽보가 하루에 두 장씩 붙는 적이 부지기수였던)에 154게임을 치렀다. 자, 누가 더 고달프겠는가?

윌리엄 큐런(Curran, 1990, 17-18쪽)이 웨이드 보그스(4할 타자에 가장 근접했던 유력한 후보)가 만약에 1920년대에 활동했더라면 어떤 상황에 직면했을까를 가정하고 쓴 글에는 이 점이 잘 드러나 있다.

우선 보그스에게서 테드 윌리엄스를 특별 타격 코치로 두고 있는 특혜를 박탈해 보자. 1920년대에는 선수들이 개인 강습을 받아본 적이 없었을 뿐 아니라, 날아오는 공을 몇 번 쳐보기 위해 포수용 마스크라도 써보려고 전전긍긍할 정도였다. 그 다음에는 헬멧과 장갑을 못 쓰게 해보자. 그런 상태로 9월 오후의 따가운 볕 아래서 더블헤더 경기를 뛰게 해보자. 경기가 끝난 후 선풍기라도 달려 있으면 다행인 세인트루이스나 워싱턴의 한 호텔에서 자도록 해보자. 아마 감이 잡힐 것이다.

많은 선수들의 증언이 〈열악해진 조건〉이란 사실성 없는 해석임을 확인해 준다. 예를 들면, 테드 윌리엄스 이후 4할 타자의 가장 가능성 있는 후보인 로드 커루는 종래의 설명들에 대해 이렇게 항변했다(Carew, 1979, 209-10쪽).

나는 그 설명들에 찬성하지 않는다. 기차 여행은 비행기 여행만큼 힘들었을 것이고 …… 나는 밤에 공을 치는 것을 더 좋아한다. …… 낮 동안에는 눈을 가늘게 떠야 한다. 특히 캘리포니아 같은 곳은 공기가 좋지 않아 눈이 따갑다. 햇빛도 눈부시다. 경우에 따라서는 인조 잔디에서 먼지가 풀풀 날리고, 다리에서 불이 난다. 게다가 낮에는 땀이 얼굴을 타고 줄줄 흘러내린다. 나는 밤이 더 좋다. 더 시원하고 쾌적한 경기를 할 수 있기 때문이다.

치열해진 경쟁 이론의 기본 주장(투수, 수비, 관리 능력의 향상)은 분명한 사실이므로 이 이론이 열악해진 조건 이론보다는 더 설득력이 있어 보인다. 그렇다면 왜 4할 타자가 사라진 것이 다른 야구 기량의 향상에 비해 상대적으로 뒤진 타격 기량 때문이라고 할 수 없을까? 다른 주장들은 그 자체의 비논리성 때문에 쉽게 논박할 수 있지만 〈치열해진 경쟁 이론〉은 경험적으로 검증되어야 한다. 타격 실력이 투수, 수비, 관리 능력이라는 힘과 보조를 맞춰 향상되어 왔는지를 알아볼 필요가 있다. 이들 세 가지 적대적인 요소들이 타격보다 더 큰 향상을 거두었다면(아니면 타자들에게는 최악의 상황으로, 다른 요소들이 개선되는 동안 타격은 제자리걸음을 했거나 퇴보했다면) 4할 타자가 사라진 것은 〈치열해진 경쟁〉 이론으로 만족스럽게 설명이 된다.

그러나 투수, 수비, 관리 능력이 더 나아졌다는 사실만으로 〈치열한 경쟁 이론〉 자체가 증명되는 것은 아니다. 그 이유는 명백하다. 타격은 다른 면들보다는 약간 뒤떨어졌을지 모르지만 적어도 같은 정도로 향상되었을 것이다. 야구 경기의 다른 모든 면들이 향상되었는데 타격만이 유독 전반적인 향상 추세에서 뒤쳐져 있을 이유가 있을까? 다음 장에서는 타격이 야구의 다른 측면들과 보조를 같이해 향상되었을 뿐 아니라, 야구 경기 자체가 끊임없이 그 규칙을 가다듬어 야구의 기본 요소들이 균형을 유지하도록 해왔음을 보여줄 것이다. 4할 타자 실종의 원인은 분명히 다른 데 있다.

· 8 ·
야구의 전반적 수준 향상

〈좋았던 그 시절〉의 야구 선수들이 보여준 헌신적 자세에 대한 낭만적인 환상이 아무리 좋다고 하더라도, 타격 기술의 퇴보가 4할 타자를 사라지게 했다는 종래의 설명은 앞뒤가 맞지 않는다. 20세기 사회와 스포츠 역사의 전반적인 발전을 생각해 보라. 그러한 정황에 비추어보면 타격도 다른 면들과 발맞추어 인류가 성취할 수 있는 최고 수준까지 향상되어 왔을 것이 거의 확실하다. 야구의 통계들을 검토해 보기 전에, 우선 이러한 확신을 굳혀주는 수많은 증거 중에 세 가지를 검토해 보자.

1. 더 큰 모집단과 더 나은 훈련. 1900년 미국의 인구는 7,600만이었으며, 메이저리그에 나갈 수 있는 선수는 백인뿐이었다. 그 이후에

미국의 인구는 2억 4,900만으로 급격히 팽창했고(1990년 통계), 국적과 인종을 불문하고 누구나 선수로 환영받게 되었다. 과거에는 훈련이나 코치도 없이 물불을 가리지 않고 달려들었지만, 오늘날에는 야구 경기 자체가 거대한 산업이 되었다. 선수들은 엄격하게 조직적으로 짜여진 프로그램에 따라 연습을 하며(시즌이 아닐 때에도 그렇게 한다. 과거의 선수들은 그 동안 거의 맥주를 마시고 체중을 불렸다), 나쁜 몸 상태로 경기에 참가해 자신의 기록과 경력을 손상시키는 위험한 모험은 하지 않는다. 조 디마지오는 나에게 이런 이야기를 했다. 1939년 시즌에서 2주를 남겨두었을 때 그의 타율은 4할 1푼 3리였다. 그런데 그 중요한 시기에 그는 독감에 걸렸다. 그로 인해 시력이 좋은 왼쪽 눈이 흐려져서 날아오는 공을 정확하게 보지 못했다고 한다. 그때 이미 양키스는 우승컵을 차지하도록 되어 있었다. 하지만 디마지오는 마지막 게임까지 뛰었고, 그의 타율은 그 시즌 최고이기는 했지만 영광의 4할 고지에는 못 미치는 3할 8푼 1리로 떨어졌다. 오늘날에는 선수나 구단주 누구도 그러한 바보짓을 할 수가 없다. 특히 몇백만 몇천만 달러의 연봉을 받는, 최고로 잘 나가는 시기가 단지 몇 년만 지속될 경우는 더욱 그렇다. 작고 한정된 집단에서 뽑혀 그럭저럭 훈련받은 선수들이, 최대한의 금전적 보상이 주어지는 오늘날의 거대 야구 산업에서 배출한 타자들보다 공을 더 잘 쳤다는 주장이 도대체 어떻게 설득력을 가질 수 있는가? 당연히 더 큰 집단이나 다양한 모든 인종 가운데서 선발되어 더 정밀하고 체계적인 훈련을 받은 쪽에 기대를 걸어야 하지 않을까?

2. 크기. 나는 〈클수록 좋다〉는 어리석은 미신(포유류 계통의 진화

에서 뇌의 크기와 같은 몇 가지 항목을 제외하면 페니스나 자동차 같은 많은 경우에 크기와 성능은 무관하다)에 빠지고 싶지는 않지만, 그래도 로마인들이 말했듯이 다른 모든 면이 다 같다면 클수록 강하다 (이런 말을 하고 있는 나는 키 작은 남자다). 야구 선수들의 키와 몸무게가 계속 증가해 왔다면 아무리 깎아서 말해도 신체적 능력도 분명히 증가했을 것이다.

야구 통계에 대한 일반 참고서로 가장 훌륭한(또한 가장 두꺼운) 『야구의 모든 것 Total Baseball』을 존 손과 함께 편집한 비범한 야구 통계 분석가인 피터 파머는, 투수와 타자의 키와 몸무게를 수십 년 동안 평균 낸 표를 나에게 보내주었다(표 1). 그 평균값들이 꾸준히 증가하고 있는 것을 주목하라. 오늘날의 덩치 큰 선수들이 수십 년 전의 작은 선수들보다 못할 것이라고는 생각지 않는다.

3. **다른 스포츠의 기록.** 중요한 야구 기록은 모두 상대적인 것이다. 자나 저울 또는 시계로 측정하는 절대적인 것이 아니라 상대 선수들에 맞서 발휘하는 활약상으로 평가된다. 타율 4할은 투수와 벌이는 승부의 상대적인 기록인 반면, 1,600미터 4분, 장대높이뛰기 6미터, 역기 113킬로그램은 말 그대로 선수 대 불변하는 외부 세계의 싸움이다.

상대적인 기록의 향상은 애매한 것이기 때문에 복수의(정반대되는) 해석이 가능하다. 평균 타율의 상승은 타격의 향상을 의미할 수도 있고, 타격의 퇴보와 동시에 그보다 더 형편없어진 투구를 뜻할 수도 있다(이럴 때에는 타자의 절대 실력은 저하되지만 상대적인 기록이 오히려 향상된다).

기간(년대)	타자		투수	
	신장(m)	체중(kg)	신장(m)	체중(kg)
1870	1.76	74.3	1.76	73.1
1880	1.77	77.8	1.78	78.3
1890	1.77	78.1	1.79	79.0
1900	1.78	78.3	1.82	82.0
1910	1.79	77.3	1.83	82.0
1920	1.79	77.7	1.83	81.6
1930	1.81	80.2	1.84	83.8
1940	1.81	81.8	1.85	84.6
1950	1.83	83.0	1.86	84.4
1960	1.83	82.9	1.87	85.9
1970	1.84	82.7	1.88	86.6
1980	1.84	83.0	1.89	87.2

〈표 1〉 메이저리그 야구 선수의 평균 체중과 신장 변화.

절대적인 기록은 명확한 의미를 지닌다. 단거리 선수가 더 빨리 달렸다거나 높이뛰기 선수가 더 높이 뛰었다는 것은 그들의 기술이 나아졌음을 뜻한다. 그 외에 다른 해석이 있을 수 있을까? 기록 갱신은 왜 오늘날의 체육 선수들이 더 잘하는지를 말해 주지 않는다. 더 나은 훈련, 인간의 육체에 대한 더 나은 이해, 새로운 기술의 발견, 새로운 장비의 도입(유리섬유로 된 장대의 도입으로 인한 장대높이뛰기 기록의 즉각적이고 급진적인 상승) 등에 이르기까지 온갖 다양한 이유를 댈 수 있지만, 결국 경기 능력이 향상되었다는 사실은 아무도 부인하지 못한다.

이에 비하면 야구의 상대 기록은 근본적으로 모호할 수밖에 없다. 그러나 관련 스포츠의 절대적인 기록을 분석해 보자. 대부분의 절대적인 기록이 향상되어 왔다면 야구 선수의 기본 운동 능력도 향상했을 것이라고 가정할 수 있지 않을까? 그렇다면 4할 타자가 사라진 것을 타격 기량의 퇴보로 돌리는 것은 일반적인 패턴을 부인하고 받아들이기 어려운 이론을 만들어 내는 것이 아닐까? 4할 타자가 사라진 것을 전반적인 운동 능력이 향상된 결과로 해석할 수 있는 이론을 찾아보고, 이 야구 역사상 가장 흥미롭고 가장 많은 논란을 일으키고 있는 경향과 다른 모든 스포츠 역사의 경향을 일관성 있게 설명해야 하지 않을까?

스포츠팬들은 절대적인 기록이 전반적으로 향상되고 있음을 너무나 잘 알고 있다. 1896년에 제1회 올림픽 마라톤 우승자는 3시간 가까이 걸렸지만 최근의 우승자들은 그것을 거의 2시간까지 끌어내렸다. 몇십 년 동안 중거리 육상 선수들은 1,600미터의 4분 주파에 도전했다. 파보 누르미가 1941년에 세운 4분 01초의 기록은 25년 만에 1965년 5월 6일에 로저 배니스터에 의해 깨졌다. 그러나 지금은 훌륭한 선수들 대부분이 거의 매번 4분 벽을 깨고 있다. 1972년 100미터 자유형에서, 그리고 1964년 400미터 자유형에서 우승한 여성 수영 선수들은 두 명의 타잔 버스터 크랩과 조니 와이즈뮬러(둘 다 영화를 찍었다)가 세웠던 1920년대와 30년대의 올림픽 기록을 보기 좋게 능가했다. 보스턴 마라톤 대회에서 얻은 자료를 갖고 그래프를 하나 만들어서 일반적 현상을 설명해 보자(그림 12). 그래프를 보면 일반적인 규칙성이 명확하게 드러난다. 약간의 예외들은 거리의 변화를 반영하고 있다(표준 거리 42.195킬로미터가 주로 이용되었으나 1897년과 1923년 사이의 초기 우승자들은 39.751킬로미터밖에 뛰지 않

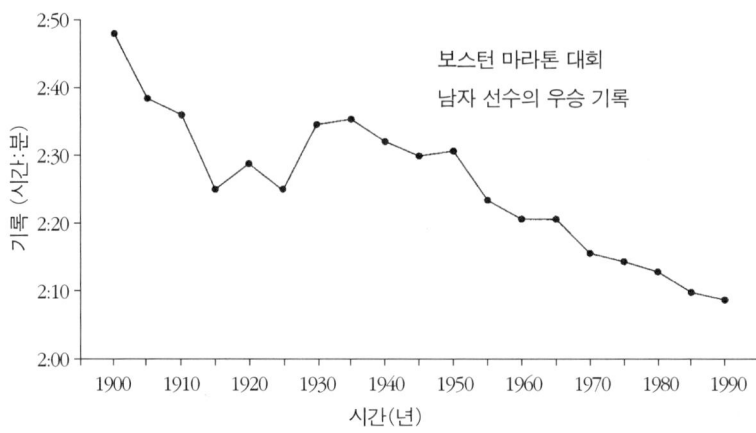

〈그림 12〉 보스턴 마라톤 대회에서 남자 선수들의 기록이 꾸준히 감소했다. 각 점은 내가 직접 계산한 5년 단위의 평균 기록.

았다. 1924년에서 26년까지는 42.034킬로미터로 증가했고, 1927년에서 52년까지는 표준 거리, 1953년에서 56년까지는 41.110킬로미터로 감소, 1957년 다시 표준 거리로 재확립되었다).

거의 모든 스포츠에서 절대 기록의 향상은 분명히 일정한 규칙성을 보인다. 기록 향상은 일정한 비율로 변해 가는 일직선의 경로를 따르지 않는다. 기록은 초기에는 급속히 떨어지다가 서서히 감소하여 더 이상 진보가 없는 평형 상태(또는 이전 기록과 거의 측정하기 어려울 정도로 근소한 차이)에 도달한다. 다시 말하자면 운동 선수들은 언젠가는 더 이상 발전을 이룰 수 없는 일종의 장벽에 봉착하며, 기록은 그 값으로 안정화된다(아니면 적어도 향상의 빈도나 정도가 크게 떨어진다). 통계학자들은 그러한 장벽을 점근선이라고 부르는데 이는 한계를 뜻하는 전문 용어이다. 이 책의 용어로 하자면, 더 이상의 향상을 막는 〈오른쪽 벽〉이다.

여기에서 논의 대상이 되는 선수들은 세계 최정상의 선수이므로 그 한계 또는 벽의 원인은 명백하다. 아무리 해도 결국 신체는 물리적 장치이므로 크기, 생리, 근육과 관절의 역학에 의해 결정되는 제약을 받지 않을 수 없다. 향상 곡선이 영원히 연장될 것이라고 믿는 사람은 아무도 없을 것이다. 그렇게 된다면 달리기 선수는 언젠가는 1,600미터를 눈 깜짝할 사이에(그리고 궁극적으로는 마이너스 시간에) 주파하고, 장대높이뛰기 선수는 정말로 신화의 거인처럼 한 번에 높은 빌딩만큼 뛰어오를 것이다.

물리적 한계(또는 오른쪽 벽)가 기록 향상의 속도를 저하시키고, 일정 값 이상 오르지 못하게 한다는 전제를 검증할 방법이 있다. 인간 능력의 한계에서 경기하는 선수들의 곡선을 발전의 여지를 많이 가지고 있는 선수와 비교해 보는 것이다. 어떤 조건들이 오른쪽 벽에서 멀리 위치시켜 향상의 여지를 크게 만들까? 선수들이 아직 최적의 경기 운용 방법을 터득하지 못한 새로운 스포츠 종목의 경우나, 오래된 스포츠가 최근에 새로운 범주의 사람들을 받아들인 아마추어 경기의 기록이 그런 경우일 것이다. 예를 들어, 보스턴 마라톤은 1972년이 되어서야 여성에게 문호를 개방했는데 남성들의 기록이 향상되어 온 것에 비해 여성들의 기록이 얼마나 더 빠르게 향상되었는지 주목하라(그림 13).

향상 속도가 감소되는 순서를 여자, 남자, 말로 나누어 이러한 원리를 일반화시켜 보자(이 등급은 보수적이고 돈이 많은 사람들의 가치 체계로 보자면 가치가 증가하는 순서이다). 주요 경마에서 기록이 향상되어 오기는 했으나, 아주 오랜 기간에 걸쳐 약간씩 향상

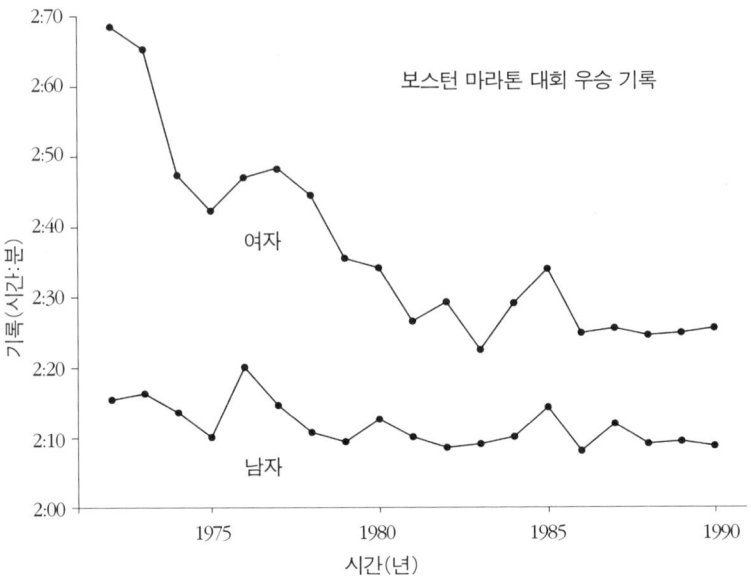

〈그림 13〉 1970년과 1980년 사이 보스턴 마라톤 대회에서 여자 선수들의 기록은 급격히 떨어지는 것에 비해 남자 선수들의 기록은 비교적 안정된 모습을 보여준다. 1980년 이후로는 남녀 기록 모두 거의 변화가 없다. 각 점은 실제 우승 기록이다.

되었을 뿐이다. 예를 들면, 1840년과 1980년 사이에 세인트 레저, 오크스, 더비에서 있었던 영국 3대 경마에서 순종 말들이 이전 기록을 12초, 20초, 18초를 가까스로 단축해 냈으나, 이것은 한 세대로 따지면 겨우 0.4에서 0.8퍼센트 향상에 해당된다(Eckhardt et al., 1988). 이 정도의 향상은 다른 가축의 육종 분야가 거둔 성과에 비하면 정말 아무것도 아니다. 가축의 품종 개량에서는 보통 1년에 1-3퍼센트 정도는 능력이 향상되어야 하며 그 이하는 경제적 가치가 없는 것으로 간주된다.

이렇게 느린 향상은 당연한 것이며 예상된 바 그대로이다. 순종 말들은 200년 이상 계속해서 소수의 혈통으로부터 엄중하게 선택 교배되어 왔기 때문이다. 간혹 얻는 손톱만큼의 향상이라도 엄청난 가치가 있기 때문에 그에 대한 투자는 막대했다. 말 교배에 들인 노력은 인류가 경제적 중요성을 위해 들인 다른 어떤 생물학적 노력보다도 컸을 것이다. 따라서 교배에서 얻을 수 있는 최고의 순종들은 이미 오래 전에 유전학적으로 오른쪽 벽에 도달했으며 더 이상의 향상은 너무 미미해 거의 무시할 수 정도일 것이라고 생각할 수 있다. 그러나 인류는 아직 다행히도 〈멋진 신세계〉에 도달하지 않았으며, 최상의 신체 능력을 위해 선택적으로 교배하지도 않으며, 의도적으로 순종 교배된 오른쪽 벽에 위치한 개인들도 없으므로 말의 경우보다는 개선될 여지가 크다.

오래 전에 확립된 인기 있는 남성 경기들에서도 초기의 급속한 성장과 그 뒤에 곡선이 평평해지는 것을 볼 수 있다.[4] 예외가 발견되는 경우는 마라톤인데, 그 긴 거리와 복잡성 때문에 아직 새로운 전략을 실험해 볼 여지가 많이 남아 있기 때문이다. 게다가 최근 마라톤에 대한 폭발적인 인기로 참여도가 크게 신장되었기 때문에 더 그럴 가능성이 높아졌다. 보스턴 마라톤에서 남자의 경우 기록 단축 곡선이 사실상 직선으로 유지되어왔으며, 1990년까지는 기록 단축

---

4) 근본적으로 새로운 도구나 기술이 도입될 경우에는 이 패턴이 깨진다. 예를 들어 유리 섬유로 만든 장대나 알루미늄 방망이(이것이 메이저리그의 더그아웃을 더럽히지 않게 하소서)가 그것이다. 그런 경우에 기록 향상 곡선은 단번에 뛰어 오르게 된다. 이런 혁신은 통계 처리할 때 새로운 곡선의 시작점으로 처리하는 게 보통이다.

속도가 떨어지지 않았다. 그러나 요즘은 세계 일류 선수들이 참가하기 시작하면서 기록 향상 속도가 느려지는 일반적인 패턴을 보여주고 있다.

많은 사람들이 여성의 기록은 남성의 기록보다 더 빠르게 단축되고 있으며 아직 안정화되지 않고 일직선적인 향상 속도를 유지하고 있다고 말한다. 재미있는 것은 대부분의 남자 달리기 경주(200-10,000미터)는 달리는 거리와 관계없이 같은 정도로 향상되었다는 것이다(10년에 1분간 5.69미터에서 7.57미터로 증가). 그런데 마라톤에서 기록 향상은 10년에 1분간 9.18미터로 더 컸다. 이것은 마라톤이 아직 〈미성숙〉 상태이며 직선적 향상을 이룰 수 있는 잠재력을 가진 범주에 속하는, 다시 말하자면 아직 오른쪽 벽에 다가가지 않은 스포츠라는 것을 뜻한다. 여자 달리기 경주(역시 200-10,000미터)의 향상 속도는 10년에 1분간 14.04미터에서 17.86미터로(마라톤의 경우는 37.75미터) 크게 올라갔다.

이러한 사실들은 온갖 종류의 어리석은 설명들이 쏟아져 나오게 했다. 예를 들면 휩과 워드(Whipp and Ward, 1992)는 그들의 곡선을 단순하게 연장(외삽)하여 여성들은 언젠가, 경우에 따라서는 조만간 거의 모든 경주에서 남성들을 따라잡을 것이라는 결론을 내렸다. 예를 들어 마라톤의 경우, 이 주장에 따른 연장 곡선은 1998년에는 남성 곡선을 가로질러 여성이 이기는 것으로 나타난다.

그러나 곡선의 외삽이야말로 위험하고, 쓸모 없으며, 어리석은 짓이다. 앞에서도 말했듯이 일차 곡선을 계속 연장해 나가면 결국 0에 다다르고 다시 마이너스 시간까지 가게 된다. 이렇게 잘못된 외삽이 인구 증가와 관련된 무책임한 숫자들을 낳는다. 예를 들면 몇

세기 안에 인류는 지구의 부피와 맞먹는 크기의 덩어리를 이루며, 이 인간 덩어리(人球)의 직경은 빛의 속도(아인슈타인이 가르쳐 준 운동 속도의 한계)보다 더 큰 속도로 증가하기 때문에, 그 누구도 이 덩어리 밖으로 탈출할 수 없을 것이라고 한다. 그러나 어떤 사람도 마이너스의 시간에서 달리기 경주를 할 수 없으며, 인간의 덩어리가 빛의 속도로 팽창하지 않을 것도 분명하다. 한계 또는 오른쪽 벽에 닿으면, 증가 속도는 일단 감소하고 결국은 멈춘다.

여성들은 초장거리 수영 같은 특정 경주에서는 남성보다 우월할지도 모른다. 여성들이 신체 구조상 지방 분포와 부력 덕분에 장시간 견딜 수 있다는 점에서 남성들보다 유리하기 때문이다(여자 선수들은 이미 영국 해협 경주와 카탈리나 섬 경주에서 확고한 기록을 세우고 있다). 마라톤도 그럴 가능성이 있다. 그러나 여성들은 100미터 달리기나 역기 같은 종목에서 남성을 능가하는 신기록을 낼 것이라고 생각하지 않는다. 물론 특정 경기에서 대부분의 남성 선수들을 이기는 여성 선수들은 항상 나올 수 있다. 그리고 대개의 여성들이 거의 모든 육체적인 일에서 나를 이길 수 있다. 그러나 여기에서 이야기하는 것은 최고 선수들이 세운 세계 신기록임을 기억하자. 그럴 때에는 서로 다른 신체 구조에서 기인하는 남녀의 생체역학적 차이가 결정적인 역할을 한다.

여성들의 경주에서 향상의 속도가 더 빠른(그리고 곡선이 평평해지지 않는) 이유는 명백하다. 남녀 차별이 그 범인이다. 여성들의 빠른 기록 향상은 이전의 부당했던 불평등이 보상되고 있는 것이다. 이러한 경기들 대부분이 최근에 와서야 여성들에게 개방되었다. 여성들이 프로 선수, 고된 훈련, 팽팽한 경쟁의 세계에 들어온 것은 불과 몇 년 전부터다. 얼마 전까지만 해도 여성들은 운동은 금지된 것으로 교육받았다(아직도 많은 여성들이 이런 교육을 받고 있다). 따라서 베이브 디드릭슨 같은 과거의 훌륭한 여성 선수들은 너무 남자 같다는 이유로 계속 해고되는 괴로움을 겪었다. 다시 정리하자면 여성의 기록 향상 곡선 대부분은 이제 시작 단계, 급속하고 일직선적인 향상의 초기 단계에 있다. 이 곡선들은 여성들이 오른쪽 벽에 도달하면 평평해질 것이다. 그때야 비로소 진정한 기회의 평등이 가능할 것이다. 그때까지 여성 스포츠의 기록 향상 곡선이 가파르게 올라가는 일직선적인 모습을 보이는 것은 과거와 현재의 남녀 불평등에 대한 산 증거가 될 것이다.

· 9 ·
4할 타자와 오른쪽 꼬리

　최고의 선수들이 생체역학적 한계의 오른쪽 벽을 향해 처음에는 달려가다가 차츰 기어가는 동안 타격 자체는 계속 향상되어 가고 있음이 분명하다는 앞의 논의가 맞다고 치자. 그렇다면 종래의 설명들 중에서 교정되지 않은 것이 아직 하나 남아 있다. 4할 타자가 사라진 것은 야구 방망이의 뭔가가 퇴보했기 때문이라고 보는 견해가 그것이다. 그것은 타격은 향상되었으나 그에 반대되는 활동(투구와 수비)들이 더 나아지고 더 빨라져서 타격 솜씨가 상대적으로 퇴보된 것으로 나타난다는 것이다.
　이 종래의 설명은 아주 단순하고 명쾌한 검증으로 전혀 타당성이 없음이 백일하에 드러났다. 투구과 수비가 정말로 타격에 비해 꾸준히 우세해져 갔다면 그 영향은 20세기 야구의 역사에서 타율의 전반적인 하강으로 측정될 것이다. 투구와 수비가 계속 우월성을 과시해 가는 동안 평균 타율은 반대로 시간에 따라 저조해져 간 게 사실이라면 최고 타자들(영광의 4할 타자들)의 기록도 전체적인 퇴보와 함께 밑으로 끌어내려졌을 것이다. 다시 말하자면 평균 타율이 0.280일 때 최고 타율이 4할이 넘는다면 그것은 적절한 최상한선으로 이해될 수 있으나 평균이 0.230일 때의 4할은 평균값에서 너무나 멀리 떨어져 있어 아무리 최고의 선수라 하더라도 성취하기 어려울 것이라고 말할 수 있다.

이 설명은 논리적으로 완벽하지만, 사실과 맞지 않는다. 모든 선수들의 평균 타율은 20세기 동안에(뒤에 논의하겠지만, 재미있는 예외가 있는데 알고 보면 그것은 예외가 아니라 법칙이다) 태산처럼 확고부동했다. 〈표 2〉는 20세기 동안의 양대 리그 정규 선수들의 타율을 10년 단위로 평균낸 것이다(여기에는 전체 시즌에서 게임 당 평균 두 타석 이상 뛴 선수만을 포함시켰으며 특별한 기술을 갖고 있어 고용된 비상근 수비나 주자들 그리고 약한 타자들은 제외되었다[5]). 표에 의하면 평균 타율은 2할 6푼 정도에서 시작해서 20세기 내내 그대로 유지되었다.

---

5) 최근에 두 리그 사이에서 생긴 불균형은 크게 보아 아메리칸리그에만 도입된 〈지명타자〉 제도, 즉 투수를 타석에 세우지 않기 위해 만들어진 전문적 〈대타〉 제도 때문이다. 물론 투수를 이 계산에 포함시키지 않았으므로 지명타자 제도가 평균값에 영향을 주지는 않았다. 그러나 지명타자 제도는 타순에 여유를 주기 때문에 아메리칸리그의 평균을 조금 상승시킨다. 반면에 내셔널리그에서는 상대적으로 떨어지는 타자들이 하위 타순에 위치하게 된다. 하지만 나는 어디까지나 지명타자 제도를 반대한다. 이것에 관련해서는 중간 입장이 있을 수 없다. 찬성이냐 반대냐 둘 중의 하나밖에 없다.

1920년대와 30년대 사이에만 일시적으로 지속되었던 증가가 유일한 예외지만, 이 예외는 설명될 수 있는 것이며, 그 뒤에 이어진 4할 타자가 사라진 것에 대한 설명 근거가 될 수는 없다. 두 가지 이유에서 그렇다. 첫째로 4할 타자를 배출한 저 위대한 시대는 평균 타율은 통상 레벨이었던 이전 시대였다. 둘째로 리그 전체가 높은 평균을 유지하고 있던 1930년대에는 4할 타자가 한 사람도 없었기 때문이다. 물론 빌 테리가 1930년에 4할 1리의 타율을 기록했지만 나는 그것을 1920년대의 기록으로 계산했다.

　이렇게 되면 우리의 패러독스는 심각해진다. 즉, 4할 타자는 평균 기량이 변동 없는 상황에서 사라져 간 것이다. 어째서 평범한 선수들의 기술이 끊임없이 향상되어 가는데 최고 선수들의 상태는 나빠져 가는 것일까? 따라서 우리는 4할 타자가 사라진 것을 가지고 타격 실력이 전반적으로, 절대적으로, 상대적으로 모두 쇠퇴했다고 말할 수는 없다.

　문제가 이런 식으로 막다른 골목에 다다르면, 보통 질문을 다시 명확하게 조직화함으로써 출구를 찾아야만 한다. 그리고 다른 문을 통해 그 문제에 다시 접근해야 한다. 이 경우에 다른 문이라는 것은 이 책의 중심 주장을 따르는 것이다. 4할 타자가 사라진 것에 대한 기나긴 논란은 처음부터 깊고 깊은 오류였던 것 같다. 우리는 처음부터 잘못했다. 그 외의 다른 가능성에 대해서는 한번도 생각해 본 적이 없었으므로 분명히 무의식적으로 범한 오류일 것이다. 〈평균 타율 4할〉을 따로 떼어서 정의할 수 있는 〈것〉으로, 그것이 사라지면 반드시 그에 대한 특별한 설명이 필요한 하나의 실체로 취급해 왔다. 그러나 평균 타율 4할은 〈조 디마지오가 제일 좋아하는 방망이)와 같은 어떤 항목이 아니며, 더구나 〈1990년대에 향상된 야수들의 글러브〉와 같이 독립적으로 정의되는 종류의 사물도 아니다. 이 책의 중심 주장에서 힌트를 찾아보자. 시스템 전체 또는 변이들로 가득 찬 〈풀하우스〉야말로 가장 적나라한 근본 현실이며 평균이나 최대값들(평균은 추상적이며 최대값은 대표적일 수 없다)은 전체의 움직임에 대한 터무니없는 오해를 일으키거나 극히 편파적인 견해를 제공한다.

평균 타율 4할은 그 자체가 하나의 항목이나 실체가 아니다. 정규 선수들 각자의 개인적인 타율을 집계해서 그래프로 그리면 이들의 평균은 전형적인 빈도 분포 또는 종 모양 곡선을 그린다. 이 분포는 최고와 최저 타율의 꼬리를 양쪽에 갖는다. 이 꼬리들은 풀하우스가 가지는 근본적인 성질의 일부이지 그 자체가 개체성을 갖는 분리할 수 있는 항목이 아니다. (꼬리를 잘라내고 싶다 하더라도 어디서부터 잘라야 할까? 꼬리는 분포의 중앙과 이어져 있으며 그 경계를 찾을 수도 없다.) 이렇게 확장된 시각으로 보면, 평균 타율 4할은 모든 선수들의 타율을 표시한 전체 분포의 오른쪽 꼬리일 뿐이지 그 자체가 따로 정의될 수 있고 분리될 수 있는 〈것〉이 아니다. 그런 식으로 분류하는 경향은 매끈하게 연결되어 있는 연속체를 심리적으로 〈듣기 좋고〉, 〈그럴 듯한〉 숫자에서 뚝 자르고 싶어 하는 우리의 변덕에서 나온 것이다. 2000년에 대한 지구촌의 흥분을 기억해 보자. 2000년이 1999년과 천문학적으로나 우주적으로 아무것도 다를 게 없었다.

타율 4할을 전체 타율의 종 모양 곡선의 오른쪽 꼬리라고 옳게 보기 시작하면 그때야 비로소 완전히 새로운 설명이 가능해진다. 종 모양은 변이의 양이 늘거나 줄면서 퍼지거나 오므라든다. 빈도 분포가 평균값을 그대로 유지하고 있지만 변이가 양쪽에서 대칭적으로 감소해 평균 근처의 개체수는 늘어나고 양쪽 꼬리에서는 줄어든다고 해보자. 이러한 경우 평균 타율의 변동이 없어도 타율 4할은 완전히 사라져버릴 수도 있다. 그 원인은 변함 없이 일정한 평균 주변에서 변이가 축소된 이유가 무엇이든지 간에 4할 타자는 사라져버린다. 4할 타자가 사라진 것에 대한 이 새로운 관점이 딱히 어떤 원인을 집어내는 것은 아니다. 그러나 이 새로운 모델은 문제 전체를 다시 뜯어보게 만든다. 변이의 전반적인 축소가 무엇인가 악화되었음을 의미하지 않기 때문이다. 사실은 그 반대, 즉 변이의 일반적인 축소는 오히려 야구 경기 전반의 발전을 반영할지도 모른다. 적어도 이 새로운 관점은 아무것도 할 수 없는 비생산적이고 전통적인 해석(이것에 따르면 4할 타자가 사라졌다는 〈명백한〉 사실이 타격 기량이 퇴보되는 경향을 의미한다고 주장한다)에서 우리를 한 걸음 물러서게 해준다. 이때야 비로소 우리는 새로운 질문을 던질 수 있게 된다. 어째서 변이가 줄었을까? 변이의 축소는 향상과 퇴보 어떤 것을 의미하는 것일까? 또는 아무것도 의미하지 않는 것이 아닐까? 향상이나 퇴보를 뜻한다면 무엇의 향상과 퇴보일까?

  이 새로운 해법으로 과연 설명이 잘 될까? 앞에서 내 이론의 전반부는 이미 제시했다. 즉, 역사적으로 평균 타율이 비교적 안정적으로 유지되어왔음은 이미 앞에서 설명했다(표 2). 내 이론의 후반부는 이렇다. 20세기 야구의 역사에서 타율의 변이가 평균값 근처에서 대칭적으로 줄어들었다. 이것을 증명하기 위해, 우선 평균 타율이 야구 규칙 제정자들의 활발한 노력으로 안정화되어 왔음을 보여주려고 한다. 왜냐면 의도적으로 고정된 평균값 주위로 자연스럽게

기간(년)	아메리칸리그	내셔널리그
1901-1910	.251	.253
1911-1920	.259	.257
1921-1930	.286	.288
1931-1940	.279	.272
1941-1950	.260	.260
1951-1960	.257	.260
1961-1970	.245	.253
1971-1980	.258	.256
1981-1990	.262	.254

〈표 2〉 20세기 각 리그의 평균 타율(.251=2할 5푼 1리).

축소하는 것을 보여줄 수 있다면, 4할 타자가 사라진 것을 경기 수준의 일반적인 향상의 불가피한 결과로 보는 견해를 가장 잘 뒷받침하기 때문이다.

〈그림 14〉는 양 리그의 정규 선수들 전체의 평균 타율이 시간에 따라 변하는 추이를 보여준다(내셔널리그는 1876년에 아메리칸리그는 1901년에 시작되었다). 많은 값들이 평균에서 양쪽 방향으로 벗어나지만 결국 일반적인 2할 6푼 수준으로 회귀하는 것에 주목하자. 이 평균 수준은, 투구나 타격이 어느 한쪽의 일시적 우위를 이용해 성스러운 국민적 오락의 안정성을 파괴하려고 위협할 때마다 즉각적인 규칙 조정을 통해 적극적으로 유지되어왔다. 중요한 변동들을 살펴보자.

〈적절한〉 균형 상태에서 시작된 후, 평균 타율은 떨어지기 시작하여 1880년대 말과 1890년대 초기 동안 0.240에 도달한다. 이에 대

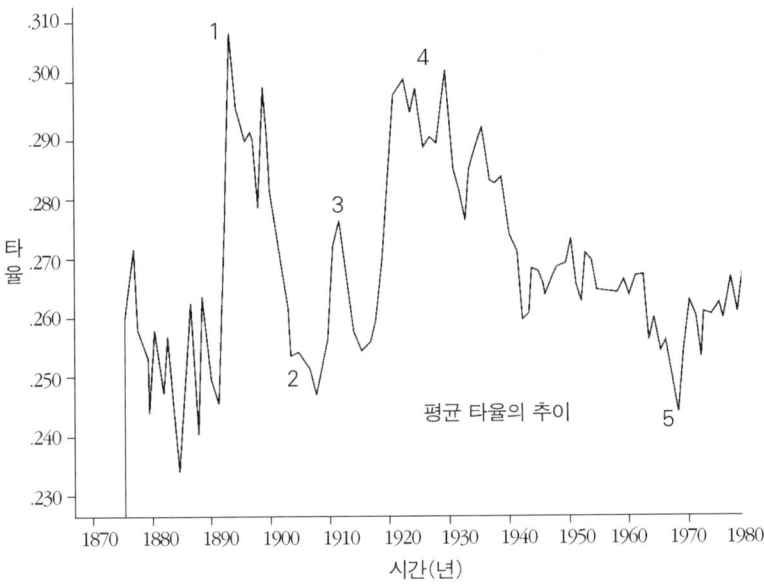

〈그림 14〉 메이저리그 역사 전체를 통해 정규 선수들의 평균 타율은 거의 변동 없이 2할 6푼에 머물러 있었다. 몇 번의 예외가 있지만 다 설명될 수 있는 것이다. 그리고 그 예외들은 모두 주도면밀한 규칙 개정으로 〈조정〉되었다. (1) 마운드가 뒤로 물러간 후 평균이 상승했으며, (2) 파울 = 스트라이크 규칙을 채용함으로써 하락했다. (3) 코르크 심 공의 도입 이후 다시 상승했고 (4) 1920년대와 1930년대에도 다시 올라갔다. (5) 1960년대의 하락은 1969년 마운드를 낮추고 스트라이크 존을 줄이는 조치를 통해 다시 반전되었다.

응하여 야구의 기본 구조에 대해 과거에 있었던 것 중 최대 조정이 행해졌다(그림 14의 1). 1893년 시즌부터 투수 마운드가 현재 위치, 즉 홈에서 2미터 더 멀리 후퇴했다. (마운드는 원래 홈에서 13.5미터였으며, 이때에는 투수들이 공을 언더스로로 던졌다. 이후 야구 역사 초창기 내내 마운드는 계속 뒤로 밀려났다. 평균 타율 계산에서 19세기 통계를 별로 사용하지 않은 것은 이 때문이다.) 타자들에게는 최고의 시대였음은 두말할 나위도 없다(그때까지는 파울볼을 스트라이크로 계산하지 않았다). 그 후 이상한 저조 상태가 지속되다가 1911년 코르크 심 공이 도입되면서 갑자기 높아지기 시작했다(그림 14의 3). 투수들은 재빨리 이에 적응하여 10여 년이 흐르면서 평균은 다시 2할 6푼의 적정 수준으로 되돌아 왔다.

1920년대에서 1930년대까지 거의 20년 동안의 높은 타율은 급격한 변화에 의해 장기적인 안정성이 깨지지 않는다는 일반 패턴의 예외다(그림 14의 4). 열광적인 야구팬들은 그 이유와 재미있는 전후 사정들에 대해 오랫동안 논의해 왔다. 1919년 베이브 루스가 전무후무한 29호 홈런을 쳤다. 이것은 그 이전까지의 팀 전체의 홈런 기록보다도 많은 것이었다. 1920년에는 개인 기록의 거의 두 배나 더 쳐 54개를 기록했다. 다른 때 같았으면 야구계의 높은 사람들이 이 황당한 상황에 강력하게 대처하여 이런 일이 일어나지 않도록 조심스럽게 규칙을 뜯어 고쳤을 것이다. 그러나 1920년은 야구의 역사가 위험에 처해있던 해였다. 1919년, 4할 타자 맨발의 조 잭슨을 포함한 시카고 화이트삭스의 선수들이 도박꾼의 돈을 받고 그 해 월드시리즈에서 일부러 져주었다(소위 블랙삭스 사건). 이 사실이 폭로되자 프로 야구계는 완전히 초상집이 되었고, 1920년 시즌 동안 관중수는 계속 줄어갔다. 구단주(이들의 인색함이 부정 행위를 불러들였다는 것은 의심할 여지가 없다)들은 베이브 루스를 야구의 구세주로 이용했다. 루스의 경기 스타일은 관중을 끌어들였고, 구단주들은 이 때만 대세에 따라 변동을 허용했다. 시비 걸기, 득점 효율 중시, 수단 방법을 가리지 않기, 한 번에 한 루씩 전진하기, 투수 중심 등의 야구는 이제 구식이 되었고, 강력한 공격과 팬스까지 날리는 스윙이 유행했다. 평균 타율은 갑자기 상승하여 이후 20년간 높게 유지되었다. 1930년에는 3할 타율을 두 번이나 깼다(이것은 유일한 기록이다).

그렇게 변화를 부추기는 상황이라곤 해도, 루스와 다른 타자들은 어떻게 그렇게 다른 경기를 펼칠 수 있었을까? 〈기술적인 해결책〉을 찾고 있을 때 특히 그렇듯이, 종래의 일반적인 상식은 이렇게 높은 타율이 오래 동안 유지된 것을 〈잘 날아가는 공〉의 도입 탓으로 돌린다. 그러나 위대한 야구 평론가 빌 제임스는 그의 책 『야구 역사 발췌 Historical Baseball Abstract』(1986)에서 1920년대에 야구 경기가 크게 나태했다는 증거는 없다고 주장했다. 그는 공은 크게 변하지 않았으며, 평균 타율의 상승은 규칙의 변화와 선수들의 태도 변화에 기인한 것이라고 했다. 이것들은 투수에게 불리한 요인이 되어 20년간 균형을 흩뜨렸다는 것이다. 실제로 모든 규칙의 변화는 타자에게 유리했다. 투수의 트릭 투구도 금지되었으며 이전처럼 멋대로 공 표면을 상하게 하거나, 반질반질하게 하거나 공에 침을 뱉는 것도 금지되었다. 공에 약간이라도 이상한 점이 있으면 심판이 바로 깨끗한 새 공으로 교체하기 시작했다. 이전에는 말랑말랑해지고, 상처 나고, 지저분해진 공을 어떻게 해서든지 끝까지 썼다. 팬들이 파울볼을 다시 던져줄 정도였다! 일본에서는 아직도 홈런볼을 제외하고는 그렇게 한다. 제임스는 말랑말랑해진 헌 공을 단단하고 매끈한 새 공으로 즉각 교체하는 것이 새로운 제작법으로 만든 잘 날아가는 공만큼이나 타율을 향상시켰다고 주장했다.

어쨌든 1940년대 세계대전이 모든 분야에서 인재를 흡수해 버리면서 평균은 다시 예전 수준으로 돌아갔다. 그 이후에는 재미있는 탈선이 단 한 번만 일어났다(그림 14의 5). 이것 역시 일반 원칙을 잘 보여주는데, 너무 오래지 않은 것이라 몇백만 야구팬들이 아직도 생생하게 기억하고 있을 것이다. 전혀 알 수 없는 이유로 평균 타율이 1960년대에 꾸준히 떨어져 투수의 해였던 1968년에 바닥에 도달했다. 이 해에는 칼 예스터젬스키가 0.301로 아메리칸리그 최고 타자의 명예를 얻었으며 봅 깁슨은 1.12라는 경이적인 방어율을 기록했다(깁슨에 대해서는 127쪽 참조). 그래서 야구 거물들은 어떻게 했을까? 당연히 규칙을 수정했다. 이번에는 투수 마운드를 낮추고 스트라이크존을 축소시켰다. 1969년에는 평균 타율이 다시 정상을 회복하여 지금까지 유지되어 오고 있다.

야구 규칙 제정자들이 책상 앞에 앉아서 연필과 종이만 가지고 평균 타율을 이상적인 수준으로 되돌릴 수 있는 방법을 점친다고는 생각하지 않는다. 그들은 분명히 타자와 투수 사이의 적정 균형을 이루는 것에 대한 감각을 가지고 있으며 이에 따라 소소한 요소들을 조금씩 수정해 나간다(마운드의 높이, 스트라이크존의 크기, 방망이 개조 허용 한계 등). 그렇게 하여 야구 시스템의 안정성을 유지했고, 한 세기 동안 근본적인 규칙과 기준이 단 하나도 변화하지 않도록 한 것이다.

그러나 그들이 대충 안정시킨 평균 근처의 변이까지는 조절하지는 않았다(하고 싶어도 할 수 없었을 것이다). 그래서 나는 4할 타자(그 자체가 분리될 수 있는 것이 아니라 다양한 변이가 있는 시스템의 오른쪽 꼬리다)의 실종은 변함 없는 평균 근처로 변이가 축소했기 때문이라는 내 가설(현실을 어디론가 움직여 가는 어떤 것이 아니라 사실은 수많은 변이로 이루어진 풀하우스라고 보는 견해)을 검증해 보기로 했다.

1차 연구는 1980년대 초 병에서 회복되던 시기에 〈가볍게〉 시작되었다. 나는 뉴욕 맨해튼 전화번호부보다 두꺼운 『야구백과 *The Baseball Encyclopedia*』를 가지고 침대에 걸터앉았다. 그리고 1876년 이후 매년 최고의 선수 다섯과 최악의 선수 다섯의 평균 타율을 평균 타율의 종 모양 곡선의 오른쪽 꼬리와 왼쪽 꼬리로 삼았다. 그런 다음 1876년 메이저리그가 시작된 이래의 매년 리그 평균과 최고 선수 다섯 명, 리그 평균과 최악 선수 다섯 명 사이의 차이를 각각 계산했다. 최고 또는 최악과 평균 사이의 차이가 시간에 따라 줄어드는 것은 대체로 변이가 축소되는 지표라고 볼 수 있을 것이다.

그 『야구백과』는 그 해의 최고 선수들의 도표를 만들어 놓았기 때문에 최고 선수 다섯 명을 뽑는 것은 쉬웠다. 그러나 최악의 선수 다섯 명을 기록해 둔 기특한 사람은 없었기 때문에, 선수 명부를 하나하나 뒤져 전체 시즌 동안 한 시합에 적어도 두 번 이상 타석에 선 정규 선수들 중에서 최저 평균 타율을 가진 다섯 명을 골라냈다. 그 성과가 〈그림 15〉다. 이것은 나의 가설을 명쾌하게 증명해 준다. 변이가 체계적으로, 그리고 대칭적으로 줄면서 오른쪽 꼬리와 왼쪽 꼬리를 계속 안정되어 있는 평균값으로 잡아당긴다. 따라서 4할 타자가 사라진 것은 평균 타율 곡선이 계속 홀쭉해지면서 양끝에 있는 꼬리의 값들이 없어졌기 때문이다. 4할 타자가 사라진 것을 이해하려면 왜 변이가 이런 양상으로 줄어들었는지를 알아야 한다.

몇 년 뒤 나는 이 연구를 다시 시작했다. 이번에는 훨씬 귀찮지만

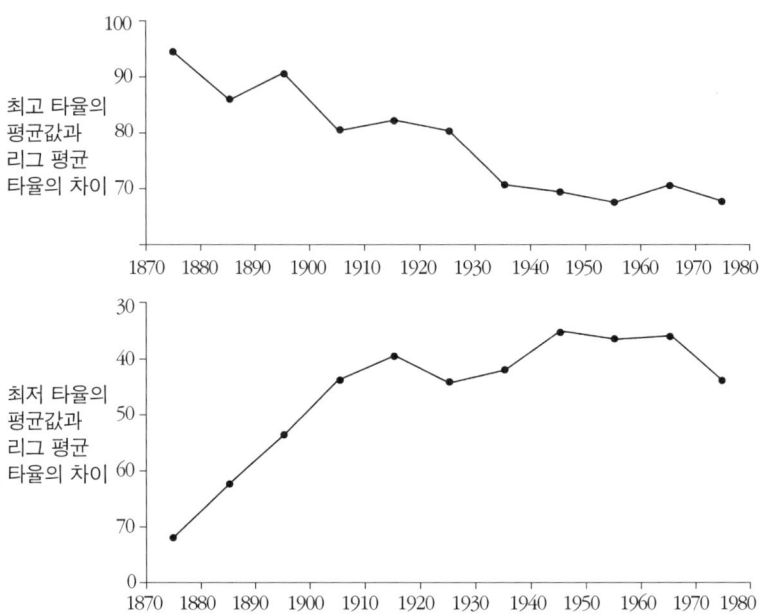

〈그림 15〉 최고 타율의 평균값과 리그 평균 타율의 차, 그리고 최저 타율의 평균값과 평균 타율 사이의 차가 감소하고 있다.

더 나은 방법, 즉 표준 편차라는 총 변이도 계산 방법을 썼다. 연도별로 정규 선수 전체에 대한 표준 편차를 구하기 위해서 나의 연구 조교가 3주 동안 컴퓨터 앞에 앉아 있었다. 달팽이 측정에서 해방된 그는, 침대에 기대 누워 『야구 백과』를 뒤적였던 나보다 더 즐거운 시간을 보냈을 것이다(저자는 세계적인 달팽이 연구가다——옮긴이).

표준 편차란 통계학자들이 변이의 정도를 나타내기 위해 사용하는 기본적인 방법이다. 각 선수들이 평균에서 벗어난 정도를 해마다 계산한 값들을 그래프로 그리면 종 모양 곡선을 이룬다. 표준 편차를 통해 우리는 변이 정도를 간단히 알 수 있다. 타율과 관련된 표준 편차를 구하려면, 각 선수의 평균 타율에서 그 해 리그의 평균 타율을 뺀 후 그 값을 제곱한다(그러는 이유는 타율이 리그 평균보다 낮을 경우 음수가 나오므로 이것을 양수로 바꾸기 위해서이다). 그렇게 얻은 값을 모두 더한 후 전체 선수의 수로 나누면 각 선수들의 타율이 평균 타율에서 벗어난 값, 즉 편차를 제곱한 값이 된다. 마지막으로 이 값의 제곱근을 구하면 표준 편차가 나온다. 표준 편차가 클수록 변이 정도가 크다 또는 벌어졌다고 할 수 있을 것이다.[6]

이렇게 표준 편차를 구해 보면 평균 타율의 변이 정도가 점차 줄어들고 있음을 명확하게 이해할 수 있다. 〈그림 16〉은 십 년 또는 어떤 기간 동안의 평균이 아니라 시간에 따른 표준 편차의 변화 추이를 보여준다. 이 그래프를 보면 이 책의 일반 가설, 즉 타율의 변이 정도가 꾸준히 감소하고 있으며, 그로 인해 분포의 오른쪽 꼬리가 줄어듦에 따라 4할 타율이 사라져 간다는 이론을 재확인할 수 있다. 또한 이 방법을 이용하면 그 감소 패턴에서 이 책의 가설을 확인시켜 주는 세부 사항도 찾아낼 수 있다. 이는 이전의 분석 방법에서는 놓쳤던 것이다. 예를 들어 표준 편차는 지속적, 비가역적으로 떨어지는 데 비해 감소의 속도 자체는 시간에 따라 야구 실력과 규칙이

---

[6] 첫번째 방법을 〈가벼운〉 작업이라고 한 이유는 최고 선수 다섯과 최하 선수 다섯에 대한 값을 구하는 게 선수 전체의 표준 편차를 정식으로 구하는 것보다 계산을 빠르게 할 수 있기 때문이다. 그러나 이 지름길이 경우에 따라서는 정식으로 계산한 표준 편차를 대신할 수도 있다. 표준 편차는 평균값에서 많이 떨어져 있는 값들에 대해서 특히 민감하기 때문이다(표준 편차를 계산할 때 평균값과의 차이를 제곱하기 때문이다). 나는 평균값에서 가장 먼 값들만을 사용하면 표준 편차와 큰 차이가 없으리라는 것을 알고 있었다.

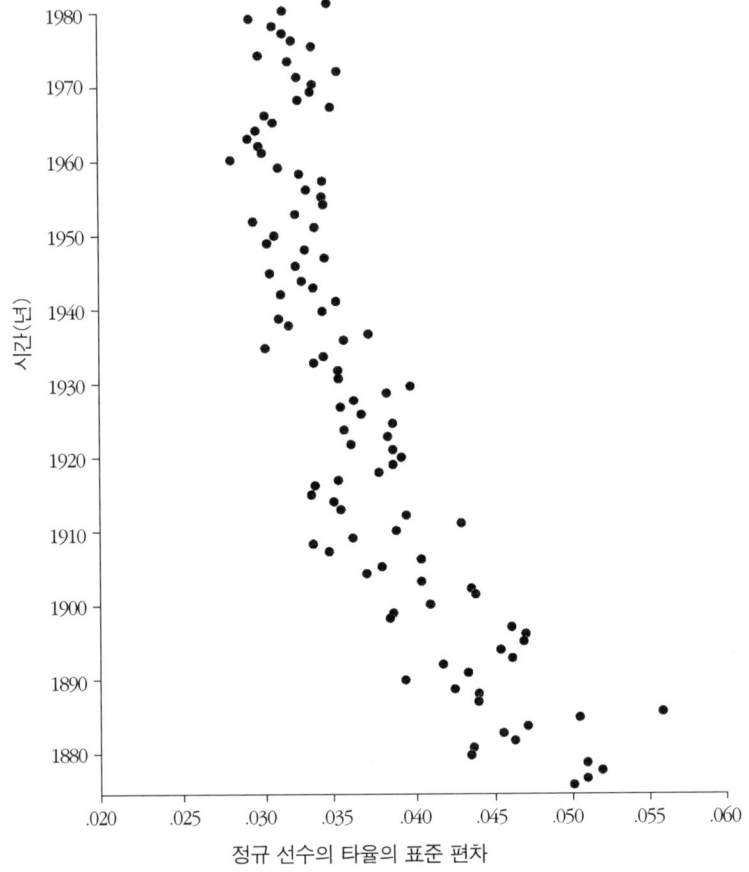

〈그림 16〉 100년 동안의 정규 선수들의 연평균 타율의 표준 편차.

안정되어 가면서 떨어진다는 점을 알 수 있다. 19세기에는 급속히, 20세기에는 그보다 천천히 떨어지다가 1940년경부터는 거의 일정한 수준에 도달한다.

 이것은 정말로 놀라운 일이다. 이전의 분석을 통해 이미 이러한 패턴이 나타날 것이라고 짐작하고 있었지만 변이의 감소가 이렇게 규칙적이면서도, 단 한 번의 예외도 없이 그렇게 지속적으로 나타날 것이라고는 전혀 예상하지 못했다. 거의 반세기에 이르는 내 연구 경력에 비추어볼 때, 잘 계획된 실험의 데이터나 단순한 시스템의 자연 성장에서도 이토록 명쾌한 결과를 얻는 것은 거의 불가능한 일이다. 보통 연구자들은 돌발적이고 변칙적이고 설명하기 어려운 데이터에 직면하게 마련이다. 그런데 평균 타율과 관련한 표준 편차의 감소는 너무 규칙적인 까닭에 〈그림 16〉은 마치 자연의 법칙을 그린 것 같이 느껴졌다.

이러한 규칙적 특성이 대단한 이유는 평균 타율 그래프는 보통 자연 시스템처럼 시간에 따라 들쭉날쭉하기 때문이다(그림 14). 평균 타율은 야구 관계자들의 빈번한 조작으로 일관성이 유지되어 왔으나 표준 편차는 아무도 건드리지 않은 것이다. 평균 타율이 역사의 변덕과 획기적인 발명품의 등장에 따라 오르내리는 동안, 표준 편차는 그 시스템의 속성이 가진 일반 원칙 또는 어떤 흥미로운 법칙을 따라 일정한 속도로 감소해 간 것이다. 이 일반 원칙은 4할 타자가 사라진 이유에 대한 하나의 답이 될 것이다.

〈그림 16〉의 그래프를 자세히 살펴볼수록 그것이 예외 없이 규칙적이라는 사실에 감탄하게 된다. 1870년대의 초반 4년 동안은 표준 편차가 0.050보다 높으며, 0.050을 초과하는 마지막 값은 1886년에 나타났다. 19세기의 남은 기간 동안은 0.040에 못 미친 0.037에 머문 세 해를 제외하면 0.04와 0.05 사이를 유지하고 있다. 그러나 0.040을 넘은 마지막 값은 1911년에 나온다. 따라서 0.03과 0.04 범위 역시 해를 거듭할수록 꾸준히 감소했다. 0.037까지 올라간 마지

막 해는 1937년이었고, 0.035까지 간 것은 1941년이었다. 1957년 이후에 0.034를 초과한 것은 오직 두 해뿐이었다. 1942년과 1980년 사이의 표준 편차 값들은 0.0285와 0.0343의 범위 내에 국한되었다. 나는 예외가 한 해라도 나와 전체 패턴이 변할 것이라고 생각했다. 그리고 19세기의 값 중에서 적어도 하나는 20세기 후반의 밑바닥 값에 육박하거나 근래의 기록 중 하나는 19세기 최대값 정도로 치솟는 것이 있을 것이라고 생각했다. 그러나 그 어떤 기대도 들어맞지 않았다. 노련한 통계학자로서 여러분에게 장담하건대, 이 패턴은 칼날같이 정확한 규칙성을 보여주었다. 이 분석으로 우리는 어떤 시스템이 가진 특수성과는 거리가 먼 일반 원칙 또는 규칙을 밝혀냈으며, 이것은 4할 타자가 왜 야구에서 사라졌는지를 이해하는 데 큰 도움이 될 것이다.

· 10 ·
4할 타자의 절멸

 지금까지 나는 새로운 개념과 그림에 기초한 패턴만 제시했지 그것을 설명하지는 않았다. 4할 타율은 그 자체가 하나의 실체가 아니며, 그것이 사라진 것은 이런저런 이유로 인한 타격의 퇴보를 증명하는 것이 아니다. 그것은 다양한 변이로 가득 찬 풀하우스의 떼어낼 수 없는 한 부분이다.
 이 책에서 제시한 새로운 이론적 모델에 따르면 4할 타자가 사라진 것은 안정된 평균 타율 주변으로 변이들이 모이면서 나타난 결과일 뿐이다. 변이는 단 한 번의 예외도 없이 너무나 규칙적으로 축소되고 있기 때문에 우리는 그러한 시스템에서 어떤 일반적인 법칙을 끄집어낼 수 있다.
 변이의 축소에 대한 설명은 평균 타율에 대한 통계적 분석을 넘어서야 한다. 이를 제대로 설명하려면, 하나의 시스템으로서 야구가 가진 속성과 오랫동안 큰 변화 없이 지속되어 온 야구 경기 방식의 일반적인 성질들까지 고려해야 한다. 따라서 이 장에서는 4할 타자가 사라진 것이 타격 실력의 축소가 아니라 오히려 야구 실력이 향상된 결과로서 그것을 축하해야 하는 이유를 설명하는 것에 할애하려고 한다.

다음과 같은 두 가지 주장과 그를 뒷받침하는 데이터들은 변이의 축소와 그에 따라 4할 타자가 사라진 것이 왜 경기력의 전반적인 향상을 나타내는가를 잘 보여준다. 이 두 가지 주장은 언뜻 보기에는 상당히 다른 것 같지만 사실 같은 주장의 서로 다른 측면이라 할 수 있다.

1. 최고의 선수들이 오랫동안 같은 규칙으로 경기할 때 그 시스템의 수준은 향상되며, 그것의 향상과 함께 변이 정도는 차츰 줄어들고 전체적으로 평준화된다. 야구 외에 현대의 스포츠 종목 중에서 이렇게 분석될 수 있는 것은 없다. 다른 스포츠에서는 경기 규칙이 너무 자주 바뀌었기 때문이다. 내가 10대에 농구를 할 때에는 공격을 24초 이내에 끝내야 하는 규칙 같은 것은 없었다. 나의 아버지 시대에는 득점할 때마다 다시 점프볼을 해서 공격 순서를 가렸다. 농구가 처음 시작될 때에는 복숭아 바구니에 공을 넣었다. 그 바구니가 여전히 쓰이고 있던 1890년대에 야구에서는 이미 투수의 마운드를 현재의 18.15미터 뒤로 옮기는 최종 수정이 이루어졌다.

물론 규칙이 변하지 않았다고 해서 실제 경기가 변하지 않는 것은 아니다(앞장에서 우리는 투구와 타격의 균형을 유지하기 위해 야구 관계자들이 규칙을 요리조리 뜯어고쳐 온 것을 살펴봤다). 선수들은 새로운 기술(커브를 던지는 법, 땅볼을 낚아채는 법, 타자를 속이기 위해 팔을 휘둘러 와인드업을 하는 법 등)을 선보이기 위해 열심히 생각하면서 야구 규칙을 우회할 방법을 찾으려고 애쓴다. 그렇게 해서 작지만 뛰어난 기술이 하나 개발되면 그 기술은 금방 야구계 전체로 퍼져나간다. 따라서 시간이 지나고 나면 결국 경기의 모든 면이 최고 수준에 가깝게 다가가고, 변이는 계속 감소되어 간다.

야구의 초창기에 경기 수준은 아직 걸음마 단계였다. 1890년대에도 기본 규칙은 오늘날과 크게 다르지 않았지만 온갖 자잘한 기술들이 아직 발명되거나 개발되지 않았다. 따라서 경기력을 향상시키기 위한 모든 가능성이 탐구되었다. 그중 몇 가지만 예로 들어보자. 1890년대에는 투수가 1루 수비를 맡기 시작했다. 같은 시기에 브루클린 팀은 외야수의 홈 송구를 내야수가 중계하는 컷오프 방식을 개발했고, 보스턴 빈터스 팀은 치고 달리기와 주자가 타자에게 보내는 사인을 창안했다. 초창기에 글러브는 애들 장난감 같은 것이었다. 오늘날처럼 공을 낚아채기 위한 주머니가 아니라 손을 감싼 가죽 조각에 지나지 않았다. 다양한 기교와 역량을 자랑하기 위해 필라델피아 필리스 팀은 한 명의 왼손잡이 유격수로 일흔세 번의 경기를 치르는 실험도 했다. 결과는 전통적인 상식이 예상한 대로였다. 그는 형편없었다. 그는 리그의 모든 정규 유격수 중에서 최악의 수비율을 기록했다.

야구의 유년기에는 경기 방식이 충분히 자리 잡히지 않아 빼어난 선수들이 좋은 실적을 올리기에 좋았다. 1897년에 위 윌리 킬러는 〈야수들이 없는 곳으로 쳐라〉는 모토에 따라 4할 3푼 2리의 타율을 올렸다. 야수들이 어디에 있어야 좋을지 몰랐기 때문이다. 오랜 경험 속에서 선수들은 서서히 포지션, 수비, 투구, 타구에서 최적의 조건을 향해 나아갔고 그에 따라 변이의 정도는 필연적으로 줄어갔다. 오늘날의 일급 선수들은 너무나 완벽하게 단련된 상대편 선수와 싸워야 한다. 4할 타자가 사라진 것이 단순히 감독이 구원 투수를 고안해 내고, 투수가 슬라이더를 창조해 냈기 때문이라고 할 수는 없을 것이다(그것이 사실이라 할지라도 말이다). 왜냐하면 그러한 전형적인 해석은 4할 타율을 하나의 독립적인 현상으로 추상화하고, 그것이 사라진 것을 타격 실력이 쇠퇴해 간 경향을 잘 드러내는 주요 신호로 보기 때문이다. 그러나 야구 전체의 수준이 높아지고 실수의 폭이 좁아져가면서, 그에 따라 경기 실적이 변동하는 폭도 적어졌다. 경기 수준이 이미 낮은 언덕을 올라 최정상을 향한 가파른 길에 들어섰기 때문에 타격 실력은 경기의 다른 측면들과 똑같이 향상되었지만, 그 변동폭 역시 줄어들었다.

웨이드 보그스, 토니 그윈, 로드 커루, 조지 브렛과 같은 오늘날의 일급 선수들이 겪은 좌절을 생각해 보라. 이 타자들이 정말로 위 윌리 킬러(162센티미터의 키에 몸무게 64킬로그램)나 타이 콥 또는 라저스 혼즈비보다 못하다고 믿는다는 말인가? 오늘날에는 모든 투구가 하나하나 기록되고, 공이 날아간 위치 역시 정밀하게 기록된다. 게다가 경기 후반에는 충분히 휴식을 취한 싱싱한 투수와 다시 맞서야 하고, 야수는 브론토사우루스의 발바닥 같은 글러브로 땅볼을 잡아낸다. 인간의 한계라는 오른쪽 벽에 비추어 볼 때 토니 그윈은 위 윌리 킬러와 같은 지점에, 그러니까 이론적으로 가능한(인간의 근육과 골격으로 이룩할 수 있는) 완벽함 바로 옆에 도달했다. 그러나 오늘날의 우수한 경기 수준이 그원의 발목을 꽉 잡고 있기 때문에 그가 인간으로서 거의 한계에 가까운 기량의 장점을 이용할 여지를 남겨놓지 않고 있다. 야구 경기의 수준이 전반적으로 향상되었기 때문에 뛰어난 타자들은 매년 10-20개의 안타를 도둑맞고 있다. 그 정도 안타가 추가된다면 현대의 훌륭한 타자들 역시 4할 타율을 올리고도 남을 것이다.

이것은 이 선수들에게만 국한되는 것이 아니다. 이는 안정된 규칙 아래에서 승리라는 포상을 놓고 경쟁하는 개체들로 이루어진 시스템 전체의 일반적인 성질이다. 경기 참가자들 각각은 향상 방법을 찾으며 (물질의 역학적 속성과 경쟁 사이의 균형을 통해 결정되는 한계에 이를 때까지) 부단히 싸운다. 그들의 발견은 시스템 내에 축적이 되어 시스템이 최적 조건으로 다가가는 데 도움을 준다. 그렇게 해서 시스템이 가파른 정상에 가까이 다가갈수록 변이는 줄어든다. 과거에는 천천히 시행착오를 거쳐 더 나은 방법을 발견했으나 오늘날에는 커다란 향상의 여지가 거의 없다. 오로지 최고의 선수들만이 경기에 참여할 수 있기 때문이다. 누군가 정말로 기막힌 기술을 발견했다 하더라도 금세 너도, 나도 그를 따라해 변이를 줄인다.

자동차가 증기나 전기 같은 수많은 대안들 중에서 내연 기관을 획일적으로 장착하게 된 것도 아마 비슷한 이유(그리고 아주 우발적인 이유) 때문이었을 것이다. 상업 활동의 표준화, 생명 발생 초기에 다세포 생물이 가지고 있던 다양성이 손으로 꼽을 정도로 축소된 것, 고정된 타율 부근에서 변이가 양쪽에서 대칭적으로 모이면서 4할 타자가 사라진 것은 모두 같은 이유에서이다.

변이의 폭이 더 크고 경기 수준이 더 낮았던, 그 좋았던 옛날에는 웬만하면 좋은 구단에 취직할 수 있었다. 그러나 경기 수준이 향상되고 야구의 지원자가 늘어나면서 사정이 달라졌다. 그래프의 왼쪽 꼬리가 평균값 쪽으로 잡아당겨진 것이다. 그 전설적인 시절의 최고 타자들은 그에 대항하는 수비 실력과 투구 능력이 아직 최적의 상태에 이르지 못했기 때문에 엉성한 시스템을 충분히 이용할 수 있었다. 그러나 현대의 최고 타자들은 (실력이야 그들보다 나으면 나았지 못하지 않지만) 그에 대항하는 투구 능력과 수비 실력이 평균적으로 워낙 발전했기 때문에 아무리 노력해도 보통 이상의 성적을 내기가 힘들어졌다. 그래서 오른쪽 꼬리도 중앙 평균값 쪽으로 줄어드는 것이다.

이러한 이 책의 주장은 1983년 3월 《배니티 페어 Vanity Fair》에 최초로 소개되었다. 그 후에 몇몇 야구 통계 연구가들이 이 이론을 다른 자료에 적용하는 작업을 했다. 그 결과는 정말 만족스러운 것이었다. 그들은 특히 전반적인 시스템의 향상에 의한 변이의 감소 모델이 보여줄 두 가지 중대한 사실과 관련해서 좋은 사례를 제공해 주었다.

노동의 분업과 전문화. 애덤 스미스의 『국부론』 이래 노동의 전문화와 분업은 효율의 증대와 최적 상태를 보여주는 주요 지표가 되었다. 「1871-1988년의 프로 야구——복잡한 시스템의 발달에 뒤이은 전문성 증대의 경향에 관하여」라는 논문에서 존 펠로스, 피트 파머, 스티브 만은 한 시즌 동안에 두 자리 이상의 수비 위치를 맡았던 메이저리그 선수의 수를 표로 만들었다. 이 도표는 야구의 역사에서 전문성이 얼마만큼 증대해 왔는가를 측정한 것이지만, 이 경

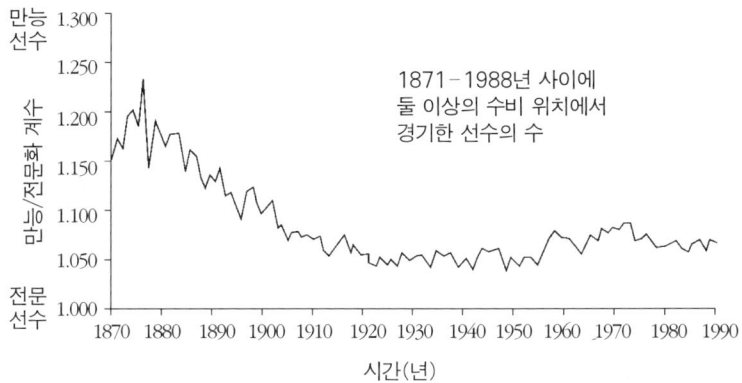

〈그림 17〉 둘 이상의 수비 위치를 맡아 본 선수의 수 감소로 측정한 전문화의 증대. 시간의 흐름에 따라 전문화의 정도가 증가하고 있다.

우 역시 〈그림 16〉과 마찬가지로 지속적인 감소와 궁극적인 안정화의 패턴이 나타나고 있다(그림 17).

변이의 지속적 감소. 노스웨스턴 대학 경영학과의 샌지트 채터지와 마추파 일마스는 「야구의 평형──진화하는 시스템의 안정성」이라는 논문을 발표했다. 타율의 변이 정도가 축소되는 경향보다 일반적인 예를 찾으면서 그들은 이렇게 추론했다. 경기 수준 전반이 향상되었다면 선수들이 실력이 전반적으로 우수한 현대로 올수록 팀 성적이 더 고르게 나타나고 팀 사이의 실력차 역시 줄어들었을 것이다. 다시 말해, 이제 어느 팀이나 좋은 선수들로만 구성되었기 때문에 팀 사이의 실력차가 줄었으며 그에 따라 팀 전력은 계속 평준화되었을 것이 확실하다. 그래서 그들은 메이저리그 시작부터 현재까지 각 시즌마다 각 팀의 승률의 표준 편차를 그래프로 그려봤

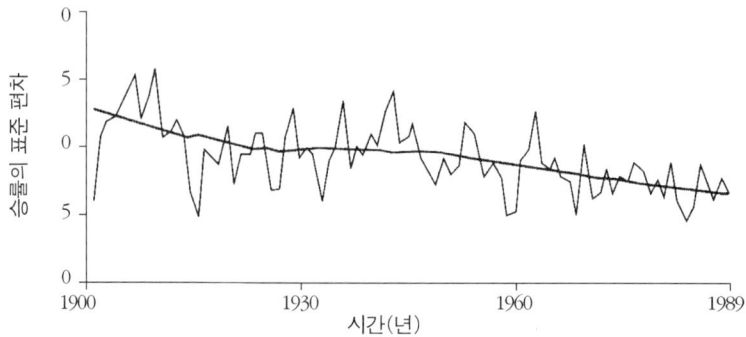

〈그림 18〉 내셔널리그 팀들이 기록한 승률간의 표준 편차가 감소하고 있다. 이러한 경향은 시간의 흐름에 따라 팀들의 실력이 더욱 평준화되는 것을 보여준다. 이것은 경기의 전반적인 수준이 향상된 결과이다.

다. 〈그림 18〉은 표준 편차가 꾸준히 떨어지고 있음을 보여준다. 이는 제일 잘하는 팀과 제일 못하는 팀 사이의 차이가 야구의 역사를 통해 계속 줄어들었음을 뜻한다.[7]

2. 경기 수준이 향상되고 종 모양 곡선이 오른쪽 벽 쪽으로 이동하면, 오른쪽 꼬리의 변이는 줄어들 수밖에 없다. 자연의 법칙, 물질의

---

7) 통계를 좀더 자세하게 해석하면 이 가설의 정당성을 더 쉽게 증명할 수 있다. 내셔널리그는 1876년에, 아메리칸리그는 1901년에 시작되었다. 가설에 따르면 속도가 점점 줄어드는 변이의 감소를 통해 결국 시스템이 평형에 도달한다. 따라서 1901년에서 1930년 사이, 즉 아메리칸리그는 시작된 지 얼마 안 됐고 내셔널리그는 장년기에 도달했던 시기, 아메리칸리그의 변이 감소율은 내셔널리그의 그것보다도 컸을 것은 쉽게 예측할 수 있다. 그리고 실제로 내가 계산한 타율의 표준 편차나 채터지와 일마즈의 자료에 나오는 상위 팀과 하위 팀 사이의 차이에서도 예측이 실증되었다.

구조 때문에 변이에 상한과 하한이 생긴다는 〈벽〉 개념에 대해서는 앞의 4장에서 설명했다. (내가 걸린 질병의 경우를 예로 들어 왼쪽 벽을 설명했다. 여기에서 왼쪽 벽은 물론 논리적으로 질병 진단 시점에서 사망에 이르는 시간이 0인 점이다. 4부에서는 생명의 왼쪽 벽에 있는 가장 단순한 박테리아에 관해 논할 것이다. 생명체 중에서 박테리아보다 더 단순한 것은 화석 기록으로 보존되지 않았다.) 우리는 인간이 이룰 수 있는 경기 수준에 분명히 〈오른쪽 벽〉이 존재함을 인정할 수밖에 없다. 결코 인간의 뼈와 근육이 움직일 수 있는 한계 이상으로는 움직일 수 없기 때문이다. 아무리 노력해도 인간은 치타나 새보다 빠르게 뛸 수도 날 수도 없다. 몇몇 뛰어난 사람들이 선천적 재능, 엄청난 노력, 엄격한 훈련을 통해 인간이 가능한 최고의 오른쪽 벽에 가까워질 수 있을 뿐이다.

앞에서 설명한 현대 스포츠의 주요 현상, 즉 스포츠가 발전해 가고, 그 어느 때보다 큰 보상이 주어지고, 모든 인종에게 개방되고, 훈련 방법이 최적화되어 감에 따라 경기 수준의 향상 정도가 둔화되는 것은 그 스포츠가 오른쪽 벽에 거의 도달했음을 뜻한다. 향상의 둔화는 최고의 선수들이 오른쪽 벽에 육박했다는 신호이다. 어떤 스포츠가 안정될수록 신기록이 갑자기 대량으로 수립되는 것을 기대할 수 없다. 몇 년 전 조지 플림튼은 〈누가 시속 225킬로미터의 강속구를 던질 수 있는가〉라는 글을 발표한 적이 있다. 진지한 팬들은 이 글을 〈단순한〉 보고서로 받아들였지만 잘 모르는 대다수의 사람들은 그에게 속아 넘어갔다. 1920년대의 월터 존슨에서 오늘날의 놀란 라이언에 이르기까지 최고의 강속구 투수들이 노력해 왔지만 아무도 시속 161킬로미터를 넘지 못했다. 월터 존슨은 아마 놀란 라이언만큼 빠른 공을 던졌을 것이다. 따라서 이들은 인간의 팔이 발휘할 수 있는 최고의 오른쪽 벽에 있다고 할 수 있다. 전에 없던 새로운 기술의 창안을 금지하는 한, 한 세기 동안 최고 선수들이 그토록 노력했지만 이루지 못했던 40퍼센트 더 빠른 강속구는 야구의 신이 내려오기 전에는 불가능하다.

절대적인 시간과 거리를 기록하는 스포츠에서는 그것의 오른쪽 벽을 더 잘 볼 수 있다. 앞에서 논의한 대로, 마라톤처럼 일관된 규칙을 유지해 온 시간 계측 경기들에서 기록은 계속 단축되어 왔다. 그러나 이 경기들에서도 초기에는 기록이 빠르게 단축되다가 최고의 선수들이 오른쪽 벽에 가까워지고 나면 안정화되는 패턴이 나타난다. 야구에서는 이런 패턴이 잘 보이지 않는데 대부분의 야구 기록은 상대 선수와 상대적인 값을 기록한 것이지 시간과 거리 같은 절대적인 기준에 대한 것이 아니기 때문이다. 타자의 성적은 타자가 투수에 대항하여 활약한 결과일 뿐이다. 리그 평균 타율 2할 6푼은 어떤 것에 대한 절대적인 값도 아니며 단지 타자가 투수에 승부한 결과로 나타난 일반적인 성공률일 뿐이다. 따라서 타율의 상승이나 하락은 타자가 절대적으로 좋아지거나 나빠진 것을 뜻하는 것이 아니라, 투수에 대한 타자의 상대적 활동이 전과 같지 않음을 뜻할 뿐이다.

그러니까 우리는 여태껏 야구 기록에 속아온 셈이다. 평균 타율이 한번도 2할 6푼을 넘어본 적이 없음을 보고 타격 기량이 한 세기 동안 제자리걸음을 했다고 지레 짐작하고 4할 타자가 사라지자 위대한 타자가 다 죽었다고 결론을 내린 것이다. 그러나 이러한 평균값들은 상대적인 값이며, 프로 야구 선수들의 기량이 다른 최고 수

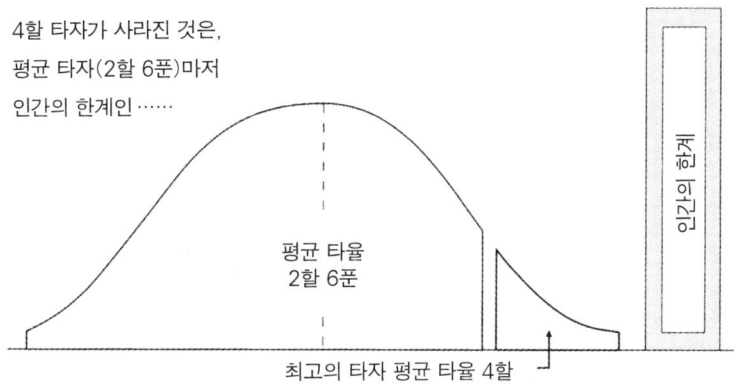

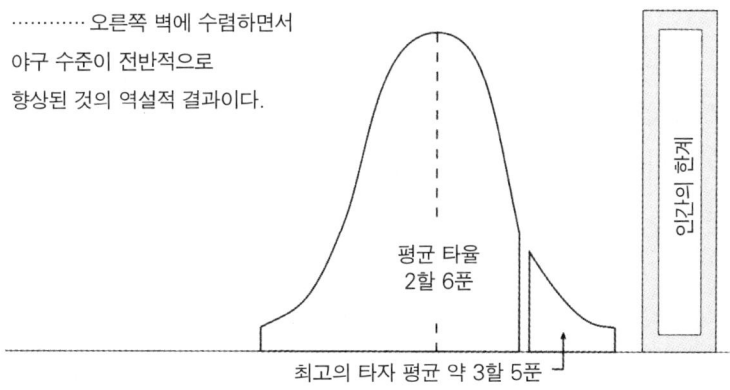

〈그림 19〉 경기가 향상되고 종 모양 곡선 전체가 인류의 한계인 오른쪽 벽에 가깝게 다가가는 한편 변이가 감소하면서 4할 타율이 사라졌다. 위의 것은, 20세기 초기의 야구. 밑에 있는 것은 현재 야구.

준의 운동 선수들과 마찬가지로 시간이 갈수록 향상되고 있음을 염두에 둔다면 다른(그리고 옳은) 그림을 그릴 수 있다(그림 19). 이것은 타율을 종 모양 곡선을 이루는 모든 변이값으로 가득 찬 풀하우스의 한 요소로 보게 하며, 4할 타자가 사라진 것을 변이의 축소로 표현된 경기 수준의 향상으로 봐야 하는 이유를 이해하게 해준다.

야구의 역사 초기에는 평균 경기 수준이 인간의 오른쪽 한계에서 한참 멀리 있었다(그림 19의 위). 타자나 투수나 요즘 기준으로 본다면 중간에도 못 미쳤다. 그러나 그들 사이의 균형은 오늘날과 크게 다르지 않았기 때문에 평균 타율 2할 6푼의 균형은 변함 없이 유지된 것이다. 따라서 초창기의 타율 2할 6푼은 오른쪽 벽에서 한참 먼 곳에 있었으며, 변이는 양쪽으로 넓게 뻗어 있었다. 아래쪽으로 변이가 퍼진 것은 얇은 선수층과 엉성한 시스템이 타격 실력이 떨어지는 좋은 야수에게 일자리를 주었기 때문이며, 위쪽으로 변이가 퍼진 것은 평균과 오른쪽 벽 사이의 차이가 워낙 컸기 때문이다.

오로지 극소수가 가진 뛰어난 재능과 헌신만이 인류의 성취 한계까지 선수들을 밀어 올려 오른쪽 벽에 서게 한다. 야구의 초창기에는 이들이 평균에서 너무 멀리 떨어져 있었고, 그래서 그들의 뛰어난 활약이 4할 타율로 기록된 것이다.

현대 야구에 대체 어떤 일이 일어났었는지 살펴보자(그림 19의 아래). 경기의 모든 면에서 기술이 향상되었다. 그러나 타격과 투구 사이의 균형은 변한 적이 없다(앞에서 야구 관계자들이 이 균형을 유지하기 위해 자주 규칙을 매만진다는 것을 이야기했다). 따라서 평균 타율은 일정하게 유지되었다. 이 고정 수치는 투구와 타격 모두에서 현격하게 발전된 오늘날의 경기 수준을 암시한다. 이 변함 없는 평균값은 과거보다 오른쪽 벽에 훨씬 더 가까울 것이다. 한편, 시스템의 전체적 변이는 필연적으로 양쪽에서 대칭적으로 줄어들었다. 이는 경기 수준의 향상 때문에 이제는 수비는 잘하지만 타격 실력은 형편없는 선수의 기용이 줄어들었기 때문인 동시에 단순히 위를 향해 움직이는 평균값과 변함 없는 오른쪽 벽 사이의 공간이 훨씬 더 적기 때문이다. 오른쪽 벽의 상한에 갇힌 현대의 최고 타자들은 예전 선배들보다 평균에 더 가까이 있음에 틀림없다.

오늘날의 최고 선수들은 과거 4할 타자들 못지않다. 사실 그들은 과거의 최고 선수들보다 오른쪽 벽에 한두 발 정도 더 가까이 갔을 것이다. 그에 비해 보통의 선수들은 몇십 발을 더 오른쪽 벽에 다가갔고, 평균(2할 6푼으로 유지되는 타율)과 최고의 차이가 줄면서 4할 타율과 같이 높은 타율을 없애버렸다. 따라서 4할 타자가 사라진 것은 역설적으로 어떤 것의 퇴보가 아니라 오히려 경기 수준의 전반적인 향상을 뜻하는 것이다.

앞으로 야구 경기의 다른 측면에 대한 통계 자료가 더 누적되면 이러한 이 책의 주장은 더욱 잘 뒷받침될 것이다. 한편, 필자는 야구의 다른 두 가지 측면 수비와 투구에 대해 비슷한 기록들을 종합해 봤다. 그 결과는 그 두 가지 모두 최고의 선수가 더 이상 낮은 평균 경기 수준의 덕을 볼 수 없게 될 때에는 경기 수준의 향상이 변이의 감소를 가져온다는 모델에서 기대되는 기본 예측 그대로였다.

타격과 투구 기록은 상대적이지만 훌륭한 수비의 주요 기록은 절대적이다. 수비율(수비 기회가 주어졌을 때 실책 없이 처리하는 비율)의 평균값은 상대 선수에 대한 것이 아니라 그들 앞으로 온 공에 대한 것이기 때문이다. 따라서 땅볼이나 공중 볼의 처리 능력은 예전보다 나아지지 않았을 것이며(타격 실력은 나아졌겠지만 말이다), 오늘날의 수비수들은 예전 선배들과 거의 같은 임무를, 거의 같은 난이도에서 수행하고 있을 것이다. 따라서 실책 없는 수비율의 평균값은 경기의 우수성 변화를 보여주는 절대적인 척도가 되며, 야구의 경기 수준이 향상되었다면 평균 수비율의 향상 속도는 느려지는 것으로 나타날 것이다. 물론 최고 타율이 떨어지는 것이 수비 실력과 투구 능력이 더 발달했기 때문인 것처럼, 수비율의 향상이 변화된 조건에서 기인할 수도 있다. 가령, 예전의 구장은 오늘날의 구장보다 분명히 더 울퉁불퉁했을 것이다. 따라서 초기의 형편없는 수비는 수비수보다는 경기장 상태 탓인 것도 있다. 또한 평균값의 상승은 글러브의 비약적인 발전과 더불어 이루어진 것도 사실이다. 그러나 장비의 발전은 언제나 최대의 관건이 아니었던가. 경기 수준이 일반적으로 향상되었다는 이 책의 주장 밑바닥에 깔려 있는 정당한 이유 중의 하나도 이것이다.

앞에서 타율을 처리한 방법을 따라 나는 정규 선수 전체에 대한 리그당 수비율과 1876년 리그 시작 이래 매년 최고 선수 다섯 명의 평균 기록을 계산했다. 〈그림 20〉은 내셔널리그의 십 년 단위의 평균 수비율을 보여준다. 그것은 우리의 예상을 정확하게 확인시켜 준다. 향상 정도는 시간이 가면서 크게 줄 뿐 아니라 감소는 계속적이며 완전히 비가역적이다. 평균이 오른쪽 벽 가까이에서 평평한 고지에 이른 최근 몇십 년 동안의 미세한 증가도 마찬가지이다.

1876년에서 1930년 사이의 55년 동안, 십 년 단위로 본 메이저리그 선수들의 수비율은 최고의 선수를 놓고 보면 0.9622에서 0.9925로 총 0.0303 정도 올라갔다. 평균 기량을 가진 선수들은 0.8872에서 0.9685로 총 0.0813 올라갔다(1920년대의 보통 선수들이 1870년대의 가장 우수한 야수보다 더 뛰어난 수비 실력을 보였던 것에 주목하라.) 그리고 1931년에서 1980년까지 50년 동안에는 수비율의 증가가 현

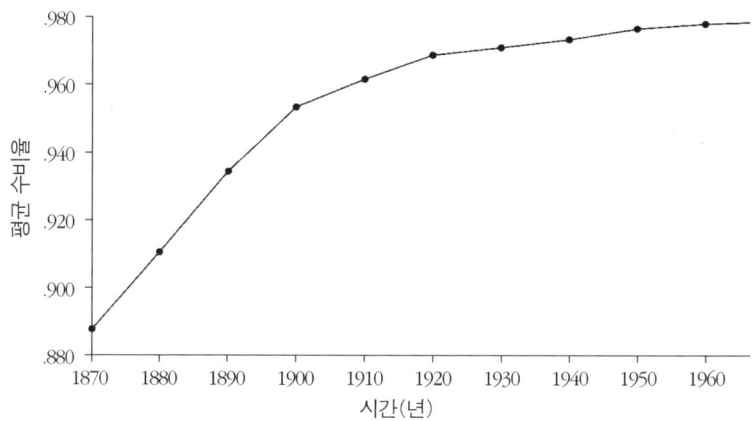

〈그림 20〉 야구 역사 전체를 통해 평균 수비율 향상 속도는 역전되는 법이 없이 계속 둔화되어 간다.

저하게 둔화되었다. 그렇지만 아주 멈춘 것은 아니다. 최고 선수들의 경우, 십 년 동안의 평균 수비율은 0.9940에서 0.9968로 0.0028 정도 올랐다. 이것은 그 이전의 오십 년 동안보다 10퍼센트보다 적은 값이다. 똑같은 50년 동안 리그의 평균 수비율은 1930년대의 0.971에서 1970년대의 0.9774로 총 0.0064 올라갔다. 이것도 그 이전의 오십 년 동안 이루어졌던 기록 향상에 비하면 10퍼센트에도 못 미친다.

나는 이러한 데이터에 계속 흥분했다. 앞에서도 밝혔지만 나는 생물의 성장과 생물 계통의 진화에 대한 통계 자료를 분석하고 처리하며 살아왔다. 그러나 야구의 역사가 반복해서 만들어 낸 예외 없이 일률적인 결과에는 놀랄 수밖에 없었다. 처음에 나는 인간이 관여하는 일은 자연 시스템보다 우발적인 사건에 더 민감할 것이므로 야구에서 예외와 모호한 값들이 더 많이 생산될 것이라고 생각했다.

그런데 역시 타율에서 표준 편차가 감소한 것과 마찬가지로 변화 양상은 완벽하게 규칙적이었다(그림 16). 누적된 총 변화가 너무나 적어서 불가피하게 약간의 통계학적 오류가 있으리라고 생각했던 때에도 마찬가지였다. 그러자 나는 이 작업이 상당히 유별난 시스템의 값들을 수집하고 처리하는 정도가 아니라, 그 시스템의 본질에 대한 상당히 일반적인 무엇을 계산해 내고 있는 것이 틀림없다는 생각이 들면서 등골이 오싹해졌다. 통계학자에게 야구는 정말 특별한 시스템이다. 그것은 실제 자료에서는 거의 만나기 어려운 두 가지 성질, 즉 동일한 규칙을 가지고 한 세기 동안 진행되어 왔으며, 측정될 수 있는 면은 무엇 하나 빼놓지 않고 완벽하게 기록하고 보존해 온 유일무이한 시스템이다.

예를 들면, 최고 수비수 다섯 명이 기록한 십 년 동안의 평균 수비율은 평평한 고지에 이르자 그 향상 속도가 현저히 감소하지만 결코 그 속도가 다시 증가하지는 않았다. 그것은 1930년 이후에는 0.9940, 0.9953, 0.9958, 0.9968로 조금씩 꾸준히 상승하지만 증가된 값은 0.0028에 지나지 않는다. 수비율의 증가폭이 너무나 보잘것없기 때문에 우연에 지나지 않는다고 주장하는 사람을 위해 야구 초창기의 수비율 증가 패턴도 그와 똑같았다는 사실을 밝혀둔다. 실제로 0.900에서 0.991로, 또 0.992로 수비율이 상승한 것이 어떤 의미가 있으리라고 누가 상상이나 했겠는가? 소수점 아래 셋째 자리 수에서 일어난 수비율의 증가는 실제 경기의 어떤 면에 대해서도 의미 있는 사실을 나타내지 않는다. 그런데도 0.990은 1907년에 처음 달성되었고, 0.991은 1909년에, 0.992는 1914년에, 0.993은 1915년에, 0.994는 1922년에, 0.995는 1930년에 달성된 것이다. 그런데 다

기간(년대)	내셔널리그		아메리칸리그	
	선수 전체	베스트 5	선수 전체	베스트 5
1870	.8872	.9622		
1880	.9103	.9740		
1890	.9347	.9852		
1900	.9540	.9874	.9543	.9868
1910	.9626	.9912	.9606	.9899
1920	.9685	.9925	.9681	.9940
1930	.9711	.9940	.9704	.9946
1940	.9736	.9953	.9740	.9946
1950	.9763	.9955	.9772	.9960
1960	.9765	.9958	.9781	.9968
1970	.9774	.9968	.9776	.9967

〈표 3〉 메이저리그 야구의 모든 선수와 최고 선수 베스트 5의 평균 수비율.

행히 (자연 세계는 반드시 예외를 갖는 법인데, 야구의 신이 나를 우롱하기로 작정한 게 아닌가 하는 생각이 들 즈음) 이 규칙성을 깨는 작은 예외가 나타났다. 0.996은 1948년에 처음 등장했으나 0.997은 예리한 수비수들이 1946년에 이미 성취한 것이다! 그러고는 다시 원래대로 돌아가 0.998은 1972년까지 달성되지 못했다.

이 기막힌 규칙성은, 이 책에서 반복해서 주장한 것처럼, 시간에 따라 변이가 확실하게 감소하고, 나중에는 너무나 제한적으로 감소하기 때문에 생긴다. 예를 들어 1930년대의 값들은 최고 수비수들의 수비율은 0.992에서 0.995 사이이며, 평균 선수들의 수비율은 0.891에서 0.927 사이이다.

이러한 규칙성은 아메리칸리그의 자료에서도 확인된다(표 3).

1970년대에 아메리칸리그의 값이 약간 떨어지는 단 하나의 예외(그 이유는 나도 모른다)를 빼면 여기에서도 역전되지 않는 지속적인 감소 현상이 발견된다. 두 리그의 선수들이 몇십 년에 걸쳐 이룩한 향상 속도가 상당히 유사한 것에 주목하기 바란다. 물론 두 리그가 단일한 야구계를 이루면서 경기 방식이 거의 비슷하게 변형되었으므로(내셔널리그에서 지명 타자 제도의 도입 거부 같은 약간의 예외가 있지만) 완전히 독립적인 시스템을 논하는 것은 아니다. 그러나 두 리그의 수비율이 거의 같은 형태로 변화한 것은 통계적인 우연이 아니라 어떤 진정한 의미를 포착하고 있음을 말해 준다.

평균 수비율 자료는 오른쪽 벽 개념의 핵심, 즉 4할 타자가 사라진 것을 경기 수준의 전반적인 향상 증거로 보는 이 책의 기본 논리를 설명하는 데 특히 적당하다. 평균 수비율은 1.000이라는 절대적, 자연적, 논리적 오른쪽 벽을 가지고 있다. 1.000은 실책 없는 완벽한 수비를 뜻하고, 실책은 음의 값을 가질 수 없기 때문이다. 오늘날 최고의 수비수들은 이미 오른쪽 벽을 스치며 발돋움하고 있는 상태다(외야수, 투수, 포수는 1.000 수비율을 종종 기록하고 있다. 그러나 시즌 전체의 정규 경기에서 1.000의 수비율을 달성한 내야수는 1984년에 1루수 스티브 가비 단 한 사람뿐이었다).

타율 종 모양 곡선의 오른쪽 꼬리에서 변이가 감소하는 것에 대한 이 책의 설명이 미덥지 않은 독자에게는 수비율이 얼마나 절대적인 벽에 가깝게 다가가 있는가를 보여주고 싶다. 1870년대부터 이미 여유가 별로 없었지만 수비수들은 십 년 동안의 최고 기록인 0.962와 오른쪽 벽 사이에 향상을 위한 약간의 여유를 가지고 있었다. 그리고 그 틈을 메우기 위해 착실하게 발전해 갔다. 그러나 지금은 최고 수비수 다섯 명의 평균이 0.9968이기 때문에 더 이상 발전의 여지가 거의 없다. 그리고 인간을 대신할 완전 무결한 수비 로봇을 제작할 필요도 없어졌다.

평균이 벽 쪽으로 이동함에 따라 변이는 감소할 수밖에 없다. 평균 수비율 같은 절대적인 값에서는 높은 값은 유지되고 낮은 값은 잘려나간다. 그러나 안타와 같은 상대적인 값에서는 벽 자체는 아무런 값도 갖지 않는다. 평균은 계속 같은 값을 유지하지만(타자와 투수 사이의 균형) 타격 능력과 투구 실력은 모두 인간 한계의 오른쪽 벽을 향해 밀집, 행진해 나간다. 따라서 4할 타자는 리그 평균 2할 6푼이 벽을 향해 꾸준히 이동함에 따라 사라져 간다. 그러나 과거의 4할 타자와 같은 수준의 타자는 오늘날에도 존재하고, 전과 다름없이 오른쪽 벽 바로 옆에 서 있으며, 아마도 과거보다 그 숫자가 더 많을 것이다. 다만 그들의 최고 기록이 4할로 나오지 않을 뿐이다. 모든 선수들이 다 실력이 크게 향상되었고, 우수한(또는 더 우수한) 오늘날의 선수가 기존 기록을 깨기에는 평균 경기 수준이 너무나 높이 올라갔기 때문이다.

야구의 역사 초기에 등장했던 최고의 타자들은 오늘날의 우수 타자들이 상대하는 것보다 훨씬 낮은 수준의 경기에 출전했기 때문에 기록을 내기에도 유리했다. 웨이드 보그스를 1890년대에 뛰게 하면 매년 4할을 치겠지만, 위 윌리 킬러가 오늘날의 시즌에 출전하면 3할 2푼만 쳐도 다행일 것이다. 투수력과 타력은 모두 상대적인 기록이므로, 아마도 투구 통계에서도 비슷한 현상을 잡아낼 수 있을 것이다. 과거의 최고 투수들, 그러니까 크리스티 매튜슨, 사이 영, 월터 존슨, 세 손가락 브라운, 글로버 클리블랜드 앨릭잰더와 같은 신화적인 존재들이 오늘날의 샌디 쿠팩스, 봅 깁슨, 탐 시버, 놀란 라이언 등의 투수들보다 낫다고 할 수 없다. 하지만 옛 투수들은 나름대로 오른쪽 벽에 가까이에 서서 평균 수준이 훨씬 낮은 타자들을 상대해서 오늘날의 투수들이 도저히 달성할 수 없는 기록을 획득했을 것이다.

최소 방어율의 역사는 투수와 타자 사이의 대칭적 관계를 잘 보여주며, 이러한 통계적 사실이 야구의 타력에만 특수한 것이 아니라 한 시스템의 일반적인 양상을 보여주는 것임을 의미하는 다른 예이다. 경기 실력이 평균적으로 향상됨에 따라 줄어든 변이 때문에 우수한 타자들이 4할대 타율을 얻을 수 있는 기회를 상실해 가는 동안, 최고의 투수들은 너무나 우수해진 보통 타자들 때문에 1.50 이하의 방어율을 잃어버렸다.

100대 시즌 방어율 명단을 보면 커다란 불균형이 눈에 띤다. 즉, 기록의 90퍼센트 이상이 1920년 이전에 달성된 것이다. 그 이후로는 오직 아홉 명의 투수만이 100위 안에 들어가는 방어율을 기록했다. 이는 투수의 수가 아메리칸리그의 개막과 리그 당 원래의 여덟 팀에서 현재의 열네 팀으로 확대되면서 현격히 늘어났음을 생각하면 정말 놀라운 일이다. 그나마 그 아홉 개의 값 중에서 일곱 개는 50위 이하에 속한다.

100위에 든 선수들 중에는 샌디 쿠팩스(1964년 1.74)와 론 기드리(1978년 1.74)가 있다. 쿠팩스는 모든 시대를 통틀어 가장 위대한 현대 투수로 대체로 인정받고 있다(1966년 1.73으로 97위를 차지했다). 몇 년 동안 양키스의 뛰어난 투수였던 기드리는 1978년을 최고의 시즌으로 빛냈다(0.893의 방어율과 25점 대 3점이라는 전례 없는 조합의 완벽한 승리로). 놀란 라이언은 1981년 1.69로 87위를 했다. 라이언은 역시 라이언이었다. 더 이상의 설명은 필요없다. 칼 허벨은 아마도 1930년대의 최고 투수로서(왼손잡이 그로브도 만만치 않았지만) 1933년 1.66을 올리고 76위를 했는데, 그의 최고 안타 시기에서 100위에 든 것은 이번 한 번뿐이었다. 딘 챈스는 두 말 할 것도 없이 지난 세대의 우수한 투수였지만 1964년 이례적인 1.65로 71위를 했다. 이것은 전혀 이해가 되지 않는다. 스퍼드 챈들러는 1943년의 1.64로 66위를 했다. 그는 괜찮은 타자들이 모두 독일이나 일본에서 폭탄을 맞고 있던 세계대전 동안 활약한 좋은(빼어나다고도 할 수 있는) 투수였다. 루이스 타이어넌트는 최고의 반열에는 끼지 못했어도 대단한 투수였는데 1968년의 1.60으로 60위이다. 그에 대해서는 곧 추가로 설명하겠다. 드와이트 구든은 1985년 방어율 1.53으로 화려하게 두번째 시즌을 맞이했다. 이것으로 그는 42위를 하여 50위 안에 든 2명의 현대 선수 중의 하나가 되었다. 그 후 그는 〈약물 남용〉의 희생자가 되었다.

이제 현대 스포츠에서 아마도 가장 빼어난 것으로 생각되는 기록을 살펴볼 차례이다. 밥 깁슨은 정말 놀라운 선수였다. 1968년 방어율 1.12로 4위인데, 42위의 구든과의 사이에 40여 명의 노장 선수들이 있다. 깁슨보다 월등했던 선수로는 1880년 0.86의 팀 키프, 1914년 0.96의 더치 레나드, 1906년 0.86의 세 손가락 브라운뿐이다. 깁슨은 어떻게 타격 기술이 크게 향상된 현대에 그렇게 좋은 기록(1920년 이후의 1.50 이하의 값으로는 유일한, 그것도 그렇게 낮은 방어율)을 낼 수 있었을까?

나는 밥 깁슨을 조금이라도 깎아 내리고 싶지 않다. 그는 1967년

월드시리즈에서 세 경기를 내리 이겼다. 모든 경기 흐름을 장악하고 거의 단독으로 레드삭스를 격파해 나를 경악케 했다. 그러나 앞에서 보았듯이 1968년은 정말 기묘한 해였다. 아무도 이해할 수 없는 몇 가지 이유에서 그 해의 투구는 현저하게 우월했으며 몇 년 동안 이런 경향이 이어졌다. (그러나 야구 규칙 제정자들은 곧 투수 마운드를 낮추고 스트라이크 존을 축소함으로써 원래의 질서를 회복했다. 그렇게 타율과 방어율은 1969년 시즌에 적절하게 상승한 이래 줄곧 그 균형을 지켜 오고 있다.) 1968년 시즌은 그냥 봅 깁슨 혼자만의 활약으로 된 것이 아니었다. 그 해에는 낮은 방어율이 마치 내 정원의 민들레처럼 마구 솟아 나왔다. 현대 야구의 어느 해, 어느 리그의 어떤 투수도 2.00보다 낮은 방어율을 기록한 적이 없다. 1968년에만 유일하게 아메리칸리그의 5대 투수들이 이것을 향상시켰다. 예스터젬스키도 겨우 타율 0.301로 최고 타자라는 영예를 얻을 정도였다(타이어넌트는 1.60, 맥다우웰은 1.81 맥넬리는 1.95, 맥래인은 1.96, 그리고 존은 1.98이었다. 타이언트는 이미 말한 대로 굉장한 투수였고 재미있는 경기를 보여주었지만 가장 훌륭한 선수는 아니었다. 그가 1968년에 방어율 1.60을 기록했다면 그 해 야구는 정말 비틀거린 것이다.) 봅 깁슨은 이렇게 이상한 야구 덕을 톡톡히 보았지만, 그렇다고 그를 조금이라도 깎아 내리지는 말자. 아무리 훌륭한 어떤 선수라도 60년 동안 성취된 어느 것보다 훨씬 더 나은 기록을 낼 수 있는 통계적 권리는 없다. 특히 경기의 전반적인 향상이 그렇게 낮은 방어율 달성을 거의 불가능하게 만들었을 때에는 그렇다. 봅 깁슨에게는 기막히게 운 좋은 한 해였다!

    이 장의 길고 상세한 설명을 짧게 요약하자면, 타율의 변이의 대칭적인 축소는 두 가지 이유에서 경기의 향상을 (물론 타격도 포함하여) 나타낸다. 첫째, (시스템의 역사적 측면에서 말하자면) 최고의 경쟁력을 갖춘 인원으로 구성되고 오랫동안 똑같은 규칙으로 작동되는 시스템은 서서히 가장 적절한 방식을 발견하며, 모든 구성원들이 최선의 방법을 익히고 터득함에 따라 변이가 줄어들기 때문이다. 둘째, (선수와 인간의 한계 측면에서 이야기하자면) 평균이 오른쪽 벽으로 움직여 가고 이에 따라 변이가 확장될 공간이 축소되기 때문이다. 4할 타율은 〈어떤 것〉이 아니라 타율의 변이값들로 이루어진 풀하우스의 오른쪽 꼬리일 뿐이다. 경기의 일반적인 향상으로 변이가 줄어든 결과, 즉 경기가 계속 세련되어져 간 결과 4할 타자가 사라진 것이다.

· 11 ·
새로운 가능성

어떤 사람은 나의 이론을 슬픈 이야기라고 말한다. 경기의 전반적인 향상이 나쁜 것일 리는 없으나 그로 인해 평준화가 가속되는 것은 스포츠의 재미와 드라마를 많이 감소시켜 버리기 때문이라고 한다. 야구가 최적 상태로 조율된 시계처럼 작동한다는 의미에서, 그 어느 때보다도 더욱 〈과학적〉으로 되면서 경기의 〈극적 요소〉가 사라진 것은 사실이다. 야구의 초창기에는 실제 거인은 없었을지 모르지만 최고 선수들은 보통 선수들보다 훨씬 위로 솟아오를 수 있었기 때문에 그들의 기록은 정말 영웅적이고 거인처럼 보였다. 그러나 오늘날의 챔피언들은 엄청나게 올라간 평균 때문에 거인처럼 우뚝 솟아오르기가 거의 불가능해졌다.

그러나 변이의 축소와 그에 따른 4할 타자가 사라진 것을 기뻐해야 할 이유가 있다. 그렇다. 경기의 발전이 정확성과 평준화의 확대를 뜻하는 것은 사실이다. 그러나 극도의 아름다움이 반복되는 것에 대해 무슨 불만이 있겠는가? 내가 야구팬이 된 지 이제 50년이 되었다. 그 동안 완벽하게 펼쳐지는 병살과 외야에서 홈으로 던지는 멋진 송구(3루에서 홈으로 돌진하는 주자를 막았건 아니건)를 수없이 보아왔다. 기막히게 조절된 정확성을 과시하는 이런 기술들은 야구 초기에는 아마 어쩌다 볼 수 있었을 것이다. 나는 그것들을 아무리 여러 번 보아도 볼 때마다 똑같이 스릴을 느낀다. 완벽함의 최정상은 너무나 오르기 힘들기 때문에 그렇게 아름다운 것이다. 한창 때의 카루소나 파바로티는 아무리 들어도 물리지 않는다. 야구장이나 오페라 극장에 갈 때 나는 미숙하고 평범한 수준 속에서 어쩌다 반짝이는 재능을 발견하는 것보다는 빼어난 기술에 대한 나의 기대를 확인하는 편이 더 좋다.

또한 전반적으로 우수성이 증가하고 그에 따른 변이가 축소된다고 하여 초월의 가능성이 제거되는 것은 아니다. 사실 초월에 대한 매력과 열정은 그 어느 때보다 더 크다. 초월의 가능성을 위한 여유 공간이 너무나 작아졌고 따라서 그것의 성취에는 더욱 치열한 노력이 필요하기 때문이다. 보통 수준이 오른쪽 벽에서 한참 떨어져 있을 때에는 기록을 갱신하기가 비교적 쉽다. 그러나 보통 선수들이 거의 오른쪽 벽에 닿아 있을 때 평균을 초월하는 일은 인간이 성취할 수 있는 한계를 넘었음을 뜻하게 된다.(다시 한번 음악 연주에 비유해보자. 심포니 오케스트라의 악기 하나하나가 절묘한 아름다움과 완벽한 전문성으로 연주되는 것을 듣는 것은 너무나도 즐거운 일이다. 더구나 이렇게 전반적으로 연주 수준이 탁월할 경우, 갑자기 빼어난

독주자가 나와 하늘에 있는 천사나 가능할 것 같은 특별한 연주를 보여줄 때 우리는 갈채를 보내지 않겠는가?) 더 나아가서 평균 수준이 오른쪽 벽 가까이 다가간다는 것은 정상에 있는 사람으로 하여금 이전에는 전혀 생각지도 못했던 더 높은 완성 단계를 추구하도록 촉구한다는 점을 지적하고 싶다. 마지막 장에서 종종 목숨도 걸어야 하는 영웅적인 노력과 시도에 대해 이야기할 것이다. 곡예 예술이나 다른 위험한 분야의 훌륭한 연기자들은 그러한 〈한계를 극복하는 일〉에 거의 광신적으로 헌신하고 있다. 쓸모 없는 짓이라고 말할 수도 있겠지만(그리고 여러분은 절대로 그런 짓은 안 한다고 맹세하겠지만), 이상하게도 인류의 위대성은 종종 지나친 집착과 동반 관계를 이루고, 둘의 결합은 영광, 또는 죽음을 가져온다.

초월의 가능성은 결코 죽지 않는다. 스포츠의 찬양 받는 정상에 이를 수 있는 방법이 몇 가지 있기 때문이다. 무엇보다도 우선, 일종의 민주주의가 각 게임에 스며들어 있다. 우리는 구장에 가서 무엇을 보게 될지 미리 알 수 없다. 어떤 최악의 팀이라도 어느 순간 놀라운 기량으로 신나는 경기를 보여줄 수 있다. 그러한 사건이 평균적으로 1년에 딱 한 번 일어난다고 하더라도 내가 간 날 트리플 플레이, 홈 스틸, 경기장 난동(호모 루덴스, 놀이하는 존재이자, 호모 스투피두스, 어리석은 존재로서 우리는 건전한 생활의 이면에서 나오는 이런 식의 무의미한 짓거리를 성원한다), 아니면 주자가 포수의 태그 아래로 미끄러지는 런닝 홈런을 목격하게 될지도 모른다. 가서 보기 전에는 알 수 없는 것이다.

개인의 역량은 엄청나게 다르기 때문에 보통 선수라도 영광스런 어느 날, 야구계가 꿈도 꾸어 보지 못했던, 이전에는 이루어져 본

적이 없는 새로운 것을 성취해 보일 수 있다. 하디 해딕스는 좋은 선수였으나 최고는 아니었다. 그러던 어느 날 12회 동안 완벽한 공을 던졌다. 그러고는 13회에서 졌다(상대 투수가 처음 12회 동안 해딕스 팀 타자들을 무실점으로 막았기 때문이었다). 바비 톰슨은 뉴욕 자이언츠의 보통 조금 넘는 수준의 외야수였지만 1951년 어느 날 홈런을 쳤다. 이것의 물리적인 거리는 비상한 의미가 하나도 없지만 야구라는 시스템 안에서 말할 수 없이 큰 의미를 지닌다. 왜냐하면 이 한 번의 성공으로 자이언츠는 플레이오프 시리즈의 마지막 게임의 마지막 회에서 숙적 브루클린 다저스를 누르고 우승기를 차지하면서 야구 역사에 위대한 컴백을 했기 때문이다(자이언츠는 8월에 다저스에게 13경기 반이나 뒤져 있었고, 그 마지막 회에는 3점이나 뒤져 있었다). 그 당시 열 살이었던 나는 이 장면을 우리 집 최초의 텔레비전으로 보았는데 내 인생에서 이렇게 스릴이 있었던 적은 다시 없었다(딱 한 번 빼고).

돈 라슨이야말로 양키스의 평범하기 짝이 없는 투수였다. 그러나 그는 팀이 가장 어려울 때 완벽한 야구를 성취했다. 그는 1956년 10월 8일 월드시리즈 5차전에서 타석에 올라온 브루클린 다저스의 스물일곱 명의 강타자들을 스물일곱 번 모두 범퇴시켰다. 월드시리즈에서 단 하나의 안타도, 단 한 명의 주자도 허용하지 않은 완전 경기를 실현한 선수는 전무후무하다. 15세의 양키스 팬으로서(뉴욕 시민들은 두 개의 리그에서 한 팀씩 골라 두 개의 팀을 응원했다) 나는 수업 시간에 불어 교사를 졸라서 경기가 어떻게 끝나는지 라디오 중계로 들었다. 내 생애에 이렇게 스릴이 있었던 적은 다시 없었다 (딱 한 번 빼고).

선수의 시즌 기록, 또는 일생의 실적에 대한 통계로 옮겨가면 이런 식의 민주주의는 씻은 듯 사라지고 오로지 진짜 위대한 선수만이 초월을 이룰 수 있게 된다. 그런데 타고난 기술, 행운, 광적인 헌신의 마법으로 자신들을 도저히 가능치 않을 것 같은 경지까지 밀고 갈 수 있는 사람들이 있다. 그리고 우리는 누가 그렇게 멀리 나아가 오른쪽 벽에 닿을 때마다 환호한다. 봅 깁슨이 1968년에 1.12의 방어율을 달성할 필요는 없었다. 또 조 디마지오가 1941년 56경기 연속 안타를 칠 필요도 없었다. 나는 그런 것이 없어도 이 둘이 위대한 선수라는 것을 증명하기에 충분한 통계 자료를 제시할 수 있다(Gould, 1988). 나는 이 장의 마지막 단락을 쓰는 것을 며칠 미루어 두었다. 탁월한 기록이 수립되고 그 감동을 내 일처럼 공유하고 싶은 유혹에 빠졌기 때문이었다. 구식 타자기 앞에 앉아 있는 지금, 1995년 9월 6일, 칼 립켄이 그의 2,131번째 연속 경기를 뛰면서 철마 루 게릭의 〈깨질 수 없는 기록〉을 깨고 있다.

깨질 수 없는 기록은 없다(규칙과 경기 방법이 변하여 현대의 경기에서는 예전에 성취된 기록을 얻을 수 없게 되지 않는 한). 이 장에서 4할 타자의 〈절멸〉을 지나치게 강조했을지도 모른다. (나는 고생물학자로서 이 분야에서 내가 제일 아끼는 용어 중 하나를 쓰고 싶은 것을 자제하지 않았다.) 그러나 여기에서 쓰인 절멸은 불면 꺼졌다가 다시 켤 수 있는 촛불의 경우와 같은 의미이지 영원히 사라지는 종의 죽음과 같은 진화적, 생태학적 의미는 아니다.

그렇다고 아무도 다시는 4할 타율을 치지 못할 것이라고 주장하는 것은 아니다. 단지, 그것이 야구 초기에 그렇게 흔하던 최고 기록이 아니라 이제는 100년 만의 홍수처럼 한 세기에 한번 성취될까

말까 할 정도의 극도로 희귀한 사건이 되었다는 말이다. 테드 윌리엄스 이후 50년 동안의 가뭄이 이 견해를 뒷받침한다. 이 장은 4할 타율을, 일정하게 유지되는 평균을 가진 타율의 종 모양 곡선의 줄어들고 오른쪽 꼬리로 재개념화함으로써 그 이유를 밝혀냈다(이것은 모두 일반적인 경기의 향상에 따른 필연적이고 예측 가능한 결과이다). 그러나 언젠가 4할 타자가 나타날 것이다. 그 성취는 그 어느 때보다도 훨씬 더 어렵게 얻어진 값진 것이기 때문에 엄청난 찬양을 받을 것이다. 1994년 양 팀의 얼간이들이 시즌을 중단하고 월드시리즈를 취소시켰을 때(노동쟁의로 알려져 있다), 토니 그윈은 평균 타율 0.392를 치고 있었고 계속 상승 흐름을 타고 있었다. 만일 그 시즌이 역사와 정당성에 따라 제대로 진행되었다면 그는 4할 타자가 되는데 성공했을 것이라고 믿는다. 언젠가, 누군가 테드 윌리엄스에 합세하여 그 어느 때보다 더 높은 점수로 오른쪽 벽을 칠 것이다. 매 시즌 그 가능성이 있다. 그리고 매 시즌마다 초월의 가능성이 엿보인다.

4부
생명의 역사는 진보가 아니다

· 12 ·
자연선택의 핵심

1959년에 있었던 다윈과 헉슬리의 토론을 요약하면 다음과 같다.

헉슬리: 저는 한때 진화를 대충 이런 식으로 정의해 보려고 한 적이 있습니다. 즉, 진화는 시간적으로 비가역적이며, 일방 통행적인 과정으로, 시간이 가면서 새로운 형태를 출현시키고 다양성을 증가시키며 궁극적으로 더욱 더 높은 조직화 수준에 이르게 한다고 말이지요.
다　원: 〈더 높다〉는 것은 무슨 뜻입니까?
헉슬리: 더욱 분화되고, 더욱 복잡해지고 그와 함께 더욱 조직적으로 된다는 말입니다.
다　원: 그렇다면 기생충은 어떻게 된 겁니까? (기생충은 숙주의

영양을 빨아들이는 데 필요한 기관과 생식기관 외의 신체 모든 기관이 퇴화되었다——옮긴이)

헉슬리: 제 말은, 고등한 생물에서 보듯이 일반적으로 조직화 정도가 높아지는 경향이 있다는 뜻이지요.

찰스 다윈은 1882년에, 토머스 헨리 헉슬리는 1895년에 각각 사망했다. 그러므로 내가 위에서 죽은 자들의 대화를 기록한 게 아니라면 1959년의 토론이라니, 뭔가 설명이 필요하다. 1959년은, 찰스 다윈이『종의 기원』을 발간한 해가 1859년이므로 그로부터 꼭 100년이라는 데서 벌써 뭔가 100주년 기념의 냄새가 나고 이 토론자들이 다윈의 열렬한 옹호자들일 것 같은 데서 힌트를 찾을 수 있다. 여기에서 헉슬리는 토머스 헨리 헉슬리의 손자 줄리언 헉슬리이고 다윈은 할아버지와 이름이 같은 찰스 다윈의 손자 찰스 다윈이다. 손자 다윈도 역시 과학자이며 사회 사상가였다. 이 두 손자들은 1959년 시카고 대학교에서 열린 찰스 다윈의『종의 기원』발표 100주년 기념 행사에서 이런 토론을 벌였으며 이것은 1960년 졸 택스 Sol Tax에 의해 편집되어 3권의 방대한 책으로 묶여져 나왔다.

다윈과 헉슬리 후손들은 진화론 연구라는 집안의 전통을 이어받았을 뿐만 아니라, 앞으로 차차 보게 되겠지만, 더욱 신기한 것은 현대 다윈과 헉슬리의 식견과 허점이 선조들의 진화론적 입장과 꼭 닮았다는 것이다. 줄리언 헉슬리는 토머스 헉슬리가 저지른 실수를 그대로 저지르고 손자 다윈은 선조 다윈이 가졌던 올바른 개념을 어느 정도 보이고 있다. 둘 다 진보의 개념에 관해 혼동을 하고 있다. 손자 다윈은 그의 할아버지가 그랬던 것처럼 기생충이라는 좋은 예를 질문으로 던진다. 줄리언 헉슬리는 전형적으로 핵심을 혼동한 가운데 해결의 맹아를 가진 애매모호한 답변을 한다.

다윈 후계자들에서조차 이러한 오해를 부르는 것을 다윈 이론이 가진 하나의 패러독스라고 말할 수도 있다. 자연선택의 기본 이론은 전반적인 진보에 대한 말을 하고 있지 않으며 전반적인 발전을 가능하게 하는 메커니즘도 제공하지 않는다. 그러나 서양 문명과 박테리아 화석에서 시작된 화석 기록에서 보이는 부인할 수 없는 사실들이 한 목소리로 진보를 진화론의 핵심에 둘 것을 요구하고 있다.

찰스 다윈은 자신의 생물학적 이론에 내포된 급진적 철학을 좋아했다. 그의 초기 개인적인 노트를 보면 그가 자신의 추론(진화론──옮긴이)의 과격한 성격에 얼마나 즐거워하고 있는지 알 수 있다. 예를 들면 그는 신에 대한 우리의 경외감이 우리의 뇌신경 조직의 어떤 특성에서 생겨난 것이라고 은밀하게 적고 있다. 그는 계속하여, 우리는 오만 때문에 우리의 사고가 물질에서 기인한다는 것을 인정하지 않을 뿐이라고 기록하고 있다.

신에 대한 사랑이 유기체의 효과라니, 오! 이 유물론자! 뇌의 분비물질에 의해 생긴 의식이 왜 물질의 한 성질인 중력보다 더 훌륭하겠는가? 그렇게 생각하는 것은 우리 자신에 대한 미화와 오만일 뿐이다.

다윈은 나이가 들어가면서 대중의 평가를 받기 위해 초기의 과격한 어조를 부드럽게 바꾸었다. 그러나 그의 혁명적인 시각은 결코 버리지 않았다. 따라서 그의 온화해진 표현 때문에, 1부에서 논의했던, 인류의 오만을 뒤집는 다윈 이론의 진정한 의미에 대한 이해와 프로이트가 말한 다윈 혁명을 완성할 수도 없었고, 하려고 시도도 하지 않게 되었다. 다윈이 진보를 진화의 예정된 결과로 보기를 거부한 것은 그의 다른 과격한 생각들 중에서도 가장 받아들여지기 어려운 것이었다. 라마르크를 비롯한 19세기 대부분의 진화론자들은 진보를 진화의 핵심으로 보는 훨씬 더 구미에 맞는 이론을 제시했다. 사실 빅토리아 시대의 대부분의 사상가들은 생물학적인 변화를 진보와 동일하게 보았기 때문에 〈진화 evolution〉가 다윈이 말한 〈변이를 동반한 상속 descent with modification〉을 지칭하는 단어로, 우리의 언어에 정착된 것이다. 그리고 허버트 스펜서 Herbert Spencer에 의해 정식 생물학 용어가 되면서 〈진화〉는 영어의 일상 용법에서 진보(단어 자체의 뜻은 펼침 unfolding)를 뜻하게 되었다. 다윈은 처음에는 이 단어 사용을 거부했다. 그의 이론은 특정한 변화의 결과 전반적인 발전이 이루어진다는 식의 개념을 전혀 내포하지 않기 때문이었다. 〈진화〉라는 단어는 『종의 기원』 초판에는 등장하지도 않는다. 다윈이 그 단어를 처음 사용한 것은 1871년에 발표한 『인류의 유래』에서였다. 다윈은 〈진화〉라는 단어를 결코 좋아한 적이 없으나 스펜서가 쓴 이 용어가 일반적으로 많이 통용되었기 때문에 마지못해 따랐을 뿐이었다.

다윈은 자신의 비진보주의를 표명하는 데 조금도 주저함이 없었다. 생명의 역사의 진보를 주장하는 다른 저자의 책 여백에 〈더 고등하거나 더 하등하다는 말은 있을 수 없다〉고 메모하기도 했다. 또 근본적으로 내재된 발전 과정에 의한 진화론을 제창한 고생물학자 앨피우스 하이어트 Alpheus Hyatt에게 보내는 서신에는 이렇게 쓰기도 했다(나는 지금 하이어트가 쓰던 연구실의 새 주인이다. 그와는 아무래도 무슨 인연이 있는 것 같다).

  아무리 생각해 보아도 진보를 향한 내재적인 경향 같은 것은 없다고 결론 내릴 수밖에 없다네.

  다윈이 진보를 부정한 것은 단순히 그의 일반적 철학 성향 때문이 아니고 분명하고 구체적인 이유 때문이었다. 다윈의 자연선택 이론 내용을 처음 접하고 토머스 헉슬리는 왜 자신이 그 원리를 먼저 생각해내지 못했는지 〈난 정말 바보야〉라고 말했다는 유명한 일화가 있다. 과학의 역사에서 다른 유명한 (그리고 정말 심오한) 이론들과는 달리 자연선택 이론은 그 개념이 아주 단순하여, 부정할 수 없는 세 가지 사실들과 그것으로부터 유도된 삼단논법식 결론으로 되어 있다. (이것은 자연선택이 작용하는 〈핵심〉 메커니즘이 단순하다는 뜻이다. 하지만 자연선택 이론에 함축된 의미와 거기서 나오는 추론은 상당히 미묘하고 복잡하다.)
  다윈은 『종의 기원』의 첫장의 시작을 다음 세 가지 사실을 입증하는 데 할애했다.

  1. 모든 생물은 생존할 수 있는 수보다 더 많은 자손을 생산하는 경향이 있다. 다윈 시대에는 이 원리에 〈초생식력 superfecundity〉이라는 애교 있는 명칭을 붙였다.

  2. 자손들은 다 다르며 변하지 않는 원형에서 찍어낸 복제품이 아니다.

3. 이 변이들의 적어도 일부는 미래 세대에 전달된다. 멘델의 유전 법칙은 20세기 초에 와서야 재발견되었다. 따라서 다윈은 그 당시 유전이 어떻게 일어나는지 알지 못했다. 그러나 이 세번째 항목은 어떻게 유전되는가를 이야기하는 게 아니라 유전이 존재한다는 사실을 인정하는 것이다. 유전 현상은 상식적 관찰로도 알 수 있다. 흑인은 흑인 아기를 낳고 백인은 백인 아기를 낳고, 키가 큰 부모는 키가 큰 아이를 낳고…….

이러한 사실로부터 필연적으로 다음과 같은 자연선택 원리가 유도된다.

4. 대부분의 자손들이 죽어야 한다면(모두가 제한된 자연 생태계에서 살아남을 수는 없다), 그리고 모든 종의 개체들은 서로 다 다르므로 평균적으로(항상 그런 것이 아니고 통계적으로 봐서) 생존자들은 국지적으로 변하는 환경에 우연히 가장 적합한 특성을 가진 개체들이다. 유전이 일어난다면 살아남은 개체들의 자손은 성공적이었던 부모를 닮을 것이다. 오랜 세월 이렇게 유리한 변이가 축적되면 진화적 변화가 일어난다.

너무나 추상적인 듯하므로 구체적인 예를 하나 들어 보자(풍자 만화 같지만 다윈 이론의 핵심을 이해하는 예로 나쁘지 않다). 시베리아는 초기에 쾌적한 온대여서 그에 알맞게 적응한 털이 거의 없는 코끼리 무리들이 노닐고 있었다. 지구가 빙하기에 들어가면서 북쪽에 얼음이 쌓이기 시작하고 기온이 갈수록 떨어지자 보통보다 좀더 많은 털을 가진 것은 명백하게 이득이 되었다. 일반적으로 털이 많이 날수록 생존에 유리하고 생존력이 더 큰 자손을 남길 것이다. (일반적이란 반드시 그렇지는 않다는 뜻이다. 집단에서 털이 가장 많이 난 녀석이 발을 헛디뎌 바위틈에 떨어져 죽을 수도 있으니까.) 털이 난 정도도 유전이 되므로 다음 세대에는 털이 많이 난 개체의 수가 집단 안에서 증가할 것이다(부모 세대에서 가장 털이 많이 난 코끼리들이 가장 성공적인 생식을 했을 것이므로). 이러한 과정이 수많은 세대에 걸쳐 계속되면 시베리아에는 마침내 원래 코끼리에서 진화적으로 유래된 자손, 즉 털이 난 매머드들이 살게 된다.

괜찮은 줄거리다. 그런데 이 시나리오에 들어 있지 않은 이야기에 주목하자(이것은 진화에 대한 보편적인 견해들 대부분이 분명한 특성으로 설명하는 것이다). 자연선택은 〈국지적으로 변하는 환경에 대한 적응〉에 대해서만 이야기하며 이 시나리오에도 진보 같은 것에 대한 언급은 없다. 자연선택의 원리로부터 그러한 주장을 끌어낼 수도 없다. 털이 난 매머드가 털 없는 코끼리보다 전우주적으로 더 낫거나 전반적으로 더 우월한 것은 아니다. 매머드의 〈향상〉은 전적으로 기후가 추워진 지역에 국한된 이야기이다(털이 거의 없는 코끼리 조상은 따뜻한 지역에서 여전히 더 유리하다). 자연선택은 눈앞에 있는 주변 환경에 대한 적응만을 낳을 수 있다.

그러한 국지적인 적응의 어떤 면도 일반적 진보(이 모호한 단어를 어떻게 정의하든지)를 보장하지 않는다. 국지적인 적응은 더 복잡화되는 만큼 해부학적으로 단순화될 수도 있다. 대표적인 기생생물인 사쿨리나 성체는 따개비 계통인데 숙주인 게의 배 밑에 붙은 무정형의 생식 기관 주머니처럼 보인다(역시 형태를 갖지 않은 주머니의 〈뿌리〉는 게의 몸 속에 박혀 있다). 이것은 분명히 사악한 기관이지만

(적어도 우리의 윤리 기준으로는) 배 밑바닥에 붙어서 물 속에 다리를 휘저으며 먹이를 찾는 따개비 종류보다 해부학적으로 훨씬 단순한 형태다.

환경이 생물에 진보적인 변화를 일으키는 방향으로 계속 변해간다면 자연선택에 의한 진보를 어느 정도 기대할 수 있다. 그러나 그것은 불가능하다. 어느 지역에서건 지역적인 환경의 변화는 지질학적 연대에 따라 무작위적으로 일어난다. 바다에 잠겼던 곳이 육지가 되기도 하고 육지가 물에 잠기기도 하며 기후가 추워지기도 하고 더워지기도 한다. 생물이 자연선택에 의해 그 지역의 환경변화를 따라가는 것이라면 그 지역 생물의 진화적 변화도 당연히 무작위적일 수 밖에 없다.

이러한 이유에서 다윈은 자연선택의 〈핵심적인 메커니즘〉에 의한 진보를 부정했다. 이러한 과정은 그 지역 생물의 적응을 일으킬 뿐이다. 생물들의 적응이 감탄할 정도로 훌륭하기는 하지만 그렇다고 전반적인 진보성을 보이는 것은 아니다. 매머드는 어느 모로 보나 코끼리 못지 않으며 코끼리는 또한 매머드만큼 훌륭하다. 청새치의 뛰어난 가시, 넙치의 기막힌 위장, 등지느러미 끝 모양을 〈미끼 물고기〉 형태로 교묘하게 진화시킨 아귀, 몸을 위 아래로 흔드는 방식으로 서식지를 돌아다니는 멋진 모양의 해마, 이들 중의 어느 물고기가 다른 물고기보다 더 〈진보되었다〉거나 더 〈고등하다〉고 할 수 있을까? 이러한 질문 자체가 무의미한 것이다. 자연선택은 지역적인 적응을 강화시킬 뿐이다. 적응 양상은 더할 나위 없이 정교한 적응도 어디까지나 지역적이고 일반적인 진보나 복잡화 경향의 어느 단계에 있는 것은 아니다.

일반적인 진보나 복잡화의 증대에 대한 이론적 근거가 되지 못하고, 눈앞의 적응성만 향상시키는 메커니즘으로서의 자연선택. 다윈은 자기 이론의 이런 특이한 성질에 즐거워했다. 다윈에 대한 이야기는 여기까지는 논리적이고, 투명하고, 훌륭하다. 여기에서 이야기를 끝마쳐야만 다윈을, 그의 서양인 동료들이 도저히 이해할 수 없었던, 생명의 역사에 진보가 예정되어 있지 않다는 견해를 일관성 있게 밀고 나간 급진적 지성인으로서 칭송받게 할 수 있다.

다윈은 단순하고 영웅적이었지만 진실하지 못한 면도 있었다. 실제 진화론의 역사나 그의 일대기는 꼬여 있다. 생명은, 더구나 다윈과 같이 뛰어나게 복잡한 인간은, 서로 잘 들어맞지 않고 상반되기까지 하는 부분들로 이루어져 있게 마련이다. 다윈은 지적으로는 혁신적이었고 정치적으로는 자유주의자로서 사회 개혁을 옹호하고 노예제도를 단호하게 반대했다. 그러나 생활 방식은 철저하게 보수적이었다. 다윈은 한 지방의 제일가는 대지주의 집에서 성장했으며, 그 자신 역시 부유한 대지주로서 안락한 생활의 쾌적함을 바꿀 생각이 전혀 없었다.

게다가 다윈은, 진보를 존재의 근본 교의로 삼고 산업화와 세계 식민지 확장에 열을 올리던 당시 빅토리아 시대의 영국이 제공하던 안락한 생활을 누리고 있었다. 엄청난 성공을 구가하고 있는 국가에서 최고위급 귀족이 어떻게 영국 사회의 번영을 정당화시켜 주는 이론을 포기할 수 있었을까? 자연선택은 국지적인 적응을 가져다주지 일반적인 진보를 일으키지는 않는다. 그렇다면 그는 지적 요구와 사회적 요구의 상반된 요구들을 어떻게 타협시켰을까?

서로 모순되는 두 가지 애착은 다윈이 가장 눈에 잘 띄는 위치인, 『종의 기원』의 맨 마지막 페이지에 적어 넣은 놀라운 문장에 극적으로 표현되어 있다. 이 문장은 〈이러한 생명관의 장엄함〉에 대한 그 유명한 단락 바로 앞에 나온다.

자연선택은 오로지 각 개체에 의해, 개체를 위해 작동하므로 모든 정신과 물질적 자질은 완성을 향해 진보되어 갈 것이다.

단호한 주장이다. 다윈은 신체의 모든 특성뿐 아니라 정신의 모든 특성까지를 포함한 〈모든〉 자질이라고 했다. 자연선택이 진보라는 해묵은 도그마를 지지하지 않는다고 목청을 높여 놓고는(앞에서 설명한 대로) 어떻게 여기에서 이렇게 쓸 수 있었을까?

진보에 관한 다윈의 명백한 모순성은 과학사가들로 하여금 그에 대한 논문을 폭발적으로 발표하게 했다. 책 한권이 온통 이 주제를 다룬 것도 있다(Richards, 1992). 다윈의 주장들을 일관성 있게 만들기 위한 억지스럽고 은밀한 이론적 해석들을 구축하는 데 가장 큰 노력이 바쳐졌다. 그러나 나는, 에머슨의 유명한 금언 〈어리석은 일관성은 소심한 바보나 할 짓이다〉에 의거하여, 또는 월트 휘트먼 Walt Whitman의 「나의 노래 Song of myself」에 나오는 아름다운 시구에 따라 좀 다른 견해를 가지고 있다.

내 말이 모순되나?
좋아 그럼, 모순되자,
(나는 크고, 수많은 것을 포괄하지).

다윈의 시각이 마음을 정하지 못했기 때문에 일관된 모습을 보이지 못하는 것은 사실이다. 지적으로는 급진적이었던 다윈은 자신의 이론이 암시하는 의미를 잘 알고 있었다. 그러나 사회적으로는 보수적이었던 다윈은 (그렇게 중요한 역사적 시기에) 자신이 그렇게 안락한 생활을 만끽하게 해주고 그렇게 충성심을 느끼고 있는 문화의 근본을 훼손시킬 수는 없었다.

다윈은 물론 두 가지 상반된 주장을 연결시키는 논리를 제공했다. 즉 자연선택의 메커니즘은 일반적인 진보가 아니라 국지적인 적응만을 일으키며 모든 정신적, 물질적 자질은 생명의 역사를 통해 완성되어 간다는 것이다. 그는 도저히 그의 일생일대의 작품에 논리적 구멍이 뚫린 것을 그대로 둘 수는 없었다. 다윈은 진보를 인정하지 않는 〈자연선택의 메커니즘〉에 생태학적 이야기 몇 가지를 덧붙여 그 구멍을 메워 보려 했다.

우선 다윈은 그의 유명한 어구에서 〈생존경쟁〉(원어대로 하면 〈생존을 위한 투쟁〉이다──옮긴이)과 〈적자생존〉이라는 두 종류의 투쟁을 구분하는 것으로 시작했다. 생존 경쟁은 제한된 자원에 대한 개체들 사이에서 일어나는 직접적인 것(일종의 〈생물적〉인 경쟁)과 물리적인 환경의 혹독함에 대한 투쟁(다른 생물이 관여되어 있지 않은 〈무생물적〉 경쟁) 두 가지로 나누었다.

여기에서 생존경쟁이라는 용어는 광범위하고 은유적인 의미에서 쓰임을 전제로 한다······ 굶주린 두 마리의 육식 동물은 먹이와 생명을 위해 그야말로 서로 경쟁을 한다고 할 수 있다. 그러나 사막 한 구석의 식물은 물 부족에 대항하여 생존경쟁을 벌이는 것이다

(Darwin, 1859, 62쪽).

무생물적인 경쟁(사막 한 구석의 식물의 예)은 어떤 진보도 가져올 수 없다. 물리적인 환경이 계속하여 같은 방향으로 변할 리는 없으며, 국지적인 적응에 의해 처음에는 이런 방향으로 다음에는 또 다른 방향으로 진화된 계통들은 진보와 퇴보를 왔다갔다하기 때문이다. 그러나 다윈은 생물적인 경쟁(굶주린 두 육식 동물의 경우)은 진보를 가져올 수도 있다고 생각했다. 물리적인 서식처에 대한 것이 아니고 같은 종에 속한 다른 개체와의 경쟁이라면 더 빨리 달린다든지, 더 오래 견딜 수 있다든지, 더 깊은 사고를 할 수 있다든지 하는 식으로, 주어진 환경의 조건을 극복하는 더 나은 생체역학이 자연선택될 것이다. 따라서 생물적인 경쟁이 무생물적인 경쟁보다 생명의 역사에서 훨씬 더 중요하다면 전반적인 진보의 경향도 가능할 것이라고 다윈은 생각했다.

그러나 생물적 경쟁의 중요성이라는 논리만으로는 부족하고 또 다른 고려가 필요하다. 환경이 비교적 비어 있다면, 즉 경쟁에 패한 개체가 다른 곳으로 이주할 수 있거나 같은 환경의 다른 장소에서 서식하거나 다른 먹이로 바꿀 수 있다면 생체역학적으로 열등한 형태도 계속 생존을 유지할 것이고 따라서 전반적인 진보의 톱니란 있을 수 없다. 그러나 생태계가 항상 온갖 종의 생물로 초만원이고 패자는 더 이상 갈 곳이 없다면 생물적 경쟁의 승자는 정말로 패자를 축출해 버릴 수 있다. 그리고 이러한 패자 축출이 계속 누적되면 전반적인 진보라는 경향이 생길 수도 있다. 실제로 다윈은 자연은 만원이라는 개념을 강력히 옹호하고 〈쐐기〉라는 기발한 은유로 이것을 뒷받침했다. 다윈에 의하면 자연은 망치로 때려 박은 쐐기들로 표면이 완전히 뒤덮여 있다. 새로운 종(박히지 않은 쐐기)은 이미 박혀 있는 쐐기 사이의 좁은 공간을 찾아 자신을 박아 넣어 다른 하나의 쐐기를 밀쳐서 뽑혀나가게 해야만 거처를 마련할 수 있다. 즉 하나가 들어갈 때마다 다른 하나는 밀려 나가야만 하고, 생체역학적 향상은 성공적으로 쐐기를 박는 데 열쇠가 될 것이다.

자연은 몇천 개의 뾰족한 쐐기로 뒤덮여 있는 표면에 비유될 수 있다. …… 온갖 종들이 빽빽이 들어 차 있고 모두 끊임없이 두들겨 박는 자연의 작용에 의해 제자리에 박혀 있다. 가끔 하나의 쐐기가 깊이 들어가면서 다른 것들을 밖으로 밀쳐내기도 하고 진동과 충격이 사방 팔방 먼 데 있는 쐐기들에까지 전달되기도 한다.(1975년에 발간된 1856년도 원고 중에서).

그러고 나서 다윈은 항상 만원인 세계에서의 생물적 경쟁에 대한 그의 이론을 아래와 같이 요약했다.『종의 기원』에서도 이와 유사한 주장을 했다.

자연 세계의 역사에서 각 시대에 살던 생물 주민들은 모두 생존을 위한 경주에서 그들의 선조를 능가했으며 어느 정도 자연의 등급이 더 높았다. 많은 고생물학자들이 생물체는 전체적으로 진보하고 있다는 어렴풋한 느낌을 갖는 것은 이런 이유에서일 것이다. (1859, 345쪽)

이러한 다윈의 주장에 심각한 논리적 잘못이 있는 것은 아니지만 어째서 다윈이 이 문제를 중요시하고 고심했는지는 알아 볼 필요가 있다. 다윈은 자연선택의 〈핵심 메커니즘〉은 전반적인 진보가 아니라 국지적인 적응일 뿐이라는 진보에 반대하는 주장을 펼치고 그 주장의 급진적인 성격에 흡족해 했다. 그렇다면 그는 왜, 항상 생물들로 가득 차있는 세상에서는 생물적인 경쟁이 우세하다는 복잡하고도 애매한 생태학적 이론으로 진보를 뒷문으로 슬그머니 다시 끌어들일 생각을 했을까? (다윈은 분명히 세상이 꽉 차 있다는 전제의 불확실성을 인지하고 있었다. 그는 생물적 경쟁의 우세함에 대한 납득할 만한 근거를 아무것도 제시하지 않았으며, 이것은 후에 크로포트킨을 비롯한 다른 비평가들의 표적이 되었다. 화석 기록도 이 결정적인 문제에서 언제나 꽉 차있는 세상이라는 개념에 대립되었고, 다윈은 이것으로 끝없는 말썽에 휘말리게 되었다. 생명의 역사는 대량 멸종 사건으로 여러 번의 단절을 경험해 왔다. 가장 큰 멸종은 2억 5,000만 년 전 페름기 말에 있었던 것으로 해양 무척추동물의 95퍼센트를 휩쓸었다. 따라서 멸종 사건 직후에는 서식처가 당연히 비어 있었을 것이다. 따라서 대량 멸종 이전에 축적된 진보가 있었더라도 다음번 멸종 때 다 물거품이 되어버릴 수밖에 없다. 다윈은 이러한 논박을 상당히 두려워했으며, 대량 멸종은 불완전한 화석 기록에 의한 것이라는 주장만 겨우 할 수 있었다. 그러나 그의 주장은 적어도 하나의 멸종 사건, 즉 백악기에 공룡을 완전히 휩쓸어 버리고 우리 포유류에게 기회를 가져다 준 사건은 외계 행성의 충돌에 의한 것이라는 확고한 증거가 있기 때문에 오늘날은 잘못되었음이 증명되었다.)

내가 특별히 다윈의 심리에 조예를 가진 것은 아니나, 그가 진보에 대한 억지 논리를 엉성하게 폈던 것은 지적으로는 급진적이고 문화적으로는 보수적이었던 그의 양면성 사이에서 일어난 갈등의 결과라고 생각한다. 그가 애착을 가지고 있고 큰 물질적 보상을 얻고 있던 사회는 진보를 신주로 모시는 사회였다(허버트 스펜서의 유명한 수필 「만유의 진보, 그 법칙과 원인」이 생각난다). 다윈은 그 사회의 중심이 되는 전제를 부정함으로써 자신의 세계가 무너지는 것을 견딜 수 없었을 것이다. 그런데도 그의 자연선택 이론은 근본적으로 정반대되는 이념을 요구했다. 여기에서 다윈은 하나의 탈출구를 찾아냈다. 그의 이론 자체의 힘만으로는 요구되는 전제(진보)를 논리적으로 뒷받침할 수 없으므로 따로 생태학적 논리의 버팀대를 만들어 그것을 지지하는 궁색한 해결책을 마련한 것이다. 버팀대를 여기저기 댄 건물은 지저분하고 미완성으로 보인다. 그 자체로 튼튼하게 서 있는 훌륭한 건물이라면 그런 것을 덧붙일 이유가 있겠는가? 자기 이론의 논리와 사회의 요구 사이에서 결단을 못 내리고 씨름했던 다윈의 개인적인 고충은, 진보라는 것이 우리 문화에 얼마나 강한 영향력을 행사하고 있는지 보여주는 좋은 예이다. 진보라는 족쇄를 풀 수 있는 이론을 만들어 낸 다윈마저도 우리 문화에 깊숙이 뿌리 박혀 있는 진보라는 가치관으로부터 해방될 수 없었는데 오늘날 우리라고 별 다를 수 있을까?

그렇다. 우리는 진화가 진보를 가져다 준다는 가정은 하나의 문화적 편견에 불과함을 이해하고, 진보를 뒷받침하는 과학적인 이론이 다윈 시대에는 물론이고 오늘날에도 없음을 잘 알고 있다. 또한 다윈를 비롯한 모든 과학자들의 시도가 추진력을 원하는 사회의 다른 전제, 주장의 논리적 취약성, 그리고 실질적 증거의 불충분함

등의 수렁에 빠져 있다는 것도 알고 있다.

그런데도 불구하고 생명의 역사에서 보이는 가장 기본적인 사실은 진보가 생명의 역사의 중심이 되는 경향이며 특징임을 (나 같은 옹고집조차도) 인정하지 않을 수 없게 한다. 최초의 생명체는 35억 년 전 암석에서 화석으로 발견되었는데 이들은 지질학적 기록으로 보존될 수 있었던 가장 단순한 형태인 박테리아들뿐이었다. 그러나 현재는 떡갈나무, 사마귀, 하마, 사람들이 살고 있다. 생명의 역사를 이렇게 보면 진보가 가장 먼저 눈에 띠는 특징임을 어느 누가 인정하지 않을 수 있겠는가?

하지만 모든 확실성은 의구심을 낳는다. 멧돼지, 피튜니아, 다음에는 시가 오는 것처럼(영어 철자 순서로 보아도, 확실한 paccaries, petunias, 다음에는 불확실한 poetry가 온다는 저자의 유머 ─ 옮긴이), 지구는 아직도 박테리아로 초만원이고 곤충들은 다세포 동물 위에 군림하고 있는 것은 분명하다(포유류는 4000여 종 밖에 되지 않으나 곤충은 분류된 것만 100만 종이다). 진보가 정말 그렇게 확실한 사실이라면 우리의 생명을 앗아가는 박테리아와 우리의 피크닉을 망치는 개미 떼와 같은 것은 어떻게 설명될 수 있을까? 바로 이러한 혼동이 이 장의 앞에 소개한 헉슬리와 다윈의 손자들 사이의 흥미진진한 대담에 베어 있다. 현대 다윈은 그의 할아버지가 그랬던 것처럼 올바른 질문을 던졌다. 〈진보를 통해 이득을 얻은 기생충을 볼 때 진화적으로 '고등'하다는 것은 어떻게 정의됩니까?〉 현대 헉슬리는 혼돈스러운 답변을 했으나 그 안에 해결의 실마리가 들어 있음을 알지 못했다. 〈고등한 생물에서 보듯이 일반적으로 조직화 정도가 높아지는 경향이 있다는 뜻이지요.〉 그 실마리를 붙잡고 혼돈을 풀어 나가려면 이 주제를 근본적으로 개념 재정립부터 해야 한다. 우리가 4할 타자의 역설을 풀었던 것과 똑같은 방법으로. 그리고 이 책 전체의 주제가 되고 있는 그 시각, 즉 변화의 역사를 〈무엇인가〉가 어디론가 움직여 가는 것으로 보는 것이 아니라 시스템 전체(풀 하우스)에 걸쳐 일어나는 변이의 확장이나 위축으로 봐야 한다.

진보에 대한 주장은 경향을 어디론가 움직여 가는 하나의 실체로 생각하는 진부한 사고의 전형적인 예다. 생명의 무한한 다양성으로부터 우리는 〈평균 복잡성〉 또는 〈가장 복잡한 생물〉과 같은 〈기본적인〉 값을 뽑아내고 이 실체가 시간이 흐르면서 어떻게 증가했는가를 추적한다(그림 1). 우리는 이 증가의 경향을 〈진보〉라고 명명하고 그러한 진보야말로 진화 과정 전체의 추진력임이 틀림없다는 시각에 갇혀 버리고 마는 것이다.

4부의 남은 부분은 여태까지의 다른 예들에서 썼던 방법대로 생물 복잡성의 다양함을 가장 중요하고 간과할 수 없는 사실로 다룰 것이다. 그리고 나서 이러한 다양성이 생겨난 역사를 더듬어 볼 것이다. 이런 방법을 통해서만 우리는 〈한때에는 박테리아밖에 없었는데 이제는 피튜니아 그리고 사람까지〉 존재하는 엄연한 사실을 받아들이면서도, 생명의 역사에 진보를 향한 전반적인 또는 예정된 추진력 같은 것이 없는 이유를 이해할 수 있다. 한마디로 우리는 다윈이 그의 보수적인 사회관을 혁신적인 지성으로 억누른 것이 왜 옳았는지 더 근본적인 이유를 알게 될 것이다.

· 13 ·
예비적 고찰

 4할 타자의 예에서 나는 인류의 신체 구조적 가능성의 한계 또는 〈오른쪽 벽〉에 대해 설명하고 타자들 전체(풀하우스)가 이 상한계를 향해 나아감에 따라 타율의 변이가 감소함을 보였다. 생명 역사의 복잡성에 관해 논하는 이 장에서는 그것과는 일종의 〈거울상〉이 되는 경우, 즉 〈하한계 또는 왼쪽 벽에서 멀어져 감에 따라 변이 전체가 증가하는 경우〉를 알기 쉽게 설명하려고 한다. 두 경우는 처음에는 상반된 것처럼 보인다. 하나는 최고 성취의 오른쪽 벽을 향해 저벅저벅 나아감으로써 변이를 줄이면서 야구의 향상을 가져오는 경우고, 또 하나는 최소 복잡성의 왼쪽 벽에서 퍼져나감에 따라 변이가 증가하는, 생명의 역사는 필연적으로 전반적인 진보를 향해 나아간다는 오해를 불러일으키는 경우다.

그러나 두 예는 결정적으로 큰 유사성을 가지고 있다. 즉 둘 다 똑같은 식의 오류를 범하고 있다. 두 경우 모두 다양성으로 가득 차 있는 체계를 그 시스템의 평균 또는 가장 우수한 것, 단 하나의 〈것〉 또는 실체로 대표되는 것으로 잘못 그리고 있다. 앞에서 우리는 독립된 실체(4할 타자)로 파악되는 최고 타율의 역사를 살펴봤다. 이 〈독립된 실체〉가 시간이 지나면서 사라지자 우리는 자연히 모종의 이유로 전반적인 상황(타격)이 나빠졌다고 가정했다. 그러나 전체를 놓고 볼 때, 즉 〈모든〉 정규 선수들의 타율을 그린 종 모양 곡선을 보면 4할 타율(독립적으로 떼어낼 수 없는 곡선의 오른쪽 꼬리)이 사라진 것은 평균 타율이 일정하게 유지되는 부근으로 변이가 모였기 때문임을 알 수 있었다. 그리고 이러한 변이의 축소는 시간이 지나면서 경기가 일반적으로 향상된 것으로 해석해야 한다. 다시 말하자면 4할 타율을 따로 떼어내 추적하면 전혀 엉뚱한 결론을 얻게 된다. 그 부분적 꼬리만 보면 안타의 퇴보를 가리키는 것처럼 보인다. 그러나 전체 변이도의 추이를 놓고 보면 4할 타율의 실종이 경기가 전반적으로 향상된 증거임을 알 수 있었다.

이런 식의 오류는 늘 있어왔지만, 생명의 역사에서의 진보 또는 복잡성의 증가 경향을 논하는 지금 그 오류를 수정해야만 한다. 종래의 설명은, 생명의 역사를 다룰 때에도, 생명의 변이가 가진 풍부한 복잡성을, 하나의 평균 복잡성으로, 또는 최상의 것(가장 복잡한 것, 가장 지혜로운 것) 같은 특수한 경우로 환원시켜 그 특수한 실체의 역사를 추적했다. 우리가 선택한 그 〈것〉은 시간이 흐르면서 복잡성이 증가했는데(박테리아에서, 삼엽충으로, 현재의 사람으로), 그것을 확인했음에도 불구하고 진보가 진화의 정의이고 중심 원리라는 것을 어떻게 부인할 수 있을까?

나는 생명 형태 복잡성의 역사를 시간에 따라 변하는 〈변이로 가득 찬 시스템 전체〉의 변화 패턴으로 봐야 한다는 주장으로 이 오류를 수정하려고 한다. 이렇게 시야를 확장시키면 더 이상 진보를 진화의 중심 추진력이라거나 명백한 경향이라고 볼 수 없게 된다. 생명은 최소 복잡성의 왼쪽 벽 바로 옆에서 박테리아의 형태로 시작되었고 거의 40억 년이 흐른 지금 그 생명은 똑같은 위치에서 똑같은 형태로 남아 있기 때문이다. 가장 복잡한 생물은 아마 시간이 흐르면서 보다 정교해졌을 수도 있다. 그러나 풀하우스의 이 미미한 오른쪽 꼬리는 생명체 전체를 근본적으로 정의하는 데는 적당하지 않다. 한쪽 끝에 끊어질 듯 이어지는 가는 꼬리를 다양한 복잡성을 가진 전체를 대표하는 특성으로 혼동해서는 안 된다. 인류의 특이한 위치 때문에 이 꼬리를 더 소중히 여겨서도 안 된다.

생명 전체에 대한 설명을 전개하기 전에 어느 한쪽으로 점점이 이어지는 꼬리가 왜 시스템 전체를 추진하는 원동력이 될 수 없는지 이야기할 필요가 있다. 그 꼬리는 그 시스템 안의 전체 성분들의 완전히 무작위적인 움직임의 결과로 생긴다. 생명의 역사에서 진보처럼 보이는 것도 그와 똑같은 식으로 생성된다. 각각의 계통 어디에서도 보편적 진보 경향을 결코 볼 수 없다는 것은 그 다음에 설명할 것이다.

우선 확률론 교사가 애용하는 고전적인 비유를 하나 들어 추상적으로 설명해 보자. 그리고 완벽하게 화석 자료가 보존되어 있는 한 계통을 흥미롭고 구체적인 예로 소개할 것이다. 우리는 부분이 전체와 유사한 구조를 갖는 〈자기 유사성〉의 특징을 가진 프랙털 세계에

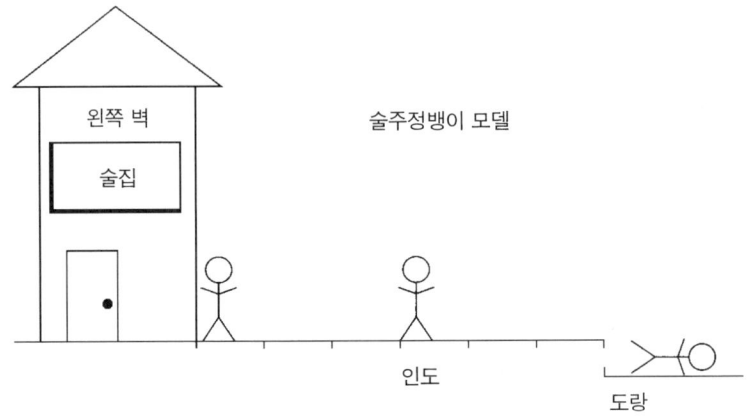

〈그림 21〉 술주정뱅이 모델.

살고 있으므로 화석 중에서 가장 작은 특별한 경우(단세포 해양 플랑크톤)가 생명의 역사 전체에 대한 적절한 설명 구도를 제공할 수 있다는 주장을 펴려고 한다. 이들 플랑크톤은 별로 알려져 있지 않아서 생명의 역사에 대한 편견의 색안경 없이 논할 수 있다. 따라서 단세포 해양 생물이라는 자기 유사적인 샘플에서 전체에 대한 이해를 잘 발전시킬 수 있다.

상당히 모순적으로 들리겠지만, 무작위적으로 일어나는 움직임이 보이는 전반적인 방향성은 〈술주정뱅이 모델〉이라 불리는 전형적인 예로 가장 잘 설명된다. 술에 만취한 남자가 술집에서 비틀거리며 나온다. 술집 앞의 보도에 선 남자의 한쪽에는 술집이 있고 다른 쪽에 도랑이 있다. 그 도랑에 떨어지면 그는 정신을 잃고 이야기는 끝난다. 보도의 폭은 9미터이고, 이 남자는 이쪽, 저쪽으로 무작위적으로 비틀거리며 걷는데 한 번에 1.5미터씩 비틀거린다고 하자(그림 21). 이것은 실제 이야기가 아니고 추상적인 모델이므로 이야기를 단순화시켜 그 남자가 술집이나 도랑 쪽으로 비틀거리며 앞으로 나아가기만 한다고 가정하자. 건물 벽이나 도랑에 직각으로 꺾어서 가지는 않는다.

이 사람이 완전히 무작위적으로 비틀거리게 내버려두면 그는 어떻게 될까? 두말할 것도 없이 어떤 경우에든 도랑에 처박힐 것이다. 그 이유는, 도랑이나 술집 벽 쪽으로 비틀거릴 확률은 정확히 2분의 1이기 때문이다. 한 쪽에 있는 술집 벽은 〈반사 경계〉가 된다. 술 주정뱅이가 그 벽에 부딪치면 그냥 거기 있다가 다른 쪽으로 다시 비틀거리게 된다. 다시 말하자면 계속해서 나아갈 때 한 방향, 즉 도랑 쪽으로 갈 수밖에 없는 것이다. 우리는 그가 도랑에 빠질 때까지 걸릴 평균 시간도 자세히 구할 수 있다.

여러분은 이 이야기가 동전 던지기와 계산 방법이 똑같다는 것을 눈치 챘을 것이다. 벽에서 시작하여 도랑 쪽으로만 비틀거려 그대로 도랑에 빠질 확률은 동전을 여섯 번 던져 연속하여 앞면만 얻을 확률과 같다. 왜냐하면 9미터 거리에 있는 도랑까지 가기 위해서는 1.5미터씩 여섯 번 비틀거려야 하기 때문이다. 다른 지점에서 시작하면 확률도 달라진다. 예를 들면, 이 사람이 길 한가운데, 즉 벽에서 4.5미터 떨어져 있다면 한 방향으로만 세 번 비틀거리면(그럴 확률은 8분의 1이다) 도랑에 빠질 것이다. 각각의 비틀거림은 다른 비틀거림과 독립적인 사건이기 때문에 이전에 어느쪽으로 비틀거렸는가는 다음번 사건에 아무런 영향도 미치지 않는다. 이 계산에서는 초기 위치만 알면 된다.

좀 따분한 예 같지만, 이 속에는 날카로운 진리가 숨겨져 있다.

구조적으로 한쪽이 벽으로 막혀 있는 선형적 운동계에서는, 어느 방향으로도 기울어지지 않은 무작위적 움직임은 그 벽의 시작점으로부터 계속 멀어져 갈 수밖에 없다. 술주정뱅이는 항상 도랑에 빠지지만 그렇다고 그에게 항상 도랑을 향해 움직여 가는 경향이 있는 것은 아니다. 마찬가지로 어떤 진화적 경로에 특별한 이점이나 그에 대한 모종의 내재적 경향이 없는데도 생물의 어떤 평균 또는 최대값은 그 방향으로 움직여 나갈 수 있다.

생명의 역사에서 비슷한 예로 유공충이 있다. 이들은 단세포 원생동물로 세포질 안과 밖에 석회질 골격을 분비해 화석이 되기 좋기 때문에 흔하게 발견된다. (실제로 이들 화석은 해양 침전물 어디에나 있고 워낙 풍부하여 지질학적 시대와 환경을 추적하는 데 최상의 지표로 쓰이고 있다. 일반인은 이들 유공충과 접할 일이 거의 없지만 수많은 고생물학자들은 일생을 이들을 연구하는 데 바치고 있다.) 대부분의 유공충은 바다 밑바닥 침전물 속에 산다. 그러나 일부 종은 바다 표면 가까이 부유하여 플랑크톤을 이룬다. 이들 플랑크톤 유공충은 특히 침전물의 연대 추정에, 그리고 신생대(공룡이 멸종한 이후 6,500만 년 동안의 기간) 동안의 해류의 움직임과 환경을 재구성하는 데 중요하다. 플랑크톤 유공충은 이동성이 있기 때문에 지구 전역에 퍼져 있고, 따라서 멀리 떨어진 지역의 침전물들을 서로 비교하는 데 귀중한 자료가 된다(바다 밑바닥에서 사는 종류들은 사는 곳이 제한되어 있어 쓸모가 덜하다).

현생 플랑크톤 유공충의 진화사에 대해서는 이미 오래전부터 기본적인 윤곽이 잘 알려져 왔다. 이들은 백악기(공룡이 육상 생태계를 지배하고 있던 중생대의 마지막 기간)에 생겨나 오늘날까지 활발하게 살아남았다. 그 동안 두 번에 걸친 대량 멸종시 진화가 끊어져 대부분의 종류가 다 죽고 오직 몇 종류만이 그 계통을 이어왔다. 한 번은 백악기 말(생명의 역사에 있었던 다섯 번의 대멸종 사건 가운데 하나. 이때 공룡이 사라졌는데 거대한 외계 운석의 충돌이 그 근본 원인으로 거의 틀림없는 것 같다)의 사건이고, 다른 한 번은 신생대의 대량 멸종이다. 그러므로 플랑크톤 유공충의 진화는 (몇 번의 전환기로 연결된) 거의 독립된 3막극이라고 할 수 있다. 1막은 백악기, 2막은 신생기 초기, 3막은 신생대 후기다.

어느 교과서나 세 막 모두가 똑같은 규칙성을 보인다는 것을 지적하는 현명함을 발휘하고 있고, 이 예는 전문가들 사이에서 너무나 유명하다. 고생물학자들은 예측 가능한 결과(실험실에서 동일한 조건에서 같은 결과를 반복하여 얻을 수 있는 이상적 실험과 가장 가까운 상태)에 대한 증거로 삼기 위해, 독립적이지만 반복되는 사건을 혈안이 되어 찾고 있기 때문이다. 세 번의 진화적 방산을 시작한 계통들은 그 크기가 작았는데 세 번의 진화적 다양화 과정을 통해 커졌다(고 말한다). 세 번의 사건 때마다 동일한 결과가 나왔다면 그것은 진화의 일반 성질을 뜻할지도 모른다. 실제로 고생물학자들은 이 예를 대단히 중요시하는데, 계통 발생의 〈법칙〉이 풍부한 화석 증거로 뒷받침되는 가장 멋진 예이기 때문이다.

그러한 〈법칙〉, 또는 과거 지질학적 시대의 진화적 일반성을 수립하는데 이전 세대들은 굉장한 관심을 기울였다. 그러나 대부분의 시도는 도중에 김이 빠져 버렸다. 복잡하고 우발적인 진화적 변화의 세계에서 축적되는 예외 사항들의 무게를 감당한 만한 〈법칙〉을 제시하기 어려웠기 때문이다. 그중에서 지금까지 살아남았고 계속 발견되는 증거로 확고해져 가는 법칙은 〈코프의 법칙〉으로(머리가 비상했고 평가에 논의가 분분했던 19세기 미국 고생물학자의 이름을 땄다), 대부분의 계통들이 몸의 크기가 증가하는 진화 경향이 있다는 관찰이다. 하지만 진화의 일반 특성이라는 것이 다 그렇듯이, 〈코프의 법칙〉도 전반적으로 상대적 빈도가 그렇다는 것이지 절대적으로 그렇다는 것은 아니다. 크기가 줄어드는 계통도 수없이 많다. 무작위적인 세계이기 때문에 어떤 사건이 일어날 확률이 반반인 세계에서는 70퍼센트의 계통에서 크기의 증가가 일어났다면 그것은 하나의 〈법칙〉이 되고도 남는다.

플랑크톤 유공충에서도 코프의 법칙을 뒷받침할 만한 증거가 분명히 발견된다. 〈그림 22〉는 1막 백악기 동안 큰 종과 전체 종의 평균의 신체 크기의 증가를 보여준다(2막과 3막도 똑같은 패턴을 보인다). 나는 이것이 가장 큰 종에서나 평균 종에서나 크기 증가의 증거임을 부인하지는 않는다. 그러나 이 책의 주제는, 〈경향〉을 전체 시스템(풀하우스)의 변이가 변하는 것으로 보지 않고 어디론가 움직여 가는 〈것〉으로 보는 근시안적 견해와는 좀 다르고 대체로 정반대되는 해석을 가능하게 하는 확대된 관점에 관한 것이다.

그렇다면 여기에서도 이 책 전체를 통해 주장해 왔던 단계를 따라 세 막 모두에서 시간의 흐름에 따라 달라지는 변이의 전체 모습을 그려보자(그림 23. 우드홀 해양 연구소의 리처드 노리스에 의해 제공되고 1988년 학술지 논문에서 사용했던, 377종의 첫 등장에 대한 자료를 근거로 했다). 4할 타자가 독립적인 〈실체〉가 아니고 타율 곡선의 오른쪽 꼬리였던 것처럼 가장 큰 유공충도 하나의 실체로 보지 말고 전체 분포의 한쪽에 존재하는 최대값으로 봐야 한다. 전체 시

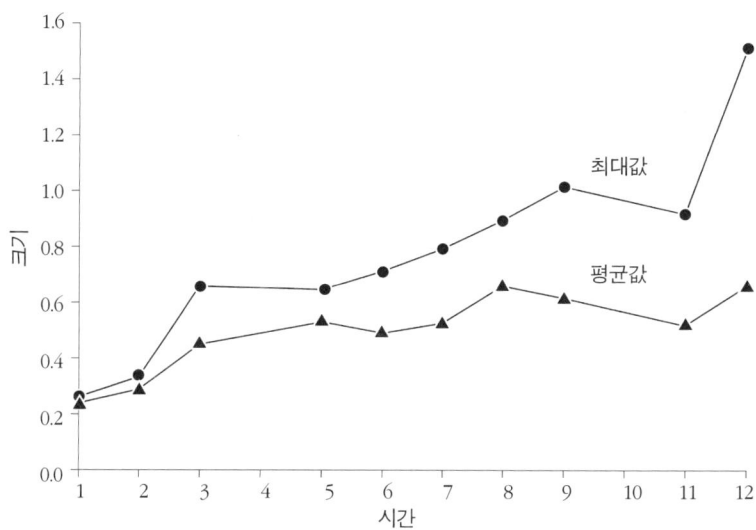

〈그림 22〉 존재하지도 않는 크기 증가 경향을 평균값이나 최대값의 변천으로 정의한 사례. 이런 경우에는 시스템 전체의 변이를 조사해야 한다.

스템을 고려하기 시작하면 전혀 다른 형태의 해석을 얻을 수 있다.

코프의 법칙의 전형적인 해석은 큰 신체의 진화적인 장점이라는 관점 속에 갇혀 있다. 하기는 그 외에 달리 풀어갈 방법이 없다. 신체 크기가 커져 간 것은 기정 사실이니 다음 단계는 몸이 커져서 이로운 이유를 탐구하는 것이다. 코프의 법칙에 대한 최근의 한 논문이 점을 단적으로 보여준다(Hallam, 1990, 264쪽).

동물계에 속한 어느 문에서나 크기가 증가한 것을 보면 큰 크기가 주는 선택적 이점이 하나나 그 이상 있음이 분명하다.

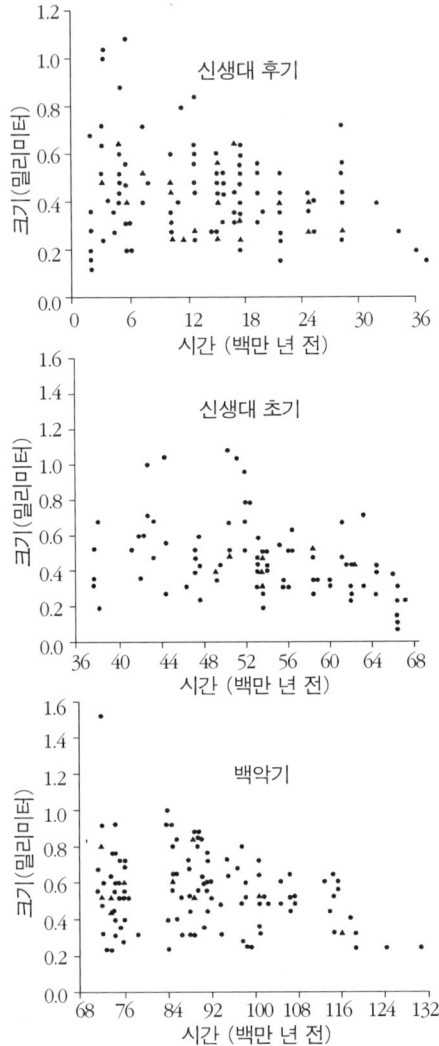

〈그림 23〉 플랑크톤 유공충이 진화적 방산을 한 세 번의 진화적 방산 시기에 처음으로 등장한 종의 크기 분포. 언제나 소형 종에서부터 출발하고 있다(각 그래프의 오른쪽)는 것에 주목할 것. 게다가 크기 변화폭이 증가하는 것들 중에도 소형 종들은 작은 크기를 유지한다는 것에 주목할 것.

그 다음 계속되는 전형적인 과정은 대개 자연선택에 의해 큰 신체가 선호될 만한 이유들을 나열하는 것이다. 대부분 그 외의 다른 해석 가능성을 고려해 보지도 않은 짐작들이다. 홀럼의 글은 이렇게 계속된다(유공충보다는 큰 다세포 동물에 더 적용되는 이유들로).

큰 신체의 이점으로는 먹이를 잡거나 포식자를 쫓아버리는 능력, 생식적 성공, 체내 환경 조절 능력, 단위 체적당 체온 조절 능력의 향상 등이 제안되었다.

또 하나의 최근 논문「신체 크기, 생태학적 우월성, 그리고 코프의 법칙」(Brown and Maurer, 1986, 250쪽)은 가장 중대한 이점을 제안하고 있다.

아마도 자원의 독점에서 오는 생태학적 이득은 신체 크기의 진화를 부추기는 선택압(選擇壓)이 될 수 있다. 신체가 큰 개체는…… 자연선택되는데 그 이유는 자원의 사용에서 월등하므로 작은 개체들보다 필연적으로 더 많은 자손을 남기기 때문이다.

설득력 있는 논리나 증거도 없이 내리는 이러한 결론들(저자에 의해 개념화되지 않았고 다른 해석이 시도되어야 하는 주장일 뿐이다)에 따라붙는 〈분명하다〉라던가 〈아마도〉와 같은 단어들은 나를 몹시 언짢게 하는 것이 사실이다. 퍼스를 인용한 윌슨의 냉정한 어구가 생각난다. 〈우리가 마음속 깊이 진실이라고 알고 있는 것을 우리의 철학 때문에 부정하는 척하지 말자.〉 그러나 명확하지 않은 것이 진

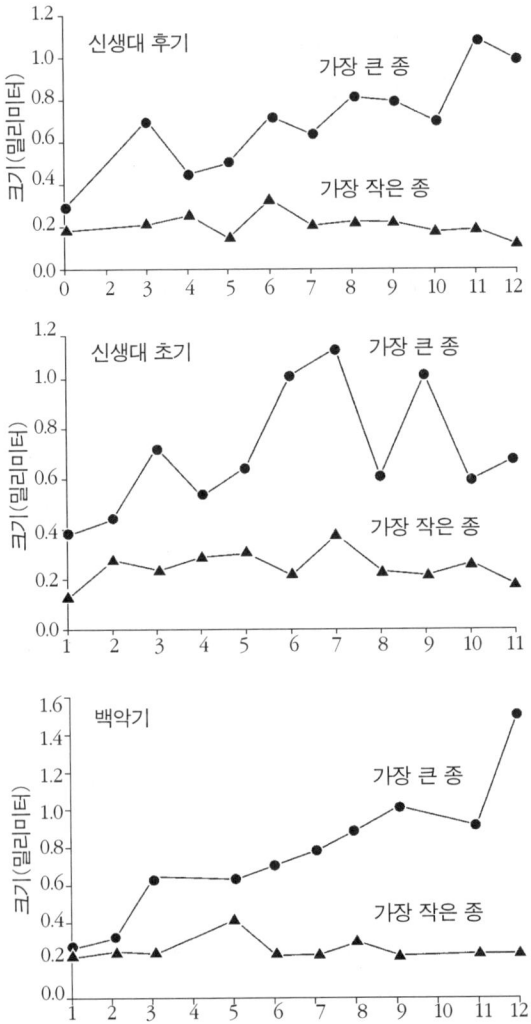

〈그림 24〉 유공충이 방산한 각 시기에 있어, 가장 큰 종의 크기는 증가하는 경향을 보이지만 가장 작은 종의 크기는 그대로이거나 감소한다. 따라서 중심 경향은 크기와 관련된 방향을 갖고 있지 않다. 대신 크기의 다양성이 증가하는 것이다.

실인 때가 많으며 그때에는 대개 엄청나게 흥미롭다(옛 편견을 깨트리는 힘만으로도). 〈그림 22〉는 분명한 것 같지만 그러나 반드시 옳지는 않은 두 가지 근시안적인 오해를 나타내고 있다. 즉 〈확실히〉 신체 크기의 증가를 향한 진화적 경향이 있으며, 그것은 큰 신체가 선택적으로 유리할 게 틀림없음을 〈필연적〉으로 암시한다는 것이다.

〈그림 23〉의 여러 형태는 가장 큰 종에서는 증가가 일어났지만 전체 계통에서는 그러한 경향이 없음을 보여준다(〈그림 24〉는 각 막에 등장했던 최소, 최대 크기의 동물의 변천을 한 그래프에 표시했다). 〈경향〉을 꼭 논하고자 한다면 각 시기 동안 있었던 크기의 다양성 또는 변이의 증가를 주시하고 강조해야 하지 않을까? 각각의 시기는 신체 크기가 작은 소수의 계통 시조로부터 시작되었다. 변이는 시간이 흐르면서 증가한다. 모든 종의 크기의 변이 정도가 확장되어 가는 동안에도 작은 종은 계속 번성한다(그리고 항상 그 종이 수적으로 가장 번성한다). 대부분의 종은 계속 작은 채로 남아 있는데 큰 신체가 절대적으로 유리하다고 어떻게 말할 수 있겠는가?

코프의 법칙의 전통적인 해석을 지지하는 사람이라면 〈그래, 작은 종이 지속된다는 지적은 옳다. 하지만 일부 종은 커지는 데 반해, 계통의 시조보다 작아지는 종은 하나도 없지 않은가? 따라서 (적어도 통계적으로) 큰 신체에 어떤 이점이 있는 게 분명하다〉고 응수할 것이다. 한 가지 점, 이 책의 중심 주제인 〈벽〉만 빼놓으면 그 말도 맞다. 이 책의 중심 주제인 〈벽〉만 빼놓으면.

술주정뱅이 모델의 벽을 기억하자. 그의 무작위적인 비틀거림이 오직 한 방향으로만 누적되는 것은 그가 뚫을 수 없는 벽에서 시작했기 때문이다. 4할 타자의 벽도 상기하자. 아무리 훌륭한 선수라도 인류 신체의 한계에서 오는 오른쪽 벽을 깨지 못한다. 그는 벽에 손을 대고 그 자리에 서 있을 수밖에 없다. 그 동안 다른 선수들이 소리 없이 그의 뒤를 따라와 여전히 훌륭한 그의 성적과 타율을 감소시킬 것이다. 플랑크톤 유공충의 진화에도 이와 비슷한 벽이 있는 것은 아닐까?

이제 우리는 이 예에서 호기심을 떨쳐버릴 수 없는 상태에 도달했다. 플랑크톤 유공충의 크기의 하한계보다 더 확실한 벽은 없다. 이 말에는 빈정거림이 들어 있는데, 이 벽이 자연의 명령이 아니라 인류가 임의로 내린 결정의 부산물이기 때문이다. 임의적인 결정보다 더 명확하게 한계를 지을 수 있는 게 무엇이 있겠는가?

유공충은 거의(또는 실제로) 현미경적 크기이다. 맨눈으로는 수집이 불가능하다. 이들은 바다 밑 침전층에 무수히 많으므로 수집하려면 침전물 덩어리를 풀어서 여러 단계의 거름망(위에서부터 아래로 내려갈수록 촘촘해진다)으로 걸러야 한다. 제일 큰 입자들은 위쪽 망에 걸리며, 가장 촘촘한 망에도 걸리지 않을 만큼 작은 것들은 그대로 씻겨 내려가 버린다. 실험실마다 사용하는 망의 크기가 다르나 보통 가장 촘촘한 망의 크기는 150마이크로미터(10^{-16}m)이다. 150마이크로미터보다 작은 유공충은 하수구로 빠져나가 버리고 우리의 자료에는 등장하지 못한다. 따라서 150마이크로미터가 유공충 진화의 임의적 하한계, 명실공히 왼쪽 벽으로 작용하는 것이다. 이 계통의 선조가 이 왼쪽 벽에서 시작했다면(3막 전체에서 실제로 그랬다) 그 막에서 더 작은 것들이 등장하지 않는 것은 당연하다.

이 왼쪽 벽의 존재는 유공충 이야기 전체를 재평가하지 않을 수 없게 한다. 크기 증가 경향을 설명하기 위해 이 벽의 존재, 그리고 그 근처에서 각 막이 시작되었다는 사실 외에 더 제안할 것은 없을까? 큰 크기의 이점에 대해서 언급할 필요는 전혀 없을까? 그럴 필요는 전혀 없다. 이 경향이 생기는 것은 오직 한 방향으로만 변화가 가능하기 때문이다. 유공충은 최초의 선조보다 더 작아질 수는 없지만, 많은 종이 초기의 크기를 그대로 유지한 채 계속 번성하고 있다. 다른 종은 열려 있는 가능성 쪽으로 뻗어나간다.

일부 종이 작은 크기를 유지하고 있다고 해서 신체가 커지는 추세를 부인해서는 안 된다. 일부 낙오자들만이 시작점의 크기를 유지하고 있고 대부분은 〈클수록 좋다〉는 코프의 법칙을 따르는 것은 아닐까? 두 가지 추가 증거가 플랑크톤 유공충의 크기가 클수록 유리할 것이라는 가정을 강력히 부정한다.

우선 각 시기의 평균 종을 가장 적절하게 측정하기 위해 크기의 역사를 살펴보자. 이 〈평균〉이 증가 경향을 가지면 큰 크기를 전체를 대표하는 성질로 볼 수도 있다. 4장에서 우리는 평균을 계산하는 세 가지 통계학적 방법으로 평균값, 중간값, 최빈값을 설명하고 어느 방법이 다른 것보다 더 적당하다고 할 수 없음을 논했다. 예를 들면 평균값이나 중간값은 한쪽으로 크게 기울어진 분포에서는 그릇된 인상을 줄 수 있다. 기울어진 꼬리에 위치한 개체수가 아주 적다 하더라도 평균값과 중간값 모두 기울어진 쪽으로 심하게 끌려가기 때문이다(평균값의 변화가 중간값보다 더 심하다). 이 일반적인 설명이 너무 추상적이면, 빌 게이츠가 연간 백만 달러를 벌고 왼쪽 벽은 수입이 없는 상태이기 때문에 오른쪽으로 크게 기울어져 있는 수입 분포 곡선 이야기로 돌아가 보자. 수많은 사람들이 수입이 하나도 없는 왼쪽 벽과 평균 수입 3만 달러 사이에 몰려 있는 반면에 오른쪽 꼬리는 빌 게이츠와 몇 안 되는 동료들에 의해 끝없이 뻗어 나가고 있다. 평균값은 그렇게 고도로 기울어진 분포에서 〈평균〉 또는 〈중심 경향성〉 같은 것을 나타내기에는 역부족이다. 왜냐하면 빌 게이츠 한 명만 들어가도 평균값이 오른쪽으로 끌려 올라가 버리기 때문이다. 평균값의 오른쪽에 위치한 그의 몇십억 달러는 자그마치 10만 명이 왼쪽에서 1만 달러씩 버는 것에 해당된다. 따라서 그런 분포의 평균값은 최빈값의 정상에서 멀리 이동해 곡선이 기울어진 쪽으로 끌려가게 된다. 중간값은 평균값만큼 심하게 끌려가지는 않지만 이것 역시 곡선의 정상에서 멀리 표류해 곡선의 꼬리 부분에 자리잡게 된다(그림 7).

이러한 인위적 효과는 〈그림 22〉와 같은 곡선의 해석을 심각하게 왜곡시킨다. 우리는 이 곡선에서 평균값의 꾸준한 상승을 플랑크톤 유공충 집단 전체의 일반적인 크기 증가의 표시로 해석하고 싶어지지만 (코프의 법칙을 따라), 그러한 상승은 이 곡선이 최빈값은 변함이 없이 유지한 채 세월이 가면서 단지 오른쪽으로 계속 기울어졌기 때문일 수도 있다. 그래서 심하게 기울어진 분포에서는 보통 세 번째 측정 방법, 모드 또는 최빈값(즉, 곡선의 정상)으로 중심 경향성을 나타낸다.

따라서 나는 각각의 막에서 얻어진 총 변이폭을 10등분하고 세 막의 기간을 각각 12등분한 후 각 기간에 대해 최다수 종이 속한 변이 구간(나는 이 구간을 〈최빈값 구간〉이라 부른다)을 막대로 표시했다. 그 결과 〈그림 25〉가 얻어졌다. 이 방법에 의하면 어느 막에서도 세월에 따른 크기의 증가 경향은 찾아볼 수 없다. (백악기에 처음 세

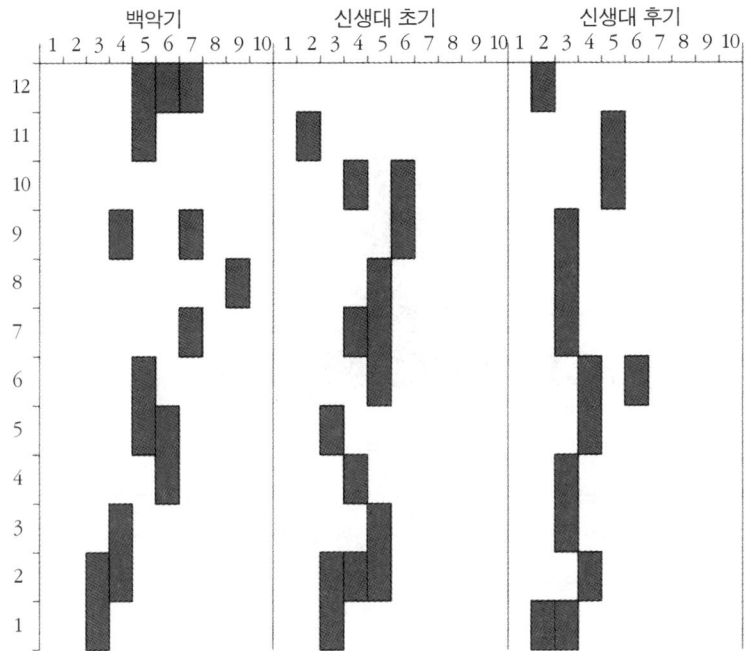

〈그림 25〉 가장 오래된 것 (바닥)에서 가장 최근의 것 (위)까지 플랑크톤 유공충의 세 번의 방산 동안 가장 흔하게 보이는 종의 크기 변화(왼쪽이 작고 오른쪽이 크다). 한 시대에서나 색칠된 것이 여러 개 있는 것은 두 크기가 같은 빈도임을 보여준다. 백악기에는 초기에 크기가 증가했지만, 그 경우를 제외하고는 가장 흔한 크기는 세 번의 방산 어느 때에도 증가의 경향을 보이지 않았다.

구간 동안 약간의 증가가 있는 것은 사실이지만 그 이후로는 일정하다. 팔레오세(신생대 초기)가 끝날 때쯤에는 크기가 오히려 감소한다. 신생대 후기는 전반적으로 일정하다.) 다시 말하자면 플랑크톤 유공충의 진화에서 세 번의 사건 어느 시기에도 크기의 최빈값은 증가하지도 줄어들지도 않고 별로 변함이 없다는 뜻이다.

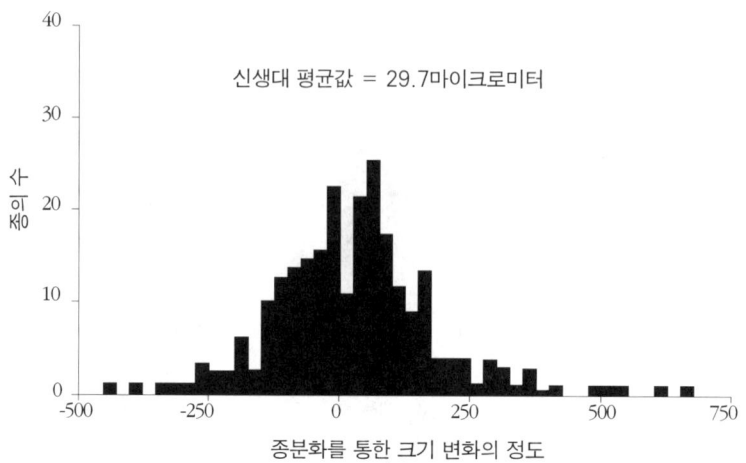

〈그림 26〉 유공충 진화의 종분화 사건을 통해 크기 증가가 선호되지 않았다는 것을 보여주는 증거. 가로축에서 0보다 큰 값은 종분화에서 크기의 증가를 뜻하고 0보다 작은 값은 크기 감소를 의미한다. 이 표준 정규 분포 곡선은 진화가 크기의 증가나 감소 중 어느 것을 특별히 선호하지 않음을 의미한다.

두번째의 결정적인 증거로는 1988년 연구 때 애타게 원했으나 얻지 못했던 표가 있다. 그때에는 생물의 조상-자손을 짝 지으면 어떤 결과를 얻게 되는지 알지 못했다. 우리는 자손이 바로 윗 조상보다 커지는 경향이 존재하는지 알고 싶었다. 크기의 감소가 증가만큼 흔하다면, 크기가 큰 종의 크기 또는 부적절한 평균값이, 시간이 흐름에 따라 전체 분포가 오른쪽으로 퍼지면서 커진다 해도, 크기 증가의 〈추진력〉 또는 〈경향〉을 거론하는 것은 당연히 무의미하기 때문이다.

플로리다 주립 대학교에 있는 나의 동료 앤소니 아놀드 Anthony J. Arnold가 그의 조수 켈리 D. C. Kelly와 파커 W. C. Parker와 함께 보충 정보를 제공해 주었다. 신생대의 342종의 플랑크톤 유공충에서 알려진 선조와 후손 쌍에 대한 어마어마한 양의 자료를 이용하여 그들은 자손과 바로 전 선조의 크기의 차이를 종 모양 곡선으로 그렸다. 〈그림 26〉에서 값 0은 자손이 선조와 동일한 크기, 음의 값은 더 작은 후손, 양의 값은 더 큰 자손을 뜻한다. 〈그림 26〉에 나타난 어느쪽으로도 기울어지지 않은 대칭적 곡선은 플랑크톤 유공충에서 기원한 새로운 종은 클 수도 있고 작을 수도 있으며 크기에 대한 아무런 경향도 존재하지 않음을 증명한다. 후손이 선조보다 클 확률은 작을 확률과 꼭 같다. 세 사람은 이렇게 한마디로 결론지었다(Arnold, Kelly, Parker, 1995, 206쪽).

크기 증가의 경향은……없다. 크기에 따른 수명의 연장, 종 분화나 멸종 속도의 증가 징후도 없다.

그러나 가장 큰 종에서는 신체 크기나 평균값이 어느 시기에서나 증가한 것이 사실이다. 우리는 크기 증가에 대한 전체적인 이득이나 전반적인 경향을 부정해야 하는데(한 시스템 전체의 변이를 조사하는 옳은 방법이므로) 이 현상을 어떻게 해석해야 할까? 역설적이게도 그것은 (큰 신체가 명백하고 현저하게 우월하다고 하지만 지금은 아무도 믿지 않는) 일반적인 주장과는 정반대의 설명이 필요할 것 같다. 모든 현상은 세 가지 요인에서 기인한다. (1) 실험실에서 관습적으로 쓰이는 최소 거름망의 크기에 의해 부차적으로 결정되는 한계, 왼쪽 벽이 진짜 존재한다. (2) 대량 멸종 때마다 작은 종(거의 최소 크기)만 살아남고 그 후 이어지는 시기는 항상 크기의 하한계에 있는 종들로만 시작되었다. (3) 이어서 종 수의 증가와 방산이 성공적으로 일어나 시간이 흐르면서 전체적 다양성은 항상 증대되어 갔다.

이 세 가지 조건에 비춰 볼 때 가장 큰 종의 크기 증가는, 단지 시조가 되는 종이 왼쪽 벽에서 시작했기 때문에 크기가 오직 한 방향으로만 변할 수 있다는 사실에서 기인했다는 것을 깨닫게 된다. 가장 흔한 종(최빈값 종)의 크기는 변하지 않으며 그 자손들도 선조보다 더 커지는 경향을 보이지 않는다. 단지 각 시기의 종수 전체가 증가함에 따라 크기의 범위가 오직 커지는 쪽으로 확장되었고, 그 중에서 아주 소수의 종의 경우에 크기가 더 커진 것이다(더 작아진 것도 똑같은 확률로 생겼겠지만, 인위적으로 만들어진 왼쪽 벽 때문에 표에 나타나지 않는다). 코프의 법칙에 대해서는 이렇게 말할 수밖에 없다. 위에 열거한 세 가지 제한 조건에서는 크기의 큰 변화가 생기면 초기의 벽에서 멀어져 간다. 크기의 증가는 다시 말하자면, 〈크기의 증가를 목적으로 한 정향 진화(定向進化)가 아니라 무작위적으로 작은 크기에서 멀어지는 진화일 뿐이다.〉

나는 결코 이 유공충 진화 이야기에서 이전부터 가지고 있었던 매력이나 중요성을 박탈하는 것도, 가장 큰 종이 갖고 있는 크기 증가 경향을 부인하는 것도 아니다. 단지 평균이나 최대값 같은 데 근시안적으로 초점을 맞추지 않고, 한 시스템 내에서 팽창해 가는 다양성을 제대로 검토하려면 일반 조사 방법과는 다르게 재해석할 수밖에 없다는 말이다. 관습적인 방법에서는 자연선택이 왜 큰 크기를 선호하는지를 묻지만, 새로운 해석에서는 어째서 유독 작은 종이 대량 멸종에서 살아남아 새로운 진화의 장을 열어 나가는 것이 어째서 항상 작은 크기의 종인지를 알아야 한다(그러나 아직 모르고 있다). 모든 것들은 이러한 제약된 시작과 뒤이은 엄청난 성공으로 생겨났다.

이 논의에서 (매력적이고) 완전히 뒤집힌 해석이 필요했던 것처럼, 고생물학과 진화론에서 가장 유서 깊은 〈인정된 진리〉의 하나인 코프의 법칙으로 설명되는 현상 자체도 재평가해 보는 것이 좋을 것이다. 큰 크기에 대한 자연선택적 유리함의 결과 한 집단 내에서 대부분 또는 전체 계통의 크기가 일반적으로 증가한 경우가 있을 수 있다. 나는 〈어디로 움직여 가는 것〉이라는 표제로 잘 설명되는 예도 있음을 의심하지는 않는다.

그러나 모든 경우에 관한 조사는 우리의 기존 신념을 확실하게 바꾸어준다. 또 화석 기록에서 보이는 진화적 변화의 현상과 그 원인을 이해하려면 추상적인 평균값이나 최대값보다는 전체를 보는 것이 더 훌륭한 방법이다. 우선, 코프의 법칙을 따르는 신성한 예들의 일부는 최대값에 대한 근시안적 초점에서 비롯된 것임을 알 수 있다. 예를 들면 시카고 대학교에 있는 나의 동료 데이비드 야블론스키 David Jablonski는 미국 멕시코 만과 대서양 연안의 백악기 후기 침전층에서 400만 년보다도 더 긴 시간에 따른 조개속의 크기 변화 패턴을 화석 기록으로 조사했다. 그 결과 총 58속 중에서 33속이 〈넓은〉 의미의 코프의 법칙을 따른다는 것을 발견했다. 물론 나라면 이것을 부적당한 코프의 법칙이라고 불렀을 것이다. 하지만 그들은 후기 속의 최대 크기는 초기 속의 최대 크기보다 더 크다는 것을 발견했다. 그러나 그들은 이들 33속 중에서 22속에서, 최소 크기의 종은 더 작아지거나 전혀 변하지 않는 것도 발견했다. 따라서 연구된 속의 적어도 3분의 2에서 보이는 〈일반적〉 크기의 증가는 변이 전체를 조사하지 않고 가장 큰 최대값만을 조사하는 우리의 편향성을 증명할 뿐이다. 야블론스키는 〈코프의 법칙은 단순히 신체 크기와 관련된 특정 경향보다는 다양성의 증가에 의해 작동된다〉고 결론지었다(Jablonski, 1987, 714쪽).

보다 유명한 다른 예에서도 플랑크톤 유공충에서처럼 평균값 또는 최대값의 증가가 일어난다. 왜냐하면 계통들이 가능한 크기 범주의 왼쪽 벽 가까이서 시작하여 종의 수가 늘어나면서 모든 공간을 채워나가기 때문이다. 즉, 그 계통이 〈큰 크기를 향해〉 정향 진화를 했다기보다는 평균 또는 최대값이 〈작은 크기로부터〉 이동한 것뿐이다(그러한 이동은 각 계통 내에서 일어나는 무작위적인 크기의 변화에서 일어난다는 것을 기억하자).

1973년 존스 홉킨스 대학교의 나의 친구 스티븐 스탠리 Steven Stanley가 이 중요한 이론을 발전시킨 훌륭한 논문을 발표했다. 그는 작은 크기로 시작하고 시작점이 왼쪽 벽으로 막혀 있는 집단에서는 각 종 내에서 무작위로 일어나는 진화의 경우에 평균값이나 최대값이 증가함을 정확하게 보여주었다(그림 27). 그는 또한 평균값이나 최대값 같은 하나의 값으로 시스템을 환원시키는 오류를 하는 대신, 전체 시스템에서 오른쪽으로 기울어진 크기 분포들을 찾아보면 그의 이론을 검증해 볼 수 있다고 주장했다. 나는 1988년의 논문에서 평균이나 최대값들의 증가가 왼쪽 벽 근처 시작점에서 멀어지는 비정향 진화(非定向進化)로 가장 잘 설명되는 경우를 〈스탠리의 법칙〉으로 부를 것을 제안했다. 평균값이나 최대값에서 신체 크기의 증가(넓은 의미의 코프의 법칙)를 보여주는 대다수의 계통들이, 자연선택적으로 더 유리하기 때문에 큰 크기를 향한 정향 진화 결과

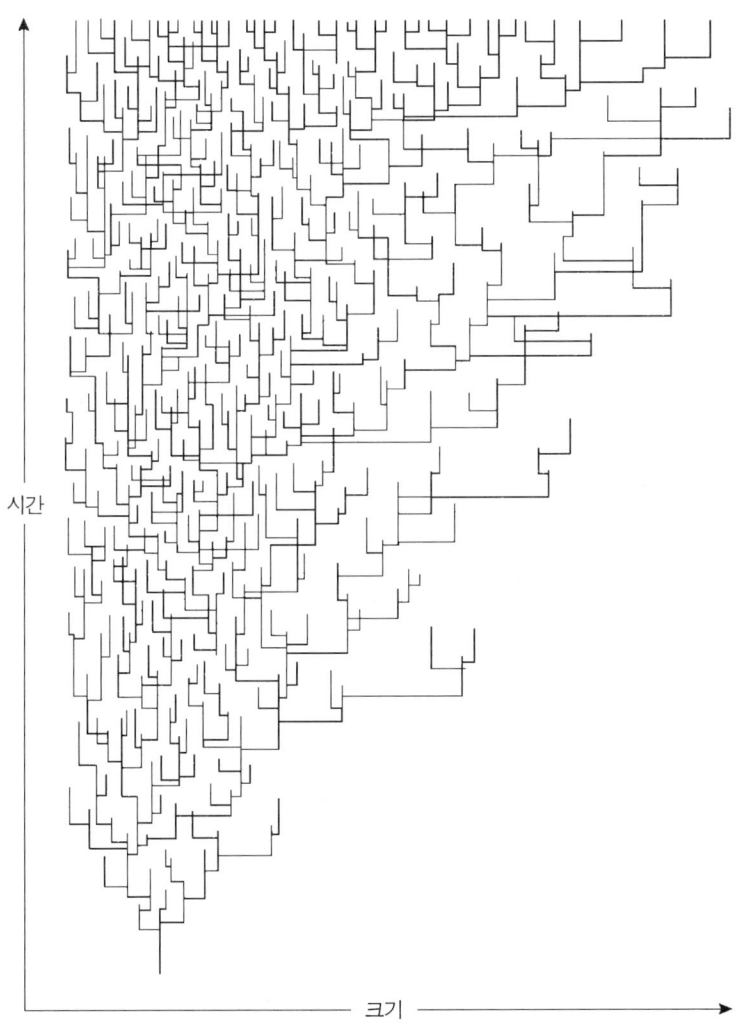

〈그림 27〉 진화적 종분화 과정을 통해 평균값과 최대값의 증가를 볼 수 있다. 하지만 이것은 진화가 크기의 최하 한계, 왼쪽 벽 근처에서 시작되었기 때문에 생긴 현상일 뿐이다. 이 그림은 스탠리의 논문에서 인용한 것이다.

생겼다는 전통적인 해석보다는 작은 크기에서 멀어지는 무작위적인 진화의 스탠리의 법칙으로 더 잘 이해된다고 단언할 수 있다.(나는 이 주장 전체에 거액의 돈을 걸어도 좋다).

이런 의미에서, 그리고 이 장을 마무리하면서, 나는 코프 자신도 더 나은 이 설명을 〈은밀하게〉 파악하고 있었음을, 이 책을 쓰기 위해 코프의 저술들을 연구하던 중에 발견하고 무척 즐거워하고 있다. 그는 후세에 〈코프의 규칙〉 또는 〈코프의 법칙〉이라고까지 불리게 된 현상에 대해 많은 글을 썼다. 그러나 그는 또 하나의 법칙이라고 할 수 있는 것에 더 많은 관심을 기울였는데, 이것은 그가 이 법칙을 훨씬 더 중요하게 생각했기 때문이 틀림없다. 그는 이것을 〈비전문화의 법칙 law of the unspecialized〉이라 불렀다(Cope, 1896, 172-174쪽).

이 법칙은, 대단히 성공적으로 번성한 계통의 시조들은 폭넓은 서식지와 기후를 견뎌낼 수 있다는 점에서, 그리고 특정 행동이나 생활 방식에 고도로 복잡한 적응(공작의 꼬리, 유칼리 나뭇잎만을 먹는 코알라의 식성)을 하고 있지 않다는 점에서 〈비전문적〉인 경향이 있다고 말한다. 우리 세계처럼 복잡하고 일부 무작위적인 세계에서는, 반드시 그런 것이 아니라 대체적인 상황이 그렇다는 단서만 붙인다면 코프의 비전문화의 법칙은 잘 맞으며 현대 진화생물학자들에 의해 뒷받침될 것이다.

코프 자신은 비전문화된 계통이 신체가 작아지는 경향이 있을 뿐만 아니라 작은 크기가 비전문화된 상태를 선호한다는 것도 분명히 알고 있었다(이 이야기를 여러 번 반복한 것을 보면 그냥 지나가는 관찰이 아니었다). 그러나 그는 이것을 명확하게 주장하지 못했다.

즉, 유명한 코프의 크기 증가 법칙은 비전문화의 법칙의 부차적인 결과로 생겨난 것에 지나지 않는다. 주요 계통은 해부학적 구조나 행동이 비전문화된 종에 의해 창시되는 경향이 있다. 비전문화된 종은 또한 신체 크기가 보통 작다. 따라서 코프의 크기 증가의 법칙이란 주요 계통의 시조들이 왼쪽 벽 가까이서 작은 크기로 시작하는 것이라고 바꿔 말할 수 있을 것이다. 코프는 이렇게 전체적인 연관을 짓지는 못했으나 존중할 필요가 있는 그의 말을 여기 소개해 보겠다.

〈비전문화의 원칙〉은 …… 한 지질학적 연대에서 고도로 발달된 또는 전문화된 형태들은 뒤에 오는 새로운 시대의 선조가 되지 못했고 오히려 후손들은 덜 전문화된 전 세대에서 유래되었다는 사실을 설명한다. …… 이 법칙은 어느 시대에서나 전문화된 형태들은 새 시대가 도래할 때의 특징인 환경 변화에 적응하지 못했다는 사실로 증명된다. …… 그러한 영향은 특히 먹이 섭취량이 큰 대형종에서 심했다. …… 잡식성 동물은 특정 먹이를 필요로 하는 종들이 죽은 곳에서도 생존할 수 있었다. 몸집이 작은 종들은 먹이가 귀할 때에도 살아남지만 큰 종들은 죽는다. …… 포유류 계통의 자손들은 작은 크기에서 기원한 이래 계속 그 크기를 유지했다. 이것은 다른 모든 척추동물도 마찬가지다.

· 14 ·
박테리아의 힘

논의의 요지

이제 여러분은 화석 기록이 서양 문명을 정당화하는 데 필요한 진보의 증거가 되지 못함을, 즉 시간이 흘러감에 따라 생명이 복잡성이 증대되는 방향으로 진화해 왔음을 확증해 주는 분명한 증거가 될 수 없음을 알게 되었을 것이다. 이 사실은 생명의 역사를 공부해 본 사람이라면 쉽게 알 수 있는 것이다. 생명의 역사에서 단순한 형태는 언제나 그러했으며, 아직도 여전히 생명계 전체에서 가장 우세하다. 따라서 진보라는 관념은 기초적인 증거에서부터 이미 지지받을 수가 없다. 이 부인할 수 없는 사실 때문에 진보의 추종자들(진화론의 역사에 등장한 거의 모든 사람들)은 자주 기준을 바꾸어 왔다. 하지만 결국 그들은 속이 텅 빈 지푸라기를 붙잡고 있는 꼴이 된 것이다. 그러나 그들은 아직 그것이 지푸라기인 줄도 모르고 있다. 왜냐하면 그것을 깨달으려면 우선 경향은 어디로 움직여 가는 실체가 아니라 변이값(다양성)들의 변화라는 주장을 수용해야 하기 때문이다. 한마디로 말해 진보의 추종자들은 최대값에만 초점을 맞추어 가장 복잡한 생물의 역사만을 살펴보았으며, 가장 복잡한 생물에서 나타나는 복잡성의 증가를 모든 생물의 진보라고 착각하는 우를 범했다. 이것은 비논리적인 주장이며 비판적인 독자들을 항상 혼란시켜왔다.

다윈과 동시대의 미국인으로서 가장 위대했던(적어도 아가시 Agassiz 사망 이후) 박물학자 제임스 드와이트 다나James Dwight Dana도 1870년대 중반에 마침내 진화론으로 전향하면서 이 진보라는 기준을 사용했다. 그는 다윈과 놀랄 만큼 비슷한 생애를 보냈다는 점에서 정신적인 동반자라고 할 수 있을 것이다(둘 다 젊어서 긴 항해를 했고 산호초와 갑각류의 분류에 매료되었다). 그의 신념은, 진보를 생명 조직의 정의로서 받아들인 이후 평생 동안, 그리고 창조론에서 진화로의 개인적인 개종 과정에서도 흔들리지 않았다. 하지만 그의 신념에도 불구하고 그는 생명 역사의 극단적인 경우에서만 진보를 확인할 수 있었을 뿐이다. 〈생명이 단순한 해양식물과 하등동물에서 시작되어 인류으로 끝났다는 엄청난 사실〉(Dana, 1876, 593쪽). 토머스 헉슬리의 손자 줄리언 헉슬리도 이 점을 어색하게 여겼으나 1959년 당시에는(12장 시작에서 인용되었다) 다른 기준을 생각해 낼 수 없었다. 손자 다윈이 놀라운 적응 능력을 보여주지만 해부학적으로는 단순한 기생충들을 제시하면서 진보에 대한 신념에 도전했을 때, 줄리언 헉슬리는 〈제 말은, 고등한 생물에서 보듯이 일반적으로 조직화 정도가 높아지는 경향이 있다는 뜻이지요〉고 응수했다. 그러나 오른쪽 꼬리의 극단적인 생물인 〈고등한 생물〉은 〈일반적인 조직화〉를 나타내는 지표가 될 수 없다. 헉슬리의 응수는 논리적이지 못한 것이다.

생명의 역사가 진보하고 있다는 주장이 전형적인 기만이라는 것을 밝히는 것이 이 책의 핵심 내용이다(그렇다고 나는, 야구를 생명의 역사보다 중요시하고, 4할 타자 실종에 대한 정확한 해석이 35억 년이라는 생물학적 시간을 이해하는 것보다 미국인의 인생과 더 직접적인 관련이 있다고 생각하는 사람들을 얕보지는 않는다). 생명 역사가 진보하고 있다는 주장에 반대하는 나의 주장은 일곱 항목 정도로 정리하여 몇 쪽으로 요약할 수 있다. 이런 용기가 다혈질적이고 무례한 짓으로 보이지 않았으면 한다. 지금까지의 글이 제대로 씌어졌다면 나의 주장과 이론적 배경은 충분하게 설명되었을 것이다. 따라서 독자의 기억을 되살리는 간단한 언급들과 새로운 해석을 추가하면서 내 이론이 덩치가 큰 생물에 어떻게 적용되는지를 보여줄 것이다.

나는 시간의 흐름에 따라 가장 복잡한 생물의 정교함이 증가하는 것을 부인하지는 않는다. 단, 이렇게 극히 제한적이고 사소한 사실을, 진보가 생명 역사의 추진력이라는 주장의 근거로 삼는 것에 맹렬히 반대하는 것일 뿐이다. 그렇게 뻔뻔한 주장이야말로 개꼬리가 몸통을 흔드는 본말전도의 가소로운 것이며, 소소하고 주변적인 사실을 중요한 흐름과 원인으로 격상시키는 말도 안 되는 경우이기 때문이다.

나는 왼쪽 벽의 시작점으로부터 멀어지는 다양성의 팽창의 역사에 기초한, 가장 논리적으로 생각되는 해석을 일곱 항목으로 나누어 요약할 것이다. 그리고 나서 그중에서 가장 많이 오해받고 있으며 중요성이 간과되고 있는 세 개의 핵심 항목에 대해 설명을 추가하고자 한다. 생명 전체에 대한 이 일련의 주장들은 플랑크톤 유공충 진화와 같은 작은 생물의 예와 똑같은 논리를 따르며 또 같은 원인을 가정한다는 것에 주목하기 바란다.

1. 생명은 왼쪽 벽에서 시작할 수밖에 없었다. 지구는 46억 년 전에 생성되었으며 생명은, 화석의 기록에 따르면 적어도 35억 년 전에 생겨났다. 지구는 38억 년 전에야 용융된 상태에서 벗어났다(가장 오래된 암석의 나이에서 추정할 수 있다). 생명은 원시 바다와 대기를 구성하고 있던 성분에 화학적 연쇄 반응이 일어나고, 그것에 자기 조직화를 유발하는 물리적 원리가 작용한 결과 출현했다. 이때의 바다를 〈원시생명수프〉라고 부르는데, 이 용어는 생명이 탄생되기 전 적당한 유기 화합물이 풍부하게 존재했던 바다를 표현하는 말로 오래 전부터 사용되어 왔다. 어쨌든 이러한 생명의 자연발생적인 조건에서 탄생한 최소한의 복잡성을 〈왼쪽 벽〉이라고 할 수 있을 것이다. (고생물학자로서 나는 이 벽을 화석 기록으로 보존될 수 있었고 받아들일 수 있는 복잡성의 최소 한계라고 생각한다.) 물리적·화학적 이유에서 생명은 최소 복잡성의 왼쪽 벽에서 현미경으로나 볼 수 있는 물방울로 시작할 수밖에 없었다. 원시생명수프에서 대번에 사자를 만들어낼 수는 없다.

2. 초기 박테리아 형태의 장기적인 안정성. 다세포 생물들에 대한 편협한 관심 때문에 우리는 생물의 기본 분류를 동물과 식물로 나눈다(창세기 1장, 2장의 창조 신화를 보면 바로 알 수 있다). 더 보편적으로는 단세포와 다세포 형태로 구분한다. 그러나 가장 근본적인 차이가 세포 내에 존재한다고 믿고 있는 대부분의 생물학자들은 원핵생물(핵, 염색체, 미토콘드리아, 염색체 등의 세포내 소기관이 없는 세포)과 진핵생물(아메바, 짚신벌레같이 다세포 생물이 세포 안에 갖는 복잡한 기구들을 모두 갖춘 생물)로 생물을 분류한다. 원핵생물에는 통칭 〈세균류〉라고 불리는 놀라울 정도로 다양한 박테리아 집단과, 〈남조류〉로 불리는 집단을 포함하고 있다. 남조류는 광합성을 하는 세균인데, 지금은 일반적으로 시아노박테리아라고 불리고 있다.

화석 기록상 최초의 생물 형태는 모두 원핵생물, 또는 흔히 말하는 〈박테리아〉이다. 사실 지구 생명 역사의 절반 이상은 박테리아 혼자만의 무대였다. 화석 기록으로 보존될 수 있었던 형태들만을 생각한다면 박테리아는 존재할 수 있는 최소 복잡성의 왼쪽 벽에 위치하고 있다. 따라서 생명은 박테리아 형태로 시작했다고 말할 수 있을 것이다(그림 28). 그리고 생명은 박테리아를 여전히 같은 위치에 두고 있다. 박테리아는 태초부터 존재했고, 지금도 존재하고 있으며, 영원히 존재할 것이다. 적어도 태양이 폭발하고 태양계의 운명이 다할 때까지는. 복잡성의 양식이 이렇게 한번도 변한 적이 없기 때문에 다양한 생명체를 적당한 기준으로 재단하여 진보가 진화의 핵심 추진력이라고 주장하는 것은 난센스일 뿐이다. 생명 복잡성의 평균값이 증가했을 수 있지만, 4장에서 설명했듯이, 평균값은 몹시 기울어

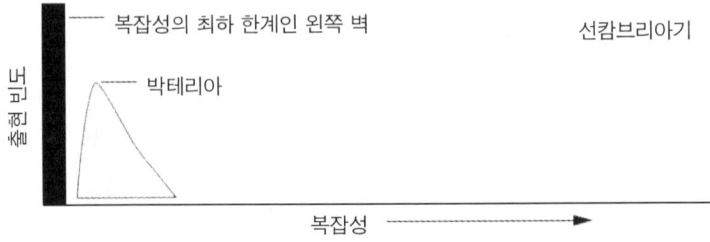

〈그림 28〉 생명은 필연적으로 최소 복잡성의 왼쪽 벽 가까이에서 시작할 수밖에 없었다. 박테리아 형태는 곧바로 최빈값의 지위를 차지했다.

진 분포 곡선에서는 중심 경향성을 나타내는 척도로 적당한 것이 아니다. 이런 경우에는 최빈값이 더 적합한 척도가 될 것이다. 최빈값에 해당하는 박테리아는 언제나 생명의 성공을 잘 대변해 왔다.

3. 생명이 성공적으로 팽창해 감에 따라 분포 곡선은 계속해서 오른쪽으로 기울어져 갈 수밖에 없다. 생명은 최소 복잡성이라는 왼쪽 벽에서 시작해야만 했다(1항 참조). 생물이 다양해져 감에 따라 확장될 수 있도록 열려 있는 방향은 하나뿐이었다. 어떠한 생명 형태도 초기 박테리아 형태와 왼쪽 벽 사이로 비집고 들어 갈 수는 없었다. 박테리아 형태만이 초기의 위치를 유지한 채 그 수만 계속 증가시켰다(그림 29). 그것에 비해 왼쪽 벽의 오른쪽, 복잡성이 증가하는 방향에 있는 공간은 텅 비어 있다. 새로운 종이 아무도 점유하지 않은 이 공간으로 진출하면서 모든 종의 복잡성 분포 곡선을 오른쪽으로 잡아당긴다. 시간의 흐름과 함께 곡선은 더욱더 기울어지게 된다.

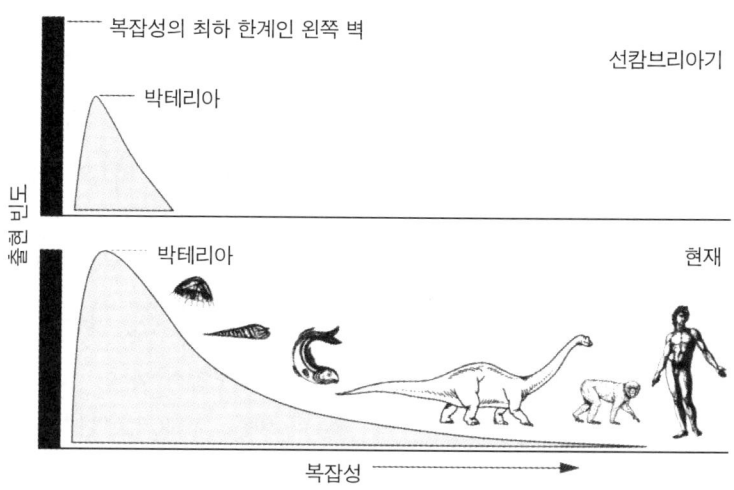

〈그림 29〉 생명의 복잡성의 빈도 분포 곡선은 시간에 따라 오른쪽 기울어지지만, 최빈값이 박테리아라는 사실은 조금도 변하지 않았다. 그리고 분포 곡선의 높이도 높아지는데 그것은 박테리아의 수가 증가한 것을 의미한다.

4. 분포 전체의 꼬리에 불과한 최대값으로 분포 전체의 성질을 규정하려는 것은 근시안적인 경향이다. 전반적인 진보에 대한 주장은 〈그림 29〉에 표현된 생명의 전체상을 보고, 뻗어나가는 오른쪽 꼬리가 전체를 발전시키는 (또는 향상시키는) 추진력이라고 전제해야 성립할 수 있다. 그러나 그것은 작은 개꼬리가 큰 몸뚱이를 흔드는 것처럼 우스운 일이다. 우리가 이렇게 확연한 모순을 눈치채지 못한 것은 그 개를 제대로 관찰하지 않았기 때문이다. 우리는 그 미소만으로 알 수 있는 『이상한 나라의 앨리스』의 체셔 고양이처럼 개 전체를 개꼬리로 정의했던 것이다.

오른쪽 꼬리에만 근거해서 전반적인 진보를 주장하는 것을 두 가지 이유에서 불합리하다고 말할 수 있다. 첫째, 오른쪽 꼬리는 아주 작은 것이며 아주 소수의 종들만이 그것에 속한다(다세포 동물의 80퍼센트 이상은 절지동물이지만, 우리는 이 문에 속하는 생물 거의 모두를 원시적이고 진보적이지 못한 것으로 여긴다). 둘째, 오른쪽 최대값에 위치한 종들을 시간 순서에 따라 나열한다고 해도 진화 계열을 구성할 수는 없다. 아무 관련이 없는 잡다한 것들이 하나 둘 이 영역으로 굴러들어 온 것이다. 그들이 굴러들어 온 순서는, 아마 이럴 것이다. 박테리아, 진핵세포, 해양조류, 해파리, 삼엽충, 앵무조개, 어류, 공룡, 검치호, 호모 사피엔스. 이들 중에 박테리아에서 진핵세포로의 전환을 빼고는 어떤 것도 직접적인 선조와 후손의 관계가 없다.

5. 원인은 벽과 변이의 확장이다. 오른쪽 꼬리는 하나의 결과일 뿐이지 원인이 아니다. 생명의 역사에서 형성된 복잡성의 종 모양 곡선은 (그림 28과 29) 완전히 무작위적으로 형성된 것이 아니다(무작위적인 요소가 중요한 역할을 하기도 했지만). 두 가지 중요한 원인이 곡선의 모양과 그 변화에 영향을 주었다. 하지만 두 영향 중 어떤 것도 기존의 진보관과 아무런 관계가 없다. 두 원인 중 첫번째 것은 생명이 최소 복잡성의 왼쪽 벽에서 기원할 수밖에 없었다는 것이고, 두번째 것은 예상대로 생명의 분포 곡선이 생물의 수와 종류의 증가를 통해 오른쪽으로 기울어진 것이다. 왼쪽 벽에서 시작하고 변이가 계속 증가했기 때문에 오른쪽 꼬리가 생기고 성장하게 된 것이다. 그러나 진보에 대한 모든 주장이 가진 유일한 (그리고 근시안적인) 근거인 이 오른쪽 꼬리의 성장은 위에서 제시한 두 가지 원인에

서 부수적으로 발생한 우발적 결과이지, 복잡한 형태가 가진 자연 선택적 우월성 때문에 생긴 필연적 결과가 아닌 것이다. 사실 술주정뱅이 모델에서 보았듯이 한쪽 벽에서 시작된 각각의 사건이 완전히 무작위적으로 발생할 때에도 오른쪽 꼬리는 확장된다. 따라서 술주정뱅이의 모델이 이론적으로 보여주고, 플랑크톤 유공충의 진화가 구체적 실례로 확인해 주듯이, 생명 형태가 가진 복잡성의 오른쪽 꼬리가 확장되는 것은 모든 계통에서 일어나는 무작위적인 움직임에서 기인한다. 거창하게 떠드는 생명의 진보라는 것의 실체는 〈단순하게 출발점에서 멀어지는 무작위적인 움직임〉일 뿐이다. 그것은 결코 〈본질적으로 유리한 복잡성을 목표로 한 경향〉이 아니다.

6. 한 시스템에 진보를 슬그머니 끌어들이는 방법도 논리적으로는 가능하지만, 경험상 거짓일 가능성이 크다. 전체를 고려하는 내 이론에 빈틈은 없다. 왼쪽 벽에서 시작하여 성장해 가는 한 시스템에서 모든 구성 요소들의 무작위적인 움직임은 필연적으로 계속 오른쪽으로 기울어지는 분포 곡선을 만든다. 따라서, 아이러니컬하게도 전반적인 진보에 대한 가장 듬직한 증거였던 가장 복잡한 종의 복잡성 증가는 구성 요소들의 움직임이 어떤 방향성도 보이지 않는 시스템의 성장 과정에서 파생된 수동적인 결과일 뿐이라는 것을 알 수 있다.

그러나 전반적인 진보에 대해 가능한 주장(이제는 상당히 무효화되었지만)이 아직도 하나 남아 있다. 시스템 전체는 왼쪽 벽의 초기 시점으로부터 복잡성이 커지는 방향으로만 변화할 수 있다. 그렇다면 중간 지점 정도에서 시작하여 양쪽 방향으로 확장이 가능한 적당하게 작은 계통의 경우는 어떨까? 최초의 생물은 왼쪽 벽에서 시작했으나 최초의 포유류나 속씨식물, 조개들은 중간에서 시작해 그 후손들은 양쪽 꼬리 어느쪽으로나 움직일 수 있었다. 어떤 방향으로나 자유롭게 움직일 수 있는 계통들을 조사해 보면 전체적으로 오른쪽으로 또는 복잡성이 커지는 쪽으로 움직여 가는 분명한 경향을 발견할 수도 있을 것이다. 그러한 편향성이 발견된다면 우리는 계통들의 진화적 역사가 복잡성을 향한 일반 경향을 보이고 있다고 당당하게 말할 수 있을 것이다. 그러나 이 미묘한 위치에 있는 계통들을 예로 들어도 〈그림 29〉의 일반적인 패턴을 설명할 수는 없다. 그것 역시 왼쪽 벽에서 시작되어야 하는 한계를 가진 시스템이 성장해 갈 때 무작위적으로 움직인 결과 생긴 것이다. 물론 오른쪽으로 편향된 계통들이 오른쪽으로 기운 곡선의 생성에 〈보조〉나 〈촉매〉 역할을 할 수는 있다. 그렇다면 하나의 시스템은 왼쪽 벽에서 시작된 무작위적 움직임과 개별 계통들이 가지고 있는 오른쪽 편향 두 가지 요소를 만들어질 것이다. 그리고 두번째 요소가 전반적인 진보에 대한 주장의 근거가 된다.

　이 주장의 논리는 그럴 듯하게 들리지만 두 가지 강고한 이유가 이 제안이 경험적으로는 거짓임을 증명해 준다. 실제로 이 두 가지 이유에 관한 증거는 아직 모이지 않았다. 하지만 이 이유가 합리적이라는 것은 이 책의 설명을 통해 이해하게 될 것이다. 여기에서는 이 두 이유를 요약만 하고 자세한 설명은 이 장 끝에서 할 것이다. 첫째, 자연선택(전반적인 진보가 아니라 변화하는 환경에 대한 국지적인 적응만을 생성하는 메커니즘)에 의한 오른쪽 편향은 증명된 적이 없는 반면, 왼쪽 편향을 가졌다는 것에 대한 적절한 예는 쉽게 찾아볼 수 있다. 아주 흔하게 볼 수 있는 진화적 전략인 기생이 바로 그 예이다. 기생생물은 독립생활을 하는 선조보다 더 단순화되는 경향이 있다. (그렇다면, 아이러니컬하게도 오른쪽으로 기울어지는 전체 시스템은 약간 복잡성이 감소하는 경향을 가진 개별적 계통들로 형성된다고 말할 수 있을 것이다!) 둘째로, 몇몇 고생물학자들이 막연한 진보의 개념을 정량화하고, 개별 계통의 역사에서 그들의 측정값이 변화하는 양상을 추적하는 방법으로 이 문제를 다루고 있다. 아직 완성된 연구는 많지 않지만 현재까지의 결과로는 오른쪽 편향을 발견할 수는 없다. 따라서 개별 계통에서도 진보하려는 성향은 없다고 말할 수 있을 것이다.

7. 오른쪽 꼬리에만 주목하는 편협한 시도를 결행한다고 해도, 전반적인 진보에 대한 절망을 제거했으면 하는 심리적 욕망은 충족되지 않는다. 원하는 결론, 즉 인간처럼 의식을 가진 생물이 지배하게 되는 것은 필연적인 진화의 결과라는 결론을 이끌어내지 못한다. 전반적인 진보에 대한 원래의 입장에서 아무리 많이 후퇴한다고 하더라도, 중요한 문제를 방어할 수 있는 요새가 아직도 남아 있다. 사람들은 이렇게 말할 수도 있다. 〈좋다, 당신이 이겼다. 진보의 증거로 생각되었던 것, 즉 오른쪽으로 기운 생명의 종 모양 곡선의 꼬리가, 개꼬리가 몸통을 흔들 수 없는 것처럼 부수적인 것에 지나지 않으며 생명의 풀하우스가 결코 최빈값의 위치에서 움직인 적이 없다는 당신의 설명은 알겠다. 하지만 나는 편협할 자유가 있다. 나는 오른쪽 꼬리를 사랑한다. 오른쪽 꼬리가 작고 부수적인 것이라 할지라도 나는 내가 그 속에서 살고 있기 때문이다. 그리고 나에게는 이 소소하고

부수적인 결과가 중요하기 때문에 오른쪽 꼬리에만 초점을 맞출 것이다. 당신도 생명이 계속 확장하는 한 오른쪽 꼬리가 생겨날 수밖에 없다는 것을 인정했다. 오른쪽 꼬리는 발전해 나가야 하며 그 정점에서 나와 같은 생물이 생겨날 수밖에 없다. 따라서 나는 아직도 신의 은총을 받고 있는 존재이다. 이 세상 어떤 생물보다 가장 복잡하기로 예정된 생물이다.〉

아주 많이 후퇴하기는 했지만 이 주장 역시 틀린 것이다. 오른쪽 꼬리는 생길 수밖에 없지만 그 꼬리에서 어떤 형태의 생물이 생겨날 것인지는 예측할 수 없다. 그것은 무작위적이고 우발적이며, 결코 진화의 메커니즘에 의해 미리 예정된 것이 아니다. 왼쪽 벽을 출발점으로 삼고 다양성이 팽창하는 생명 진화라는 게임을 여러 번 되풀이하면 그때마다 오른쪽 꼬리가 출현하겠지만, 가장 복잡한 생물들이 살게 될 이 영역에 들어갈 주민이 누구일지는 매번 아주 달라지는 것이며 예측할 수도 없는 것이다. 그리고 지구의 수명이라는 제한된 범위 안에서 막대한 횟수의 반복을 한다고 해도 의식을 가진 생물이 태어나지 않을 것이다. 인류는 운 좋게 당첨된 것뿐이지 생명의 방향성이나 진화 메커니즘의 필연적인 결과가 아니다.

어쨌든 짧은 꼬리든, 꼬리가 없든, 또는 그 꼬리에 누가 속해 있든 간에 상관없이 생명의 역사가 보여주는 가장 큰 특징은 몇십억 년 동안 지속된 박테리아 형태의 안정성이다.

박테리아의 다양성

나는 어린 시절 공룡에 매혹되면서부터 고생물학에 대한 흥미를 갖기 시작했다. 나는 아동용 자연사 책들을 읽으며 많은 시간을 보냈다. 그 책들은 단 하나의 예외도 없이 화석 기록을 진보하는 진화의 행군을 확실하게 보여주는 시대 순서로 배치하고 있던 것을 아직도 생생하게 기억하고 있다. 〈무척추동물의 시대〉, 뒤이어 어류, 파충류, 포유류의 시대가 오고, 마지막으로 성차별적 용어 〈인간의 시대 Age of Man〉가 왔다.

그 후 40여 년이 지나면서 그것은 여러 형태로 개정되었다(아직도 통용되고 있는 구식 그림을 두 장에서 소개했다). 물론 요즘같이 언어에 민감한 세상에서는, 인간을 〈남성 man〉으로 표기하는 성차별적 용법은 더 이상 사용할 수 없게 되었다. 좀더 포괄적으로 〈Age of Humans〉이라고 쓰거나 아니면 〈자의식의 시대 Age of self-consiousness〉라고 쓰게 되었다. 더 나아가, 포유류가 아무리 끝없는 성공을 거두고 있다 하더라도 생명 전체를 대표할 수는 없다는 것도 깨달을 수 있게 되었다. 하지만 사정을 잘 알고 있는 사람들은 〈포유류의 시대〉라는 것도 공평치 못하다고 생각한다. 정식으로 명명된 다세포 동물은 100만 종에 이르지만 포유류는 4,000여 종밖에 안 되는 소집단이기 때문이다. 반면에 전체 종의 80퍼센트 이상이 절지동물이며 절지동물은 거의 곤충으로 이루어져 있기 때문에 어떤 이들은 현대를 〈절지동물의 시대〉라고 부르자고 한다.

부당한 말은 아니다. 그러나 그것도 다세포 생물을 더 존중하는 편협한 선입견에서 벗어나지 못한 것이다. 어떻게 해서든 부분으로 전체를 대표하고 싶다면 일관된 형태를 견지해 온 생물을 중요시해야 할 것이다. 그렇다면 우리는 지금 〈박테리아의 시대〉에 살고 있다. 우리의 행성은 35억 년 전 화석으로 보존된 최초의 생물(물론 박테리아)이 출현한 이래 언제나 〈박테리아의 시대〉였다.

가장 합리적이고, 공평하고, 정당하게 평가를 할 때 박테리아야말로 지구 생물체 중에서 예나 지금이나 가장 지배적 형태라는 것을 인정해야 한다. 이렇게 명백한 생물학적 사실이 널리 받아들여지지 못하는 것은 우리의 오만이 시야를 협소하게 만드는 이유도 있지만 대체로 그 미세한 크기 때문이다. 우리는 우리의 척도 즉, 크기는 미터 단위, 나이는 몇십 년 단위로 일어나는 현상을 가장 전형적인 자연으로 보는 데 익숙해져 있다. 박테리아들의 크기는 육안으로는 보이지도 않으며, 그 수명은 내가 점심 먹는 시간, 또는 나의 할아버지께서 저녁에 시가 한 대 피우는 시간만큼도 되지 않는다. 그러나 박테리아의 입장에서 본다면, 인간의 몸은 광대하게 펼쳐진 그리고 사실상 영원하고 거대한 대륙이다. 다양한 형태로 이용할 수 있고, 페니실린이 나쁜 짓을 하는 일부 형제를 공격하기 전까지는 거의 위험하지 않은 존재로 보일 것이다.

박테리아가 우월하다는 증거를 몇 가지 살펴보자.

● 시간. 박테리아의 지배에 대해서는 이미 언급했다. 화석 기록에 의하면 생명은 35–36억 년 전 박테리아로 시작했다. 박테리아보다 복잡한 구조를 가진 진핵생물이 화석 기록상에 등장한 것은 생명의 역사가 반이나 지나서였다(최신 증거에 의하면 약 18–19억 년 전쯤). 최초의 다세포 생물인 해양조류가 진핵생물 등장 직후에 무대에 등

〈그림 30〉 현대의 스트로마톨라이트. 원핵생물이 층 모양으로 굳어져 만들어진 구조물이다.

장했으나 이들은 이 책의 주된 관심사인 동물(이것이 편협한 처사임을 인정하지만)의 역사와는 계통상 아무 연관이 없다. 최초의 다세포 동물이 화석 기록에 등장한 것은 5억 8,000만 년 전쯤 지나고 나서였다. 다시 말하자면 생명의 역사가 이미 6분의 5나 진행되고 나서야 다세포 동물이 등장한 것이다. 박테리아는 그 동안에도 변함없이 생명의 역사를 채워가고 있었다.

그뿐만이 아니다. 박테리아는 선캄브리아기를 지배했던 자신들의 역사를 눈에 보이지 않는 암석 속에만 기록해놓은 것이 아니다. 그들은 자신들의 환경을 조성했고, 그것을 퇴적층에 가시적인(물론 그들을 관찰해 줄 다세포 생물이 아직 없었지만) 기록으로 남겼다. 원시 박테리아의 화석 기록은 대부분 스트로마톨라이트(시아노박테리아의 생명 활동을 확인할 수 있는 암석——옮긴이)로 남아 있다. 그것은 동심원의 층이 쌓여 만들어진 것인데, 이를 절단해 보면 양배추를 반으로 토막낸 것과 비슷하게 생겼다(그림 30). 큰 구조물 전체가 박테리아가 아니고 박막처럼 생긴 콜로니를 형성한 박테리아 세포가 외부 물질을 붙잡아 고정시킨 퇴적물의 층으로 이루어져 있다. 이들은 대개 바닷물이 드나드는 해안선 부근에 형성되며, 해수면의 변동에 따라 건조와 성장을 반복하면서 울퉁불퉁한 표면 층을 수직 방향으로 높게 성장시킨다. 스트로마톨라이트는 오늘날에도 존재하고 있지만, 박테리아 콜로니를 맛있게 뜯어먹는 다세포 동물이 없는 특별한 환경에서만 형성된다. 그러나 이러한 포식자가 없었던 초기, 다시 말해 생명 역사의 대부분의 기간 동안은 이 지구의 적당한 서식지는 온통 이들로 뒤덮혀 있었을 것이다.

• 영원불멸성. 그렇게 오랫동안 명확하고 일관되게 지배해 온 과거의 반대편, 박테리아의 미래를 살펴보자. 그들은 태초부터 생명의 최빈값이었다. 인류의 재능이 언젠가 이 행성에 부과할 수 있는 새로운 체제하에서도 그 지위는 변하지 않을 것이다. 수적으로나 다

양성으로나 어떤 것으로도 박테리아에 필적할 만한 것은 없다. 이들은 놀라울 정도로 광범위한 환경 속에서 살고 있으며 아주 다양한 물질대사를 활용하고 있다. 핵무기를 계속 갖고 놀고 있으면 머지않은 미래에 인류는 스스로를 멸망으로 이끌 것이다. 기껏해야 몇천 종밖에 되지 않는 대형 척추동물은 인류와 함께 저승으로 가게 될 것이다. 50만 종의 딱정벌레목에게도 상당한 타격을 주겠지만 완전히 멸종시킬 정도의 타격은 못 줄 것이다. 박테리아의 다양성에도 그렇게 심각한 영향을 주지 못할 것이다. 가장 흔한 생물을 핵폭탄으로 모두 절멸시킬 수도 없을 뿐만 아니라, 인류의 온갖 어리석은 부정 행위로도 타격을 줄 수 없을 것이다.

• 분류. 생물의 기본 집단을 분류하는 분류학의 역사는 우리의 편협성이 감소되어 가고 단세포 생물과 다른 〈하등〉 생물의 중요성과 다양성에 대한 이해가 발전한 것을 보여주는 대하 소설이다. 서양 문화는 역사적으로 성서에서 규정한 이분법을 선호했기 때문에 생물을 식물과 동물로 나눈다(그 외에 모든 무기물을 세번째 영역에 넣어 〈동물, 식물, 광물〉의 전통적 분류법을 만드는 경우도 있다). 이러한 이분법이 엄청난 현실적 결과를 야기했다. 그 중 하나가 생물학 연구 분야를 동물학과 식물학이라는 두 개의 학문 분과와 전통으로 가른 것이다. 이러한 제도에서는 모든 단세포 생물을 억지로라도 둘 중 어느 한쪽에 끼워 넣어야만 했다. 따라서 짚신벌레와 아메바는 움직이면서 먹이를 잡아먹기 때문에 동물이 되었고 광합성을 하는 단세포는 식물이 되었다. 하지만 이러한 분류로는 광합성을 하고 움직이는 생물은 어떻게 할 수가 없다. 아니, 그보다 어느쪽으로 분류

할 만한 실마리조차 없는 단세포 생물을 처리하지 못한다. 하지만 나름대로의 해결책이 마련되긴 했다. 광합성 식물들이 대개 그렇듯이 박테리아는 질긴 세포벽을 가지고 있기 때문에 결국 식물 영역에 배속되었다. 오늘날까지도 관습에 의해 우리는 창자 속의 세균을 〈식물상flora〉이라고 표현하고 있다.(영어권에서는 flora가 쓰이나 우리나라 학계에서는 박테리아를 식물상으로 표현하지 않는다 —— 옮긴이)

1950년대 중반 내가 고등학교에 들어갈 즈음에는 연구의 확장과 계몽 덕분에 단세포 생물을 다세포 생물계의 기준으로 분류하는 것보다 그들만의 고유한 계(보통 원생생물계라 부름)로 따로 묶어야 한다는 것을 깨닫게 되었다.

그리고 12년 후 내가 대학원을 졸업할 때쯤에는 단세포에 대한 지대한 관심 덕분에 〈하등한〉 말단을 차지하는 단세포 생물을 존중하게 되었다. 〈5계〉로 나누는 분류체계는 이제 보편적으로 사용되고 있으며 교과서의 지침으로도 정식 채택되었다. 식물, 균류, 동물 세 종류의 다세포 생물계를 맨 위에 두고(각각 생산, 분해, 섭취라는 기본 생명 형태와 대응하고 있다), 단세포 진핵생물 즉 원생생물계를 중간에 두고, 아래에 원핵생물 즉 모네라계를 두어 그곳에 〈세균류〉와 〈남조류〉 즉 박테리아를 둔다. 이 분류체계의 제안자들은 원핵생물에서 진핵생물로의 전환, 즉 모네라계에서 원생생물계로의 전환이 중요한 문제라는 것을 자각하고 있었다. 그들은 그 전환이 생명의 가장 근본적인 구분 기준임을 인지했기 때문에 마침내 박테리아를, 맨 밑이기는 하지만 독자적인 항에 넣어준 것이다.

십 년이 또 흘러 1970년대 중반에는 유전 암호를 해독하는 기술이 개발되어 드디어 박테리아 계통의 진화적 계통도를 그릴 수 있게 되었다.

그 이전에 우리에게 친숙한 다세포 생물들의 계통수를 그리는 데는 해부학을 이용했다. 척추동물은 체내 골격을, 절지동물을 외부 껍질을, 극피동물의 진화적 집단 구분에는 방사상 대칭을 이용했다. 그런데 박테리아 세계에 대해서는 너무 무지했기 때문에 적절한 계통 분류를 할 수가 없었다. 그래서 공 모양, 막대 모양, 나사 모양이라고 대략적인 분류를 할 수밖에 없었다. 그럼에도 불구하고 우리는 박테리아가 다른 어떤 생물보다도 오랫동안 이 행성에 거주했다는 사실만 가지고도, 다세포 동물의 계통 분류보다 더 큰 분류가 있을 것이라고 추측하고 있었다.

박테리아 유전자의 핵심 부분에 대한 염기서열이 밝혀짐에 따라 예상하지 못했던 새로운 사실이 발견되었다. 이 사실은 시간에 따른 증거들의 축적으로 더욱 확실해졌다. 한때 원시적이고 형태적인 다양성이 극히 제한되어 있다는 이유로 적당하게 하나의 계통으로 분류되었던 박테리아를 크게 둘로 분류할 수 있다는 것이 발견된 것이다. 그리고 이것만이 아니라 양자의 차이는 세 개의 다세포 생물계 (식물, 동물, 균류)를 합친 것보다도 (유전적 차이와 변이의 측면에서) 훨씬 더 컸다! 게다가 이 둘 중의 한 집단은 기이한 환경, 지구 역사 초기와 비슷할 것으로 생각되는 극단적인 조건 속에서 (많은 경우 산소 없이) 생활하면서 특이한 물질대사를 활용하는 박테리아들로 이루어진 거대한 계통이었다. 예를 들면 메타노겐이라는 메탄가스 생산자, 높은 농도의 염분에 내성을 가진 호염성 박테리아, 물의 끓는점에서 생존하는 호열성 박테리아들이 그 집단에 속한다.

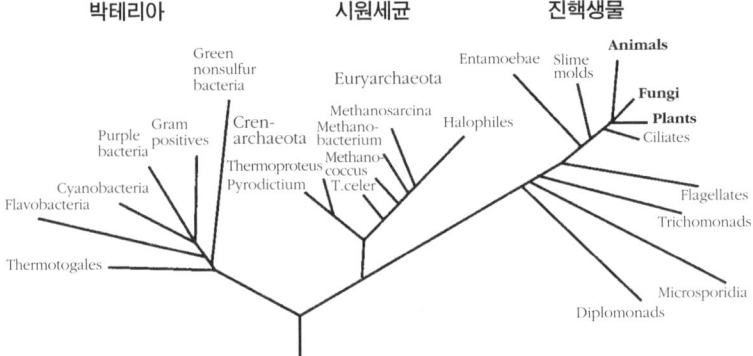

〈그림 31〉 생명의 진화 계통수. 원핵생물 영역은 둘이고 진핵생물 영역은 하나임을 보여준다. 식물 Plants, 동물 Animals, 균류 Fungi는 진핵생물 영역의 끝에 난 작은 가지에 불과하다.

최초로 작성된 정확한 계통도는 불가피하게 이전의 모네라계를 두 개의 계 또는 영역으로 다시 나누어야 한다는 결론을 이끌어냈다. 하나는 우리가 박테리아라는 말을 들으면 머리에 바로 떠오르는 것들(광합성 남조류, 대장균, 인간에게 질병을 일으키는 병원성 세균들)을 포함하는 영역이고, 또 하나는 새로 발견된 시원세균(始原細菌)이라고 불리는 괴짜들의 영역이다. 그리고 모든 진핵생물, 즉 세 개의 다세포 생물계와 모든 단세포 진핵생물들은 세번째〈진핵생물〉영역에 속한다. 생명의 분류에 관한 이 시대 최고의 개척자인 칼 우스Carl Woese의 논문에서 빌려온 혁신적인 그림이 모든 것을 말해준다(그림 31). 이 그림을 보면, 진화의 나무는 크게 박테리아, 시원세균, 진핵생물, 세 개의 가지로 되어 있으며 그 중 둘은 원핵생물, 다시 말하자면 태초부터 최빈값의 위치를 유지해 온 생명 형태인 박테리아만으로 구성되어 있다. 박테리아 영역은 현재는 열한 개의 작은 영역으로 나누어지는데, 어떤 두 영역의 유전적 거리는 적어도 진핵생물계의 식물과 동물의 평균 거리 만큼이나 멀다 (Fuhrman, McCallum, Davis, 1992).

마지막으로, 박테리아와 대조적으로 세 개의 다세포 생물계(동물, 식물, 균류——옮긴이)가 얼마나 제한된 영역에 불과한지 주의해 보라. 생물 전체를 다룬 이 계통수를 보면 세 개의 다세포 생물계는 세 개의 거대한 영역 중 하나에서 갈라져 나온 작은 가지에서 또 갈라져 나온 아주 작은 세 개의 가지일 뿐이다. 한 세대에서 일어난 변화치고는 엄청난 것이다. 내 부모님 시대의 상식은 생물은 모두 동물 아니면 식물이라는 것이었다. 그런데 내가 부모가 된 시대에는 동물계와 식물계가 세 개의 큰 줄기 중 한 줄기에 난 빽빽한 가지들 틈에 낀 아주 작은 가지 둘로 변한 것이다. 나머지 두 줄기는 박테리아만으로 가득 차 있는 것이다.

• 편재성. 분류학적 기준(그림 31)은 인상적인 것이지만, 이것만으로 박테리아의 우세를 보장할 수는 없다. 그 이유는 명확하고, 모든 계통수 구성에서 공통된 것이다. 박테리아는 생명 나무의 뿌리를 이루고 있다. 처음 20억 년 동안, 생명 역사의 절반이 지날 때까지도 생명 나무는 박테리아만으로 구성되어 있었다. 따라서 뒤이어 등장한 다세포 생물들은 가지 끝에나 자리를 잡을 수 있었고 큰 줄기나 뿌리는 박테리아들이 독점할 수밖에 없었다. 하지만 이러한 구도만으론 현재를 〈박테리아의 시대〉라고 주장할 수는 없다. 뿌리와 줄기는 위축되고 다세포 생물의 잔가지들만이 번성하고 있을 수도 있

기 때문이다. 우리는, 박테리아가 생명의 계통수 대부분을 구성하고 있을 뿐만 아니라 이들의 기반이 여전히 튼튼하기 때문에 다세포 생물이라는 표면의 약소 세력을 훌륭하게 뒷받침하고 있음을 보여주어야 한다. 실제로 박테리아는 지배적 위치를 계속 유지하고 있고, 오래 되고 화려한 역사뿐만이 아니라 현재도 번영하게 만드는 수많은 이유들에 의해 그 지배권을 유지하고 있다. 박테리아의 편재성을 두 가지 측면으로 검토해 보자.

1. 수. 박테리아는 생명이 존재할 수 있는 곳이면 어디든지 차지하고 살 수 있다. 〈병균〉이 어디에나 있기 때문에 항상 조심해야 된다는 이야기를 어린 시절 어머니로부터 무수히 들었을 것이다. 그러나 대다수의 박테리아는 병원균이나 인간과 관계없는 존재가 아니라 오히려 혜택을 주고 있는 존재다. 한 가지 사례만 봐도 그렇다. 한 사람이 평생 동안 창자 속에 갖고 사는 대장균의 수는 지구 위에 살았던 인류의 총수를 가볍게 넘어선다. 그리고 대장균은 인간의 정상적인 내장 속에 존재하는 〈생물상〉 중의 하나일 뿐이다.

대략적인 계산은 박테리아에 대한 비전문적인 모든 글에 단골 메뉴로 등장한다. 『브리태니커 백과사전』은 박테리아가 〈비옥한 정원 흙 1그램에 몇십억 마리, 침 한 방울에 몇백만 마리〉 있다고 알려준다. 도리언 세이건과 린 마굴리스(Sagan and Margulis, 1988, 4쪽)는 〈인류의 피부 1제곱센티미터에는 몇십만 마리의 미생물이 붙어 있으며(미생물에는 박테리아말고도 단세포 생물이 포함되지만, 대부분의 미생물은 박테리아이다) 가장 비옥한 토양 한 숟가락에는 1조 마리의 박테리아가 포함되어 있다〉는 정보를 제공한다. 특히 충격적인 것은 우리 내장이 완전히 박테리아의 식민지가 되었다는 것이다(Margulis and Sagan, 1986).

우리 몸에서 물을 뺀 무게의 꼭 10퍼센트는 박테리아의 무게다. 타고난 우리 몸의 일부는 아니지만 우리는 이들 없이는 살 수 없다.

2. 장소. 박테리아의 온도에 대한 내성과 물질대사 능력의 폭은 다른 어떤 생물보다도 광범위하기 때문에 박테리아는 생명이 발붙일 수 있는 곳이면 어디에나 존재하고 있다. 가장 극단적인 조건에서 사는 것들은 틀림없이 박테리아들이다. 생물이 견뎌낼 수 있는 한계는 거의 박테리아가 설정하고 있다. 극지방의 차가운 물에서부터, 옐로스톤 공원의 온천수, 지구 내부에서 섭씨 약 250도의 물이 뿜어져 나오는(그래도 해저의 엄청난 수압 때문에 끓지는 않는다) 심해저 열수 분출공 언저리에 이르기까지 다양하다. 섭씨 72도 이상 되는 온도에서 살 수 있는 생물은 박테리아뿐이다. 앞으로 여러 쪽에 걸쳐 해양과 지구 내부에 사는 박테리아에 대한 새로운 정보를 소개하겠지만, 육상 환경의 경우 종래의 자료만 가지고도 이것을 증명할 수 있다. 서모필라 애시도필럼(*Thermophila acidophilum*)은 섭씨 60도, 황산 원액과 같은 pH 1-2의 강산 속에서도 살아갈 수 있다. 불타고 있는 석탄의 표면과 옐로스톤 공원의 온천수에서 발견된 어떤 종들은 섭씨 마이너스 38도 이하에서도 죽지 않는다.

• 유용성. 어떤 생물이 인간 생활에 얼마나 유용한가 하는 기준을 가지고 생명의 역사와 형성에 대한 그 생물의 역할을 평가하는 것은

아주 편협한 짓이다. 하지만 박테리아에 대한 전통적인 대접은 대체로 그런 것이었다. 나는 여기서 그것을 박테리아가 생물계 전체와 지구 환경에 대한 유용성(아니면 적어도 그 내재성)으로 확대하고자 한다.

1. 역사적 유용성. 인류에게 너무나도 중요한 대기 성분인 산소는 주로 다세포 식물의 광합성에 의해 방출되고 있으며 그 대기 구성 비율을 유지하고 있다. 원래 지구의 대기 중에는 산소가 거의 또는 전혀 없었을 것이다. 이 특이한 기체가 생기고 그 농도가 지금까지 유지되고 있는 것은 생물 덕분이다. 현재는 식물이 산소를 주로 공급하고 있지만, 다세포 식물이 진화되기 한참 전인 20억 년 전 대기 중에 산소를 축적한 것은 광합성 박테리아였다(오늘날에도 식물과 협력하여 주요한 산소 공급자 역할을 계속하고 있다).

오늘날 산소의 대부분은 식물에 의해 방출되고 있지만, 재공급원은 궁극적으로 그리고 진화적으로 박테리아다. 본래 진핵세포의 광합성 기구인 엽록체의 조상은 광합성 박테리아였다. 진핵세포의 기원에 대한 설득력 있는 멋진 이론으로 내부공생설이 있는데, 이 이론에 의하면 진핵세포 내의 몇 가지 소기관들은 원래 개별적인 원핵세포들이 서로의 공생관계에 협조성과 통합성을 증가시키는 과정을 통해 만들어졌다는 것이다. 다시 말해서 진핵세포는 박테리아 콜로니에서 출발했다고 말할 수 있는 것이다. 그리고 우리 몸을 구성하고 있는 단위 세포들도 거슬러 올라가면 박테리아들의 화기애애한 협력에서 유래된 것이다.

이러한 예 중에서 설득력 있게 제대로 설명되고 있는 것은 세포의 내부 〈에너지 공장〉인 미토콘드리아와 광합성 기구인 엽록체뿐이지만, 섬모(스피로헤타 박테리아의 후손)와 세포의 다른 기관들에 대해서도 설명할 수 있도록 일반화 연구가 진행되고 있다. 미토콘드리아와 엽록체에 대한 증거는 확고하다고 할 수 있다. 둘 다 거의 박테리아 정도의 크기를 가지고 있다(원핵세포는 진핵세포보다 훨씬 작기 때문에 진핵세포 안에 여러 개의 원핵세포가 쉽게 들어갈 수 있다). 모양과 기능도 박테리아와 비슷하다. 또한 독자적인 유전 암호를 가지고 있다(진화 과정을 통해서 대부분의 유전물질을 핵으로 이전시켰기 때문에 현재는 최소의 양만을 가지고 있다). 이 모든 사실들은 조상이 본래 독립적인 생활을 했다는 것을 말해준다. 그렇기 때문에, 광합성 박테리아에 의해 직접 방출된 것이든, 진핵세포 내부에 있는 박테리아 후손에 의한 것이든, 대기 중의 산소는 오늘날까지도 박테리아의 산물이라고 할 수 있을 것이다.

미토콘드리아나 엽록체처럼 완전한 내부 공생 상태는 아니지만 서로 긴밀하게 연결되어 있는 다른 형태의 공생 역시 생명의 핵심 과정들과 균형에서 필요 불가결하고 중요한 현상이다. 이 공생은 분류학적으로는 독립적인 박테리아들로 구성되어 있지만 생태적으로는 서로 의존적인 관계를 구성하고 있다. 예를 들어 보자. 우리는 우리 내장 속에 〈생물상〉이 없다면 음식을 제대로 소화, 흡수할 수가 없다. 소 같은 반추동물은 소화를 위해 복잡하게 구성된 네 개의 반추위 속에 살고 있는 박테리아를 필요로 한다. 대기 중 메탄 가스의 30퍼센트는 이 반추동물의 장 속에 있는 메타노겐 박테리아에 의해 생성되고 있으며 동물의 트림과 방귀(점잖지 못한 표현이지만)의 형태로 대기로 방출된다. (교양 있고 학식 있는 영국의 생태학자 이블린 허친슨G. Evelyn Hutchinson도 가축에 의한 대기 중 메탄 가스 농도 기여 정도를 계산하여 발표한 적이 있다. 도리언 세이건과 린 마굴리스(1988, 113쪽)는 더 나아가 〈대형 포유류의 일차적인 기능은 생태계 전체에 걸쳐 메탄 가스를 균등하게 분포시키는 것〉이라고 농담 비슷하게 말한 적이 있다.)

농업의 경우에도 유용한 공생의 예를 들 수가 있다. 식물은 필수 영양분으로서 질소를 필요로 하지만 대기 중에 있는 자유 질소를 스스로 이용할 수는 없다. 이 자유 질소를 〈고정〉시켜 식물이 이용할 수 있는 형태로 바꿔주는 것이, 콩과식물의 뿌리에 혹을 만들어 공생하는 〈리조비움(*Rhizobium*)〉이라는 박테리아이다.

공생 중에는 그 복잡함과 잔학하다고 할 정도의 정교함 때문에 신비하다고 말할 수 있는 것도 있다. 닐슨에 의하면 곤충에 기생하는 성질을 이용해 해충의 생물학적 방제에 이용할 수 있는 잠재력을 가진 선충류(가는 실처럼 생긴 생물)가 있다고 한다(Nealson, 1991). 선충은 곤충의 입, 항문, 숨구멍으로 들어가 혈체강(血體腔)으로 이동한다. 그곳에서 자신의 소화관에 공생하고 있던 몇백만 개의 박테리아를 곤충의 순환계로 분출한다. 이들 박테리아는 선충에게는 아무런 해도 끼치지 않지만 곤충을 몇 시간 안에 죽일 수 있다. 박테리아 혼자서는 혈체강 안으로 들어갈 수도 없고, 곤충을 공격할 수도 없기 때문에 선충의 도움을 필요로 한다. 이렇게 죽은 곤충은 빛을 내며(역시 박테리아의 작용) 검게 착색되고 썩지 않는다(선충이 방출하는 항생물질 때문인 것 같다. 이 항생물질은 공생 박테리아는 해치지 않고 다른 박테리아만 죽인다). 검은 색소와 빛은 다른 선충들을 이 향연에 끌어들인다. 선충들은 그 곤충을 먹고 성장하고 번식

한다. 선충이 죽은 곤충을 먹을 때도 공생 박테리아들의 도움을 받는다. 죽은 곤충 1그램이 무려 50만 마리의 선충을 키울 수 있다고 한다.

최근에 발견된 엄청나게 풍부한 〈심해저 열수 분출공 생물상 vent faunas〉은 박테리아의 필요성과 공생에 대한 또 하나의 놀라운 예가 될 수 있다. 심해저 열수 분출공에서는 지구 내부로부터 광물질 농도가 높고, 온도가 높은 물이 분출되고 있다. 내가 중고등학교 때 읽은 생물학 교과서 맨 앞에는 〈생물학적 과정의 모든 에너지는 궁극적으로 태양에서 온다〉는 선언이 장식하고 있었다. 나는, 연관시키기 힘든 태양 에너지의 흐름을 설명하기 위해 애쓰시던 선생님의 고통스러운 표정을 아직도 기억하고 있다. 해저에서 벌레들이 물고기 사체를 먹고, 물고기는 얕은 물에서 작은 물고기를 잡아먹고, 그 작은 물고기는 새우를, 새우는 물벼룩을, 물벼룩은 조류를, 조류는 궁극적으로 태양 에너지를 이용한 광합성을 통해 성장했다.

심해저 열수 분출공의 생물들은 이 거룩한 법칙에 대한 첫번째 예외일 것이다. 이들의 에너지원은 지구 내부의 열이다(열이 분출하는 물을 데우고, 이것은 다시 광물질을 용해시킨다). 박테리아는 이 기이하고 독립적인 먹이사슬의 기반을 이룬다. 이 박테리아 중에서도 가장 중요한 것은 분출되는 물 속의 광물질을 대사가 용이한 형태로 변환시킬 수 있는 황산화 박테리아다. 그리고 그 열수 분출공에 달라붙어 있는 몇 종류의 생물이 이들 박테리아와 경이적인 공생 관계를 형성하고 있다. 이 생물들 가운데 가장 큰 것은 리프티아 파치프틸라(*Riftia pachyptila*)라는 생물이다. 이들은 길이가 1미터 이상 자라지만 입도, 창자도, 항문도 없다. 형태적으로 너무 단순하기 때문에 분류학자들은 아직까지 이들을 동물이라고 불러야 할지 결정하지 못한 상태이다(현재 대세는 유수동물문에 속하는 작은 집단에 넣는 것이다). 리프티아 파치프틸라는 크고 관 모양을 한 영양체부(營養體部)를 가지고 있는데, 여기에는 황산화 박테리아가 공생하고 있는 특수한 세포들로 가득 차있다. 박테리아는 영양체부 무게의 35퍼센트를 차지하고 있다(Vetter, 1991).

2. 현재적 유용성. 위에서 논의한 것처럼 박테리아는 산소를 생산하고, 토양에 질소를 고정시켜 주며, 초식동물의 되새김질을 도와주고, 태양을 에너지원으로 삼지 않은 생태계 먹이사슬을 구축하고 있다. 그리고 인류의 필요와 즐거움을 충족시켜 주는 다른 유용성도 얼마든지 길게 나열할 수 있을 것이다. 오염된 물을 처리해 비료로 바꾸고, 해양의 기름 오염을 분해하고, 치즈, 요구르트, 버터들을 발효시켜 생산하고(술은 대부분 진핵세포인 효모의 발효를 이용하고 있다), 술을 발효시켜 식초를 생산하고, 설탕을 발효시켜 감미료를 생산한다.

더 일반적인 측면을 보면, 박테리아는 (균류와 함께) 죽은 생물의 주요 분해자로서, 생산(식물의 광합성, 그리고 박테리아의 광합성)과 새로운 생산을 가능하게 해주는 분해라는 생태계 내부의 근본적인 에너지 순환을 성립시켜 주는 고리 역할을 담당하고 있다(생산물을 섭취하기만 하는 동물은 이 기본 순환 시스템에 얹혀 사는 사소한 존재에 불과하다. 생물권은 동물이 없어도 잘 유지된다). 도리언 세이건과 린 마굴리스는 이런 결론을 내렸다(1988, 4-5쪽).

지구 생명에 필요 불가결한 모든 원소들, 산소, 질소, 인, 황, 탄소는 미생물의 개입을 통해 유용한 형태로 변화된다. …… 지구 생태계는 미생물과 곰팡이들의 분해 작용을 기반으로 하고 있다. 미생물과 곰팡이들은 죽은 식물과 동물에 작용하여 그들의 몸체를 구성하고 있던 귀중한 영양분, 즉 화학물질을 분해해 지구 생태계 전체에 공급하고 있다.

• 박테리아 생물량에 대한 새로운 데이터. 박테리아의 생존 가능 지역이 광범위하다는 사실과 자연 생태계 전체에 중요한 작용을 하고 있다는 사실만으로도 박테리아의 우월성은 분명하게 증명되었을 것이다. 그러나 이것만으로는 부족하다고 생각하는 사람들이 있을 수 있다. 하지만 한때에는 무리라고 생각되었으나 지금은 가능해진 (아직 증명되지는 않았지만) 새로운 주장이 이 논의를 마무리 지을 것이다. 많은 사람들은 박테리아에 대한 앞의 설명을 모두 받아들이겠지만 무게를 비교하면서 그 중심이 박테리아가 아니라 진핵세포, 그중에서도 특히 숲의 나무에 있다고 여길 것이다. 지구 생물의 생물량 biomass(생물의 무게)의 가장 큰 부분을 나무가 차지한다는 것은 전통적인 생물학 공리였다. 박테리아가 제아무리 많고, 어디에서나 살 수 있다고 해도 너무 가볍기 때문에 나무 한 그루와 동등한 무게가 되려면 천문학적 숫자가 필요할 것이다. 그렇다면 박테리아의 생물량이 감히 진핵세포를 밀어내고 그 위치를 차지할 수 없다는 말을 할 수 있을 것이다. 그런데 최근에 발견된 바다와 지구 내부의 박테리아에 대한 자료는 생물량으로서도 그들이 단연 우세하다는 것을 증명해 주고 있다.

「템페스트」에서 〈벌이 꿀을 빠는 곳에 내가 꿀을 빨고 있다 / 앵초 꽃 속에 내가 있나니〉라고 모든 생명 속에 자신이 있음을 노래한 공기의 요정 아리엘처럼 박테리아는 이 세계에서 생명이 있을 수 있는 곳이면 어디에나 존재하고 있다. 지구상에 존재하는 박테리아의 전체 양을 여태껏 과소 평가해 왔다. 그것은 우리가 살 수 있는 장소가 제한된 동물계의 구성원인 인간이기 때문에 박테리아가 살 수 있는 장소를 짐작조차 할 수 없었기 때문이다.

예를 들면 바다에서 박테리아가 하는 역할과 서식 범위에 대한 문헌이 축적되기 시작한 것은 겨우 20여 년밖에 되지 않았다. 바닷물 샘플을 채취하여 배양할 수 있는 것만을 찾아내는 종래의 분석 방법으로는 박테리아의 99퍼센트를 놓쳤기 때문이었다(Fuhrman, McCallum, and Dauis, 1992). 대부분의 박테리아는 배양액에서 잘 자라지 못한다. 그러나 이제는 유전자 염기서열 분석을 비롯한 현대적 기술 덕분에 대량으로 순수 배양하지 않고도 대부분 종의 분류학적 다양성을 평가할 수 있게 되었다.

광합성을 하는 시아노박테리아(옛 명칭은 남조류)가 해양 플랑크톤으로서 중대한 역할을 한다는 것은 과학자들 사이에 오래전부터 잘 알려져 있던 사실이다. 그러나 그 수에도 불구하고, 타가영양 박테리아(영양분을 광합성으로 합성하지 못하고 외부에서 섭취해야 하는 생물)는 관심을 끌지 못했다. 그러나 연안 해수에서 전체 미생물 생물량의 5-20퍼센트를 타가영양 박테리아들이 차지하고 있으며, 일차 생산물(즉 광합성으로 생산된 유기 물질)의 20-60퍼센트에 해당하는 탄소를 소비하면서 해양 먹이사슬에서 중요한 토대 역할을 담당하고 있다. 그런데 퍼먼Jed A. Fuhrman과 동료들이 해양(지구상에서 가장 넓은 서식 환경)에 있는 타가영양 박테리아의 생물량을 조사한 결과 해양 환경에서는 그들이 더욱 우세하다는 것을 발견했다. 예를 들어 사르가소 해에서는 미생물이 보유하고 있는 탄소와 질소의 70-80퍼센트, 생물이 덮고 있는 표면적의 90퍼센트 이상을 타가영양 박테리아가 차지하고 있다는 것이다(Fuhrman et al., 1989).

사우스캘리포니아 대학교의 제드 퍼먼을 방문했을 때, 혹시 지구상 박테리아 전체의 생물량과 다른 생물계의 생물량의 비율을 계산할 수 있는지 물어 봤다. 이렇게 〈봉투 뒤에나 하는 계산〉은 전통적으로 생물학자끼리 한잔 하면서 토론하는 자리에서나 볼 수 있는 것이었다. 이제까지 이 계산을 보다 구체적으로, 자세하게, 그리고 전문적인 방법으로 다루려고 했던 연구자는 없었다. 왜냐하면 양질의 데이터(예를 들어 전세계의 해양에서 채취한 해수 1밀리리터당 평균 박테리아의 수 같은 데이터)가 부족하기 때문에 계산을 하는 데 기본적으로 많은 가정을 할 수밖에 없으며 크게 빗나가기 일수인 〈최선의 추정값〉만을 얻을 수 있기 때문이다. 그래도 대체적인 짐작에는 유용하게 쓰일 수 있다. 퍼먼은 나를 위해 그가 할 수 있는 최선의 근사값을 계산해 주었는데, 그의 계산 결과는 해양 박테리아의 생물량이 나무를 포함한 모든 육상 생물의 약 50분의 1에 해당한다는 것이었다. 이 숫자를 듣고 그렇게 놀라지 않을 독자도 있을 것 같지만, 이렇게 오차 범위가 큰 계산 결과의 자릿수가 하나나 둘 이내에 있으면 그것을 같은 값이라고 보는 통계 분석의 관습을 고려하면 이 숫자에 놀라게 될 것이다. 실제로 이렇게 대략적인 계산에서는 10, 100처럼 10의 제곱 단위로 비교한다. 따라서 1/50은 1/10과 1/100 사이에 있으므로 하나의 오차 범위 안에 있다고 정의된다. 박테리아의 생물량이 10분의 1일 수도 있는 것이다. 그리고 다음 세 가지 사항을 고려하면 이 숫자는 더욱 놀라운 숫자로 보이기 시작한다. (1) 지금까지는 나무의 생물량이 워낙 막대하기 때문에 다세포 생물이 박테리아보다 몇천 배 이상 많을 것이라고 짐작하고 있었다. (2) 퍼먼은 흙, 동물의 내장, 식물의 뿌리혹 등에 있는 박테리아는 계산에 넣지 않았다. (3) 이보다 더 큰 생물량이 있을 것으로 생각되는 〈새로운〉 환경인 지구 내부에서 살고 있는 박테리아의 생물량도 이 계산에서 배제되었다. 논란의 대상이 되고 있는, 지구 내부에 관한 최신 데이터에 눈을 돌리면 정말 놀라서 입을 다물지 못하게 될 것이다.

나는 최신 정보를 발견된 시간적 순서에 따라 소개할 것이다. 먼저 심해저 열수 분출공과 그 주변, 유전(油田)의 석유층, 마지막으로 일반 암석 내부의 순서가 될 것이다. 이렇게 하는 것이 박테리아에 대한 새로운 사실이 차례차례 발견된 경위를 이해할 때 편리한 순서일 것이다. 만약 우리가 이 발견을 극단적으로 해석하면, 지구 표면의 생물상을 하찮고 예외적인 것으로 봐야 하는 것만이 아니라, 지구 내부의 박테리아 생물상을 생명의 보편적인 표준 형태로서 받아들여야 한다는 제안처럼 들리게 될 것이다.

1970년대 후반에 해양생물학자들이 심해저 열수 분출공 생물상을 유지하는 박테리아를 토대로 한 먹이사슬을 발견했다. 그리고 이 먹이사슬이 태양 에너지 대신 지구 내부의 에너지에 의존한다는 것을 발견했다. 열수 분출공에는 두 종류가 있는데, 하나는 섭씨 5-20도 정도 되는 따뜻한 물이 솟아나오는 암석 틈 같은 것이고, 다른 하나는 섭씨 320도가 넘는 아주 뜨거운 물이 분출되는 1미터 이상의 높이를 가진 거대한 원추형 황화물 둑이다. 첫번째 범주에 속하는 작은 틈에서 분출되는 물에서는 이미 박테리아가 발견되었지만, 황화물 둑의 열수에서 박테리아가 발견될 것이라고는 그 누구도 상상하지 못했다(Baross et al., 1982, 366쪽).

그러나 1980년대 초반 존 배로스와 그의 동료들이 호기성 종과 혐기성 종을 포함한 박테리아 생물상을 황화물 둑(연통이라고도 함)의 열수에서 발견했다. 그들은 섭씨 350도 가까운 물에서 채취한 박테리아를 실험실에서 265기압에서 250도까지 가열한 물에서 배양해 활발하게 성장하는 집단을 얻었다. 이 실험을 통해 박테리아가 지표면 밑의 고온(그리고 고압) 환경 속에서 살 수 있다는 것과, 현재 실제로 살고 있다는 것을 알게 되었다(Baross et al., 1982: Baross and Deming, 1983).

영국 최고의 전문 학술지 《네이처》에 월즈비는 〈만우절 저녁에 거짓말처럼 도착한 배로스와 데밍의 원고를 읽고 난 나의 첫번째 감상은 회의적이었음을 고백해야겠다〉라고 썼다(Walsby, 1983). 월즈비의 글은 이들 심해 박테리아가 레이 브레드베리의 유명한 소설 제목 〈화씨 451도〉보다 높은 온도에서 살고 있다는 문장으로 시작한다. 화씨 451도(섭씨 233도)라는 것은 종이가 자연 발화할 수 있는 온도이다(그리고 급진적인 문헌을 소각함으로써 언론 통제를 용이하게 할 수 있는 온도). 심해저는 수압이 엄청나기 때문에 섭씨 100도를 넘는 온도에서도 물이 액체 상태를 유지하는 비상식적인 상황이 가능한 것이다. 생명은 액체를 필요로 할 뿐, 반드시 온도가 낮아야 하는 것은 아니다. 심해저의 어마어마한 수압 때문에 박테리아가 견딜 수 있는 온도에서 물이 끓지 않는 것이다. 배로스와 데밍은 그들의 논문을 이런 문장으로 마무리했는데 무척 예언적이다(1983, 425쪽).

이러한 결과들은 미생물의 증식이, 생명에 필요한 다른 모든 조건이 충족된다면, 온도가 아니라 액체 상태 물의 존재에 의해 규정된다는 가설을 입증해 주었다. 이로써 지구와 우주에서 생명이 존재할 수 있는 환경과 조건의 범위가 엄청나게 넓어졌다.

그리고 1990년대 초에 와서 일부 과학자들이 석유 시추공과 해양과 대륙 밑 환경에서 박테리아를 발견하고 배양하는 데 성공했다. 이것은 박테리아가 지표로 솟구치는 초고열의 물뿐만이 아니라 지구 내부에 보편적으로 살고 있음을 의미했다. 북해 해저와 알래스카 영구 동토 지하 약 3킬로미터에 있는 전부 네 개의 석유층(Stetter et al., 1993), 깊이 약 6킬로미터 스웨덴의 배수공(Szewzyk et al., 1994), 프랑스 동파리 분지 약 1.6킬로미터 깊이의 석유 채굴공 네 곳(L'Haridon et al., 1995)에서 이들이 발견되었다. 지하수는 지표 암석 틈과 절리 속으로 이동할 뿐만 아니라 퇴적된 흙의 흙 입자 사이의 빈틈을 물로 채우고 있다(암석의 중요한 성질 중 하나인 〈다공성〉과 그 속으로 이동하는 지하수는 지하에 액체가 고이게 만드는 자연 성질로서 석유 산업에서 중요시했는데 이제는 박테리아 연구에서도 중요한 것이 되었다). 이 새로운 정보가 지구 전체가 그렇다거나 지표면 박테리아 생물상이 지구 규모로 서로 연결되었다는 것을 보여주지는 않지만 우리 발밑 땅속 깊은 곳에 많은 수의 미생물이 살고 있다는 주장은 분명히 흥미로운 것이다.

박테리아가 가지고 있는 또 다른 일반적 특성을 생각하면 이렇게 새로운 자료를 다룰 때는 아주 조심해야 한다. 왜냐하면 박테리아는 어떤 곳이나 존재하며 근절할 수 없는 중요한 특성을 가지고 있기 때문이다. 깊은 지하에서 채취된 물에서 배양된 박테리아가 정말 지하 환경에서 살던 것인지 확신할 수 있을까? 유전을 팔 때 사용한 기계에 의해, 또는 샘플을 채집했던 배수공을 통해 지하수로 유입되었을 수도 있다. 아니면(더욱 당혹스러운 것은) 멸균 상태를 유지하기 위한 온갖 시도에도 불구하고 실험실 안에서 세균이 끈질기게 발견되는 것들처럼, 지상 어디에나 쉽게 볼 수 있는 박테리아에 의해 오염된 것일지도 모른다. 실제로 4억 년 된 퇴적물 속에서 잠자고 있다던 것, 운석에서 발견되었다는 것들이 사실은 지상의 보통 박테리아에 의해 오염된 것으로 판명된 사건들을 주제로 두툼한 책 한 권을 쓸 수도 있을 것이다. 최초의 외계 생명체로 〈확증된〉 것이 돼지풀의 꽃가루였음이 폭로되었던 기억이 아직도 생생하다.

이런 오염의 가능성은 이 분야에서 일하는 과학자들을 두렵게 만든다. 나는 이 분야의 전문가가 아니므로 뭐라 일반적인 평을 할 수는 없다. 나는 (그리고 그 논문의 저자들도) 그 연구 결과가 오염된 것이라고 생각하지 않는다. 알려져 있는 가능한 모든 방법으로 멸균 조치가 취해졌고 멸균 상태를 확인할 수 있는 과정이 수행되었다. 그 증거로 지하 환경에서 채집된 박테리아들이 대부분 지하 조건에서 생존할 수 있는 혐기성 초호열성 박테리아(산소가 없는 고온 환경에서 증식하는 박테리아)라는 사실을 들 수 있을 것이다. 이들은 산소가 풍부한 〈저온, 저압〉의 지표면 환경에서는 죽어버리기 때문에 결코 실험실에서 오염된 박테리아라고 생각할 수 없다.

윌리엄 브로드 William J. Broad가 1993년 12월 28일자 《뉴욕타임

스》에 쓴 글에서 이 문제를 멋지게 요약하고 있다.

과학자들에 따르면 지각 아래 5킬로미터 두께의 층 어디나 미생물로 가득 차 있다고 한다. 이들은 지구 내부의 열과 화학물질을 먹이로 삼아 암석의 작은 구멍, 틈새, 갈라진 곳을 채우고 있는 물에서 살고 있다. 주 서식지는 대륙과 심해의 뜨거운 지하수층으로, 느리게 순환하고 있는 원유와 지하수와 같은 액체에 의해 끊임없이 운반되는 영양 물질을 먹고산다.

박테리아의 지하 편재성에 대한 결론을 내리기 전에, 한 가지 의문을 더 해결해야만 한다. 심해저 열수 분출공과 석유층이라는 특수한 환경이 아니라 좀더 평범한 암석과 퇴적층(틈새와 구멍으로 물이 스며든다) 속에도 박테리아가 살고 있을까? 일반성을 가지고 있는 이 의문에 긍정적인 답을 제공한 것은 1990년대 중반에 발견된 새로운 자료였다.

파크스와 동료들은 태평양 해저 540미터 깊이에 있는 다섯 군데의 평범한 퇴적층에서 대량의 박테리아를 발견했다(R. J. Parkes et al., 1994). 한편, 프랭크 워버를 중심으로 한 미국 에너지성 연구팀은 깊은 구멍을 파서 지하수가 무기물과 미생물에 오염되었는지를 조사해 왔다(이 조사의 주된 목적은 핵폐기물 지하 저장고에 대한 박테리아의 영향을 검사하는 것이었다). 그들은 구멍을 통한 지상 박테리아의 오염을 피하기 위해 최대한의 노력을 기울였다. 워버 그룹은 버지니아의 한 천공을 포함해 적어도 여섯 군데에서 2,700미터 지하에 있는 박테리아 군집을 발견했다!

윌리엄 브로드는《타임스》(1994년 10월 4일자)에, 이번에는 더 흥분된 어조로 이렇게 썼다.

소설가들이 그것을 그려 왔고 뛰어난 과학자들이 그것을 이론화했다. 실험가들은 그것을 철저하게 조사했지만 회의주의자들은 그것을 바보 같은 짓이라고 비웃었다. 그러나 몇십 년 동안 그 누구도 딱딱한 지각 밑 깊은 곳에 생명의 범주에 들어갈 만한 것이 있을까 하는 문제에 실질적인 답을 제시하지 못했다. 지금까지는……. 그러나 이제 이 지구 땅속 깊은 곳에 미생물이 우글우글 살고 있다는 것이 밝혀졌다.

계속해서 스티븐스와 맥킨리(Stevens and Mckinley, 1995)가 미국 북서부에 있는 현무암 지대 지하 900미터에 많은 박테리아가 살고 있다고 보고했다. 이 박테리아는 혐기성으로 현무암의 광물질과 지하로 스며든 지하수가 반응하여 생산해내는 수소로부터 에너지를 얻는 것 같다. 이 사실은 심해저 열수 분출공의 생물상처럼 이들 역시 생태계의 토대라고 하는 광합성을 매개로 한 태양 에너지로부터 완전히 독립된 지구 내부의 에너지에 의존하여 살아가고 있다는 것을 의미한다. 이 발견을 현장에서 직접 확인하기 위해 연구자들은 현무암을 부숴 산소가 없는 물과 섞었다. 이 혼합물은 정말로 수소를 발생시켰다. 다음에는 현무암을 지하 박테리아가 들어 있는 지하수와 함께 넣고 밀봉했다. 이렇게 지하 깊은 곳의 자연 조건과 똑같이 꾸민 실험 조건에서 박테리아는 정말로 1년 정도 생존할 수 있었다.

재미있고 기억하기 좋은 약어를 만드는 과학 전통에 따라 스티븐스와 맥킨리도 태양 에너지에 의존하지 않고 지표의 생물 집단과 인연을 끊고 사는 이들 지하 박테리아 생물상을 〈슬라임 SLiME (Subsurface Lithoautotrophic Microloial Ecosystem, 지하 암석 자가 영양 미생물 생태계라는 뜻의 영어에서 머릿글자만 딴 것이다. 암석 자가영양이란 암석에서만 에너지를 얻는다는 뜻이다)〉이라고 명명했다. 조슬린 카이저는 《사이언스》에 이들의 연구에 대한 평을 쓰면서 자극적인 제목을 달았다(Jocelyn Kaiser, 1995). 〈땅속 깊은 곳의 박테리아가 돌과 물만 먹고 살 수 있을까?〉 그 답은 〈그렇다〉이다.

코넬 대학교에 있는 톰 골드 Tom Gold는 아마 미국의 성상파괴주의자라고 부를 수 있는 과학자일 것이다. 여기에서 이름을 밝히지 않겠지만, 어느 유명한 생물학자가 한번은 나에게, 골드를 그가 주장하는 박테리아들과 함께 땅속 깊이 매장해야 한다고 했다. 그는 그런 인물이다. 하지만 아무도 그를 얕보거나 그의 발언을 경시하지는 않는다. 그가 옳았던 경우가 많았기 때문이다(그 존재가 두렵기 때문에 생매장해 버리고 싶다는 발언이 튀어나오는 것이다).

저명한 미 국립과학협회 회지에 「깊고, 뜨거운 생태계 The Deep, hot biosphere」라는 제목으로 1992년 발표한 주목할 만한 논문에서 골드는 지각 아래 깊은 곳의 박테리아 생태계의 중요성을 논하고 있다. 이것은 정말 톰 골드다운 일이라고 말할 수 있을 것이다. 왜냐하면 지표면에 있는 일반 암석에도 박테리아 집단이 존재한다는 확실한 증거가 나오기 몇 년 전에 그런 주장을 했기 때문이다. 그렇기 때문에 그의 주장 모두가 옳은 것은 아니라고 해도 사실 관계에 관해서는 또 한번 옳은 주장을 한 것이다. 그는 자신의 논의를 이런 질문으로 시작했다. 〈심해저 열수 분출공이 지하 박테리아가 있는 유일한 곳일까, 아니면 이곳은 단지 첫번째로 발견된 예에 불과한 것이 아닐까?〉

육지와 바다의 전형적인 서식 환경 바깥으로 생존의 영역을 확장하려는 생물이 있다면, 그중에서 가장 유력한 후보는 단연 박테리아일 것이다. 박테리아는 작아서 아무리 작은 공간이라도 들어가서 살 수 있기 때문에 그들의 생존 영역은 다른 어떤 생물보다도 광대하다. 골드는 이렇게 말했다. 〈우리가 아는 모든 생물 중에서, 박테리아만이 엄청나게 다양한 종류의 화학물질로부터 에너지를 가장 쉽게 뽑아내 이용할 수 있다.〉

그리고 골드는 지구 내부의 암석과 액체들에까지 그 영역을 대폭 확장시켜 지하에 존재하는 박테리아 전체의 생물량을 계산했다. 이 계산은 박테리아가 지배적인 최빈값의 생물이라는 내 주장에는 너무나도 중요한 것이다. 하지만 그의 시도 역시 봉투 뒷면에나 하는 비공식적인 계산이었다. 그리고 이러한 유형의 비공식적 자료 분석은 언제나 그렇듯이 대단한 주의를 요한다.

그러나 이 경우에는, 그 값이 너무 부풀려지는 게 아니라 오히려 너무 축소될 수도 있음에 주의해야 한다. 이 계산을 위해서는 많은 전제가 필요해진다. 박테리아가 살 수 있는 깊이, 온도, 박테리아가 살고 있는 물이 고여 있는 암석의 밀도와 그 물 속에서 살고 있는 박테리아의 생식 밀도 등의 중요한 사항들의 실제값을 정확하게 알 수 없기 때문에 우리로서는 〈가장 합당한〉 추정을 할 수밖에 없다. 실제값이 우리의 추정값과 크게 다를 수도 있다. 과학을 전공하지 않은 독자들도 이제 왜 과학자들이 오차 범위에 따라 크게 달라질 수 있는 〈대략적인 짐작〉에 만족하고 있는지 이해할 수 있을 것이다.

어쨌든 골드는 이 핵심적인 사항의 값들을 합리적이면서 인색하게 잡아 이를 바탕으로 박테리아 전체의 생물량을 계산했다. 따라서 물이 스며들 수 있는 대부분의 암석에 박테리아가 살고 있다면 그의 계산 결과는 거의 〈대략적인 짐작〉이라고 말할 수 있을 것이다. 그는 온도를 섭씨 110-150도로, 지하 깊이는 5-10킬로미터까지로만 잡았다. (이보다 더 깊은 곳에 박테리아가 살고 있다면 전체 생물량은 더욱 커질 것이다.) 박테리아가 살 수 있는 물의 부피는 물이 들어갈 수 있는 암석 빈틈의 전체 부피가 암석 전체 부피의 3퍼센트라고 가정하고 계산했다. 마침내 그가 얻은 박테리아 전체의 생물량은 지하수 전체 부피의 약 1퍼센트 정도였다.

이러한 값들을 전부 합하여 지하 박테리아 전체 양을 계산해 본 결과, 20조 톤이라는 답을 얻었다. 골드는 이것이 지구 표면에 1.5미터 두께로 박테리아 층을 깔 수 있을 정도의 양이며 〈지상의 현존 동식물 전체 생물량보다도 더 많다〉고 했다. 그리고 자신의 계산에 대해 이렇게 조심스러운 결론을 내렸다.

현재로서 우리는 지하 생물량을 정확하게 측정할 방법을 갖고 있지 않지만 적어도 그 양이 지상 생물량과 맞먹을 가능성이 충분하다는 말은 할 수 있을 것이다.

지구 생물량의 대부분을 나무가 차지하고 있다는 관념이 사람들 머릿속에 얼마나 깊이 박힌 것이었는지를 생각해 본다면 지하 박테리아의 전체 무게가 나무의 생물량보다 더 클지도 모른다는 것은 전통 생물학에 엄청난 수정을 요구하는 동시에 최빈값 박테리아의 지배에 대한 내 이론에도 든든한 지원을 해준다. 지구상에는 다른 생물 모두를 합친 것보다 더 많은 수의 박테리아가 살고 있다(박테리아의 크기를 고려할 때 너무나 당연한 일이다). 그리고 더 다채로운 장소에서 살고 있으며, 훨씬 더 다양한 물질대사를 활용하고 있다. 게다가 생명의 역사 전반부를 홀로 지켰고, 다른 생물이 등장한 후에도 다양성을 끊임없이 증가시켰다. 그런데 놀랍게도, 박테리아는 지하에 사는 것들까지 합치면 그 생물량에서 숲의 나무를 포함해 다른 모든 생물을 합친 것보다도 더 무겁다(하나의 무게가 그렇게 미세함에도 불구하고). 충격적인 사실이다. 박테리아가 그 중요성과 영향력에서 언제나 생명의 중심이었다는 주장에 더 어떤 설명이 필요할까?

그런데 골드는 한걸음 더 나아갔는데, 이 역시 충격적인 주장이다. 사람들은 생명을 태양계 안에서 지구에만 있는 것으로 확신하고 있다. 다른 행성의 표면에는 생물이 생존하는 데 적합한 온도와 물이라는 조건이 갖춰진 장소가 없기 때문이다. 뿐만 아니라 이 우주 전체를 살펴봐도 지구 표면과 같은 조건을 갖춘 장소를 찾을 가능성이 거의 없을 것이다. 사람들은 이 사실들에 근거해서 생명의 출현을 우주에서도 아주 특별한 사건으로 취급한다.

그러나 지각 표층과 같은 환경(암석 사이의 틈, 구멍에 스며든 물)은 태양계나 은하계의 다른 세계에서도 흔하게 발견할 수 있을 것이다. 얼음으로 뒤덮인 행성의 표면은 생명을 살려두지 않겠지만 그 내부에는 지열 때문에 액체(물)가 존재할 수도 있을 것이다. 따라서 그런 행성의 지하 암석 안에는 지구의 박테리아 같은 생물이 살 가능성도 있을 것이다. 사실 골드는 〈우리 태양계 안에 적어도 열 개의 천체(거대한 행성들 주위의 위성들을 포함)에는 지구와 비슷한 미생물이 탄생할 기회가 얼마든지 있었다〉라고 주장한다. 그 이유는 〈표면이 언 대부분의 행성들의 내부 환경은 지구 내부 몇 킬로미터 지하와 그렇게 다르지 않기 때문이다.〉

관습적인 시각에서 완전하게 벗어날 필요가 있다. 결론적으로, 광합성을 기반으로 하는 지상 생물의 전형적인 생명 형태가 사실은 행성 지각의 표층에 사는 박테리아처럼 우주적이고 보편적인 생명 현상에서 변형된 대단히 특수하고 기괴한 것일 가능성을 염두에 두어야 한다. 십 년 전만 해도 지구 내부에 그런 생명이 존재한다는 것에 대해 전혀 알지도 못했던 것을 생각해 보면, 그런 생명 형태가 오히려 전 우주의 보편적 현상일 가능성을 고려하는 정도까지 발전한 것은, 시행착오 개선의 역사 중에서도 가장 획기적인 것이다! 골드는 이렇게 끝을 맺고 있다.

광합성을 에너지 공급의 기초로 삼고 있는 지표면의 생명체는 생명의 특이한 곁가지에 불과할지도 모른다. 생명에 호의적인 대기, 태양과의 적당한 거리, 물과 암석의 적당한 배합 등, 거의 불가능에 가까운 조건이 운 좋게 지구 표면에 형성되고 그 환경에 특수하게 적응한 존재일 뿐이다. 그러나 사실은 깊은 곳에서 화학적으로 유지되는 생명체야말로 이 우주의 보편적인 생명 형태일지도 모른다.

다시 말해 지구상에서 가장 많이 존재하는 박테리아는 무게만으로 지배적 위치를 차지하고 있는 게 아니다. 그들은 우주의 보편적 생명 형태를 대표하는 존재일지도 모른다.

오른쪽 꼬리로 향한 힘은 없다

도덕 이론은 의도와 결과를 명확하게 구분한다. 적절하게 취한 행동이 의도하지 않은 비극적 결과를 부를 수도 있기 때문이다. 전혀 다른 의도가 죽음이라는 같은 결과를 냈다고 하더라도 우리는 당연히 선한 사마리아인은 동정하고 잔인한 살인자는 경멸한다(강도가 상점 주인을 쏘았거나, 강도를 쏘려던 경찰이 실수로 상점 주인을 쏘았을 경우).

마찬가지로, 훌륭한 자연사 이론은 원인과 결과를 명확하게 구분한다. 다윈 이론의 핵심은 자연선택이 국지적 환경 변화에 대한 적응을 증가시킨다는 것이다. 따라서 앞에서 설명한 매머드의 두꺼운 모피처럼 자연선택의 직접적 작용을 통해 만들어진 특성은 명백한 원인에 의해, 적응하기 위해 진화한 것이다. 하지만 개체의 생존에 정말 필요 불가결한 특성이라고 하더라도 이렇다 할 원인도 없이 〈의도하지 않은〉 후유증이나 부작용으로 생긴 것일 수도 있다. 예를 들어, 읽고 쓸 수 있는 우리의 능력은 현재 우리 문화를 이끌어 가는 데 중추적 역할을 수행하고 있다. 그러나 읽고 쓰는 능력을 발달시키기 위해 자연선택이 인간의 뇌를 크게 만들었다고 주장하는 것은 타당한 것이 아니다. 호모 사피엔스가 현재의 뇌 구조와 크기를 갖게 된 것은, 읽기나 쓰기 같은 것을 꿈도 꾸지 않은 몇백만 년 전의 일이었다. 자연선택이 우리의 뇌를 크게 만든 것은 다른 이유에서였다. 읽기와 쓰기 능력은 다른 기능을 위해 진화한 정신적 능력에 부록처럼 첨부된 의도하지 않은 행운의 선물이다.

여러분들은 이렇게 〈직접적인 원인에 의한 결과〉와 〈어쩌다 생긴 우연한 결과〉를 구별하는 것이 생물계의 특정한 특성을 설명해 줄 뿐만이 아니라 진화 일반에 대해 이해할 때 기본적인 구별을 해준다는 것을 직감할 수 있을 것이다. 나는 이 경우에 직감이 옳다고 믿는다. 문제가 되는 것은 예상 가능성이 아니다. 어떤 현상은 원인의 직접적인 결과로 생기든 우연한 결과로 생기든 예상할 수 있기 때문이다. 살인 강도나 실수한 경찰이나 같은 결과를 야기할 수도 있다 (사건이 발생하기 전에 사람들의 위치, 총구의 방향, 발사 시간 등을 알면 결과를 연역할 수 있다고 하는 뉴턴식 고전 역학적 의미에서 〈야기할 것〉이라고 말하는 것이다). 그러나 우리는 고의와 사고를 구별함으로써 사건의 의미를 다르게 평가해야 된다는 것을 잘 알고 있다.

마찬가지로 생명의 종 모양 곡선에서 복잡성의 최대값을 증가시키는 오른쪽 꼬리는 두 가지 원인 중 어떤 것을 통해서든 형성될 수 있다. 하나는 진화가 본질적으로 복잡성이 보다 높은 방향으로 생명을 밀어 올리기 때문에 오른쪽 꼬리가 생겼다는 것이고(전통적 이론의 주장), 또다른 하나는 생명이 복잡성의 최소값인 왼쪽 벽에서 기원해 그 뒤에는 변화하지 않는 박테리아 형태를 유지하면서 오른쪽으로 확대할 수밖에 없었기 때문에 오른쪽 꼬리가 우연하게 부산물로서 생겼다는 것이다(이 책의 핵심 주장). 이 두 경로가 예상대로 똑같은 결과를 낳기는 하지만 그 의미가 현격하게 다르다는 것을 직감할 수 있을 것이다. 이 직감도 옳은 것이다. 우리는 이 의미 차이에 유의해야 한다. 왜냐하면 앞의 주장은 복잡성의 증가를 생명 역사의 존재 이유라고 말하고 있으며, 뒤의 주장은 오른쪽 꼬리를 주된 결과와는 전혀 다른 결과를 낳는 진화 원리의 수동적인 결과라고 말하고 있기 때문이다. 앞의 도식에서 진보는 근본적인 원인의 주요 결과이자 생명의 역사를 지배하고 형성해 가는 것이지만, 뒤의 도식에서 진보는 2차적이고, 드물게 발생하는 우연적인 부산물이며, 진보를 목적으로 하는 직접적인 원인이 없어도 형성되는 것이다.

직접적 원인에 의한 결과와 우연한 결과를 구별하는 문제는 진화론 역사 전체에 걸쳐 문제를 야기했다. 수많은 과학적, 철학적 문헌들이 이 중대한 구별의 의미를 해명하기 위해 발표되었다. 이 문제가 학문적 논문에서 다루어지면서 위압적이고 난해한 탓에 독자로 하여금 독서할 마음을 잃게 만드는 전문 용어들이 생겨났다(그중 일부는 내가 만든 것임을 고백한다). 적응 adaptation 대 외적응 exaptation, 적응 adaptation 대 삼각소간 spandrel, 선택 selection 대 분류 sorting 등(Sober, 1984; Gould and Lewontin, 1979; Gould and Vrba, 1982; Vrba and Eldredge, 1984). 하지만 이 책에서는 전문 용어를 쓰지 않으면서 의도된 결과와 우연한 결과의 차이를 구별해 보겠다.

분명히 나는, 이 책에서 생명의 역사가 복잡성의 증가 현상을 보여주고 있다는 것을 부인하지 않았다. 전통적 이론은 이 현상을 가지고 진화의 결정적 특징이라고 주장한다. 하지만 나는 이 현상에 두 가지 조건을 달아 전통적 견해의 권위에 도전하고자 한다. 첫번째 조건은, 종 모양 분포의 작은 오른쪽 꼬리를 확장시킨 것은 아주 적은 종에 불과하고 대부분의 종은 그 경로를 밟지 않았으며, 전체 분포의 최빈값은 언제나 박테리아의 복잡성이었다는 것이다. 복잡성 증가 현상은 이렇게 제한된 조건에서만 발생할 수 있다. 두번째 조건은, 이렇게 제한적인 현상이 복잡성의 증가나 진보 메커니즘을 갖고 있지 않은 원인들에서 파생된 부수적인 결과라는 것이다(윌리엄스〔Williams, 1966〕와 브르바〔Vrba, 1980〕의 용어에 의하면 의도된 결과가 아니라 효과).

기껏 우리가 말할 수 있는 것은, 〈장기간에 걸친 점차적으로 복잡성이 증가하는 것은 진화의 주요한 효과이다. 이것에 관심을 기울이지 않을 수 없다〉라고 한 토머스(Thomas, 1993)의 주장 정도일 것이다. 토머스는 복잡성의 증가를 어떤 목적에 따른 결과가 아니라 우연한 결과(효과)라고 인정하고 있다. 그러나 그는 진화의 우연한 결과들 중에서도 진보가 〈주요한〉 효과이기 때문에 우리는 관심을 가져야 한다고 주장하고 있다. 물론, 지혜가 있다는 것을 꼭대기라고 정의하고, 인간을 자기 멋대로 정의한 기준의 정상에 올려 주는 효과를 진화에서 주요한 것이라고 주장하고 싶어 하는 마음을 이해하지 못할 건 아니다. 하지만 주관적이고 편협한 이 소망을 정당화해 줄 어떤 기준은 도대체 어디서 찾아야 할까? 최빈값에서 멀리 떨어진 작은 꼬리를 숭배하고 있는 인간을, 진정으로 우위를 점하고 있는 박테리아가 본다면 비웃을 것이다. 물론 박테리아는 웃을 수도 생각할 수도 없다. 인간의 중요성에 대한 철학적 주장도 바로 박테리아와 인간의 차이를 바탕으로 성립한다는 것도 잘 알고 있다. 그러나 우리는 지하 10킬로미터의 현무암층에서 살 수 없으며, 태양 에너지 대신 지구 내부의 열을 이용하는 기발한 생태계를 구성하지도 못하며, 태양계의 일반적인 생명 형태의 본보기도 아님을 잊지 말자.

다시 말해, 완전히 우연한 결과일 뿐이고 그리고 작은 오른쪽 꼬리에 국한된 진보는 인간을 원래부터 특별한 존재라고 간주하고 싶은 전통적인 희망(다윈의 혁명이 완성되는 것을 방해하는 왜곡된 이야기)을 조금도 정당화시켜 주지 않는다. 이 책에서 제시하는 것처럼, 추상적인 평균값이나 최대값만을 가지고 이야기를 만들지 않고, 생물 전체의 변이의 역사를 조사해 본 진화학자라면 누구나, 진보처럼 보이는 것이 사실은 오른쪽 꼬리가 확장되어 가는 데서 오는 부수적이고 우연한 결과이지 주된 결과가 아니라는 결론에 이르게 될 것이다.

따라서 내재적 진보가 존재할지도 모른다는 전통적인 희망은 한 발 뒤로 물러나, 원래의 거창함은 찾아볼 수 없지만 그저 약간의 위안 거리가 될 수 있는 대용물에 의지할 수밖에 없다. 확장되는 오른쪽 꼬리가 왼쪽 벽에서 기원해 번성해 나간 결과 우발적으로 생겼다는 것을 인정한다고 하더라도 생명의 종 모양 곡선에 어떤 다른 추진력이 작용한다고 생각할 수는 없을까? 이런 추진력 중에 진보를 유발할 것이라고 예측할 수 있는 본질적인 힘은 혹시 없을까 하는 기대가 그 대용물이다.

앞에서 열거했던 일곱 개의 항목 중에 6번 항에서 설명했듯이, 그런 대용물도 타당할 수 있으며 실험적으로 검증할 수 있다. 생명 전체는 왼쪽 벽에서 시작되었고 따라서 오직 오른쪽 방향으로만 팽창할 수 있기 때문에 진보적 힘을 검증하는 데 〈생명 전체〉를 이용할 수는 없다. 왜냐하면 평균의 상향 이동이 일부 왼쪽 벽이라는 한계의 반영이지 어떤 힘에 의한 것이 아니기 때문이다. 따라서 벽에서 멀리 떨어진 장소에서 기원했기 때문에 양쪽 방향으로 다 변할 수 있는 작은 계통의 역사를 조사함으로써 일반적인 진보의 존재 여부를 분명하게 검증할 수 있을 것이다. 그러면 혹시 〈자유로운〉 계통에서 복잡성이 감소하는 빈도보다 증가하는 빈도가 더 커서 그 계통 전체가 복잡성이 증가하는 편향을 보여주는 경우가 생길 수도 있다고 할 수 있다. 그리고 자유로운 계통의 대부분이 복잡성 증가 경향을 보인다면 결과적으로 진보한다는 일반 원리가 존재한다고 주장할 수 있을 것이다. 그렇다면 오른쪽 꼬리가 확장되는 현상은 개별적이며 서로 보강하는 두 가지 과정을 통해 생긴 것이라고 말할 수도 있을 것이다. 하나는 왼쪽 벽에서 기원했기 때문에 오른쪽 꼬리라고 하는 우발적 결과를 낳는 과정이고 다른 하나는 양쪽 방향으로 자유롭게 이동할 수 있는 계통에서 생기는 복잡성 증가 편향이 만드는 직접적인 결과를 만드는 과정이다.

이러한 추측에 이론적 하자는 없지만 지금까지 축적된 모든 증거에 비춰볼 때 경험적으로는 틀렸다는 것을 알 수 있다. 나는 내재적인 진보에 두 가지 반론을, 하나는 간략하고 주관적으로, 또 하나는 최근의 강력한 증거들을 기초로 상세하게 해보려고 한다.

첫째, 진화에 정말로 어떤 방향성이 존재하는가 하는 문제에 대해 내기를 한다면, 한 계통에서 복잡성의 증가보다 감소가 선호된다고 하는 쪽에 얼마간의 돈(집문서가 아니라)을 걸겠다. 이런 주장을 하는 것은, 만일 어느쪽으로든 편향이 존재한다고 해도 복잡성이 증가한다고 하는 전통적 주장의 편을 들어주고 싶지 않기 때문이다. 놀라운 말일지도 모르겠지만 이렇게 말하는 것은, 순수한 자연선택은, 국지적 환경 변화에 대한 적응만을 낳기 때문이다. 기후 변동은 시간에 따른 경향을 보여주지 않기 때문에 환경 변화는 (진보라는 관점에서 보면) 본질적으로 무작위적인 것이다. 복잡성의 증가 방향, 또는 그 반대 방향으로의 편향이 존재하기 위해서는, 생물이 다윈의 게임을 해서 특정한 방향으로 이동할 때 어떤 이득이 존재해야만 한다. 나는 복잡성이 감소하는 것이 유리한 이유를 생각해 낼 수 있지만 증가하는 것이 유리한 이유를 도저히 생각해 낼 수가 없다. 그러므로 계통 변화 전체를 관찰할 경우, 복잡성의 감소 편향을 발견할 것이라는 쪽에 돈을 걸 수밖에 없는 것이다.

나는, 다윈의 게임에서 복잡성을 증가시키는 쪽이 일반적으로 유리하다고 하는 종래의 주장에 오랫동안 실망해 왔다. 대표적인 주장으로, 제한된 자원을 둘러싼 경쟁에서 보다 정밀한 몸을 가진 종이 보다 적응을 잘 한다는 주장이 있다. 하지만 복잡한 형태가 일반적으로 더 많다는 것을 사실로 받아들일 수 있을까? 포유류의 뇌를 다룰 때처럼 복잡성을 유연성과 계산 능력이 더 큰 것으로 해석한다면 그렇게 틀린 이야기도 아닐 것이다. 그러나 나는 정밀한 형태가 오히려 방해되는 경우를 수도 없이 보아왔다. 정밀한 구조는 많은 부품이 정확하게 맞아 떨어져야 하기 때문에 고장나기 쉽고 유연성이 감소될 위험도 크다.

그런데 다윈적 성공(국지적 적응)의 일반적 방식은 복잡성이 확실하게 감소하는 것을 선호한다. 기생생물의 생활사가 그 전형일 것이다. 기생생물이 희귀한 생물이라는 것은 여기서 문제가 되지 않는다. 아마도 몇십만 종(이 숫자는 전체 생물 중에서 상당히 큰 비중을 차지하는 것이다)이 될 기생생물이 진화시켜 온 생활 형태가 중요한 것이다. 모든 기생생물이 단순화를 통해 적응 이득을 얻는 것은 아니지만 적어도 큰 무리를 이루는 한 종의 경우엔 그렇게 단순화를 통해 적응 이득을 얻고 있다. 그것들은 숙주 신체 내부 깊숙이 들어가 그곳에 항구적으로 부착해 살면서 숙주가 섭취한 음식의 일부 또는 혈액을 빼돌려 영양을 섭취한다. 그 종은 이동이나 소화를 위한 기관이 따로 필요치 않으며 자연선택은 그것의 퇴화를 선호한다. 대신 숙주에 부착하기 위한 갈고리, 먹이를 빨아들이는 흡입장치처럼 특별한 필요에 때문에 몇 개의 새로운 기관을 진화시키긴 했다. 하지만 정밀하게 진화시킨 기관의 수는 사라져 버린 기관의 수에 비하면 아무것도 아니다.

이러한 비이동성 기생생물은 오로지 생식기관으로 이루어진 자루나 관에 지나지 않는다. 숙주의 내부기관에 부착된 단순한 번식 기계라고 할 수 있다. 게와 다른 갑각류에 기생하는 유명한 기생생물 사쿨리나(*Sacculina*)는 게의 복부에 부착된 특색 없는 자루(유충을 품고 있다) 모양을 하고 있다. 게의 내부로 뚫고 들어간 대롱이 뿌리 형태를 이루어 부착되어 있는데 이것으로 게의 혈체강에서 영양분을 빨아들인다. 인류의 내장에 기생하는 길이 6미터의 촌충은 몇백 개의 체절로 되어 있으나, 각각은 다음 세대 개체들을 담고 있는 단순한 주머니일 뿐이다. 척추동물의 호흡기관에 기생하는 설형동물은 몸 전체를 정교한 흡혈 기관으로 발달시켰지만 이동, 호흡, 순환, 배설을 위한 내부기관은 일체 없다.

따라서 자유롭게 이동할 수 있는 종에 작용하는 〈표준적〉인 자연선택에는 편향성이 없고, 기생생물에는 단순화시키는 편향성이 있지만 그것을 상쇄할 수 있는 복잡성 증가의 편향성이 없다고 한다면, 계통 대부분의 진화사는 전체적으로는 복잡성을 조금이나마 감소시키는 경향을 보여줄 것이다. 대부분의 계통이 복잡성을 감소시키는 방향으로 진화한다고 하더라도 생명의 종 모양 곡선은 시간의 흐름에 따라 오른쪽 꼬리를 확장시킨다는 것을 기억해야 한다. 복잡성이 더 낮은 왼쪽으로 이동하는 종은 이미 점유자가 있는 영역으로 들어가는 데 비해 오른쪽으로 이동하는 희귀종은 점유자가 없는 복잡성이 보다 높은 영역으로 들어가기 때문이다. 술주정뱅이가 도랑보다는 벽 쪽으로 더 많이 비틀거린다고 해도 결국은 도랑에 빠지고 만다. 그것은 벽에 부딪힐 경우에는 튕겨 나오고 도랑에 빠지면 그걸로 끝이기 때문이다. 각각의 계통들이 특정한 방향으로 편향을 가지고 있다고 하더라도 전체 시스템의 최대값은 다른 방향으로 확장될 수 있다.

그러나 기생생물에 대한 내 주장에도 반론이 있을 수 있다. 성체 형태는 단순화 방향으로 진화하는 것도 사실이지만 성체만을 논하는 것은 역시 전형적인 편견(진보를 선호하는 편견만큼 심각하지는 않으나 왜곡된 견해를 만드는 한계)에 빠지는 것이다. 인간은 성장이 멈춘 성인의 형태만으로 정의되지 않는다. 어린이도 인간이다. 진화는 성체만이 아니라 개체의 삶 전체를 좌우한다. 피나 양분을 빨아먹는 비이동성 기생생물의 성체는 자유 생활을 하는 선조보다 훨씬 단순화된 형태로 진화했지만, 기생생물의 삶 전체를 볼 경우, 훨씬 정밀함을 증가시키는 다른 방향으로 진화한 것도 많다. 종에 따라서는 개체 발생 과정을 완료할 때까지 두세 종류의 다른 숙주를 거치기도 한다.

사쿨리나의 성체는 숙주 내부로 뻗은 뿌리에 매달려 있는 혹처럼 생겼지만 유충의 생활사는 놀라울 정도로 복잡하다(Gould, 1996).

부화 후 몇 단계의 플랑크톤 형태를 거쳐 게에 달라붙는 이주 단계로 들어간다. 그리고 게의 몸을 파고드는 화살촉 모양으로 성장한 다음, 최종적으로 게 몸 안에 뿌리를 박고 자루 모양의 성체가 되는 과정을 거친다. 오구설충(五口舌蟲, pentastome) 유충도 처음엔 중간 숙주의 내장을 관통해 숙주의 조직 내부에 침입한다. 최종 숙주라고 할 수 있는 척추동물이 이 중간 숙주를 잡아먹으면 성숙한 오구설충은 척추동물의 위에서 식도를 타고 올라간다. 그리고 식도에 구멍을 뚫어 호흡기관으로 이동하거나 소화기관 벽을 뚫고 들어가 혈류를 타고 호흡기관으로 이동한다. 호흡기관에 도착한 오구설충 성체는 입 주위에 있는 복잡한 갈고리를 이용해 최종 서식처에 흡착한다.

따라서 나는 어떤 편향을 일반 원칙으로 삼아야 할지 확신이 없다. 하지만 우리에게는 무한하다고 할 수 있을 정도로 풍부한 실험 자료가 있다. 결국 다세포 생물 계통의 시조가 되는 종은 벽에서부터 출발하지 않았기 때문에 복잡성이 증가하는 방향과 감소하는 방향 중 어디로도 진화할 수 있었다고 말할 수 있다. 복잡성을 측정하는 방법을 정하고 충분히 많은 계통들을 조사해 증거를 모은다면, 일반적인 결론을 도출해 낼 수 있을 것이다. 고생물학자들이 이 연구 주제에 관심을 갖기 시작한 것은 몇 년 되지 않았다. 그래서 아직 확실한 답을 내놓을 만한 자료가 축적되지는 않았지만 희망적인 연구 결과가 나오고 있다. 이 중요한 연구 주제를 어느 정도 길들여서 검증해 볼 수 있게 된 덕분이다. 최초의 연구라고 부를 수 있는 몇 가지 연구는 모두 과격한 결론을 함의하고 있다. 그것은 복잡성의 증가 편향 같은 것은 아직 발견되지 않았다는 것이다.

이런 일련의 연구를 개척하고 있는 사람은 미시간 대학교에 있다가 복잡성 연구를 위해 산타페 연구소로 옮겨간 댄 맥시 Dan McShea다. 복잡성처럼 일견 모순된 다양한 의미로 사용되고 있는 애매한 용어를 양적으로 정의하기 위해 많은 전문 논문이 발표되고 있다. 어떤 것이 다른 것들보다 더 복잡하다고 하는 것은 무슨 뜻일까? 이 애매한 용어는 문맥과 기준에 따라 다른 의미로 정의된다. 복잡성에는 형태적, 발생적, 기능적 측면이 있다. 쓰레기 더미(맥시와 토머스가 즐겨드는 예)는 형태적으로는 아주 복잡하지만(아주 다양한 개별 부품으로 구성되어 있다) 기능적으로는 대단히 단순하다(쓰레기에 불과한 것이다). 그러나 우리에게 기능적으로 단순한 것이 다른 사용자에게는 꽤 복잡한 것일 수도 있다. 음식 부스러기를 찾기 위해 자잘한 쓰레기 조각들을 속을 헤매야 하는 갈매기의 처지를 생각해 보면 그것을 쉽게 이해할 수 있을 것이다.

나는 일반 독자를 위한 책에서 이렇게 전문적인 주제를 길게 거론할 생각은 없다(McShea, 1992, 1993, 1994; Thomas, 1993). 하지만 이 문제의 중요성과 본질을 언급할 가치는 충분하다고 생각한다. 물론 이 문제에 대한 일반적인 해답은 없을 것이라고 생각한다. 왜냐하면 〈복잡성〉이란 용어가 다른 의미들을 포함하고 있는 일상어라는 현실과 우리가 그렇게 다르게 쓰이는 의미 모두에 대해 관심을 가져야 한다는 처지 때문이다. 과학은, 메더워 P. B. Medawar의 훌륭한 표현에 따르면, 〈해결할 수 있는 문제를 해결하는 예술〉이며 해답 가능한 의문을 제기하는 작업이므로, 우리는 양적으로 정의할 수 있는 복잡성을 선택하고 일상어로 사용되는 것 중에 어떤 의미는 이용하고, 어떤 의미는 배제할 것인지를 명확하게 해야 한다. (복잡성의 다른 의미는 다른 사람들, 또는 여러분이 다른 연구에서 정의할 수 있을 것이다.) 많은 문헌들이 종종 과학이 빠지곤 하는 늪에 빠지지 않고 이 문제를 훌륭하게 처리했다.

맥시는 형태적 측면으로 복잡성을 정의했다. 그 의미가 일상어 용법에 더 가깝다고 생각해서가 아니라 명료하게 측정하고 엄밀하게 검증하는 데 적합했기 때문이었다. 그는 〈생물학적 복잡성 연구를 감상적인 평가, 편협한 샘플, 이론적 억측 같은 늪에서 구제하여 좀더 확고한 실험적 토대 위에 올려놓는 것이 목적이다〉라고 밝히고 있다(McShea, 1996). 맥시가 정량 방법을 구축하기 위해 정립한 복잡성의 개념은 다음과 같다.

한 시스템의 복잡성은 일반적으로 그것을 구성하고 있는 부품의 수와 그것들의 무질서한 배열을 표현하는 함수라고 할 수 있다. 따라서 생물, 자동차, 퇴비, 쓰레기장과 같이 균일하지 않거나, 난잡하거나, 무질서하게 구성된 시스템은 복잡한 것이다. 질서는 복잡성의 반대말이다. 질서 있는 시스템은 벽돌담이나 말뚝 울타리처럼 균일하거나, 반복적이거나 규칙적으로 구성되어 있다(McShea, 1993, 731쪽).

맥시는 척추동물의 추골에 대한 중요한 연구(McShea, 1993)에서, 하나의 등뼈를 구성하고 있는 추골들이 가진 차이를 이용해 복잡성을 측정함으로써, 복잡성에 대한 정의를 실제 데이터 분석에 운용해 봤다. 복잡성의 정도가 낮은 어류의 등뼈는 40개 이상의 추골로 구성되어 있지만 모두 비슷한 크기의 원반이다. 좀더 복잡한

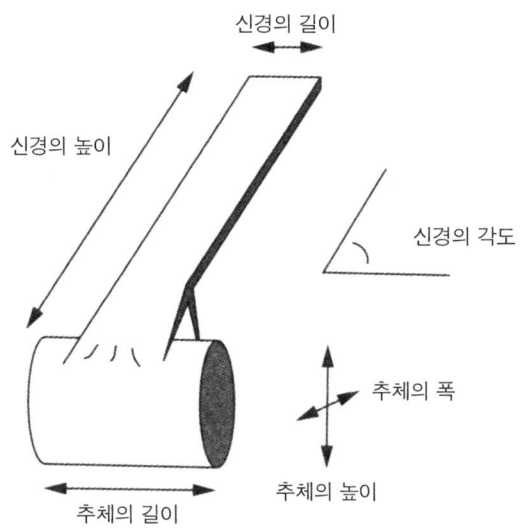

〈그림 32〉 등뼈의 복잡성을 측정하기 위해 맥시가 사용한 측정값들.

포유류에서는 추골이 목뼈, 허리뼈, 엉치등뼈(척추 최하부 뼈로 골반의 후벽을 이룬다――옮긴이) 등으로 크기와 형태가 다양하게 분화되어 있다. 그는 각 추골에 대해 여섯 개의 변수(직선 길이 다섯 개와 각도 한 개)를 실측하고 추골들 사이의 차이를 계산해 봤다(그림 32). 그리고 추골의 복잡성을 세 개의 값으로 평가했다. (1) 한 등뼈 안에서 임의적으로 선택한 두 추골의 차이를 계산했을 때 나오는 최대값. (2) 추골 전체의 평균값과 추골들 사이의 평균적 차이. (3) 인접하는 두 추골 사이의 평균적 차이.

맥시의 검증 방법은 이 책의 관점과 완벽하게 조화를 이루고 있다. 그는 아주 다른 근본 원인에 따른 두 가지 기본 경향이 있다고 했다. 그의 명명법에 따르면 하나는 〈조종된〉 것이고 다른 하나는

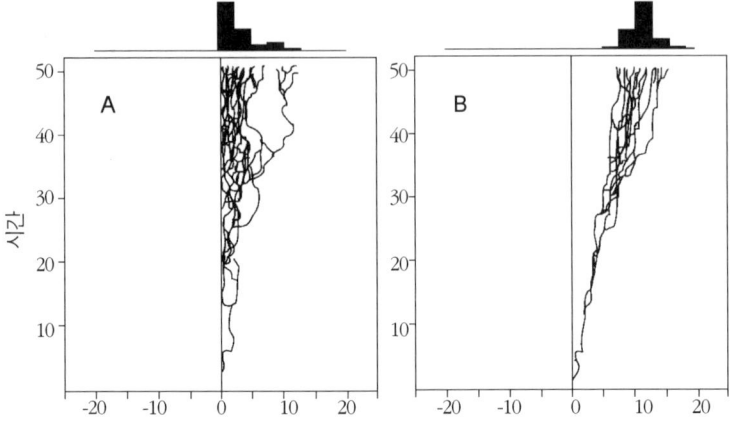

〈그림 33〉 맥시의 수동적 경향과 조종된 경향. 수동적 경향 (A)는 왼쪽 벽 근처에서 출발한다. 최빈값은 출발점에서 변하지 않는다. 조종된 경향 (B)에서는 시간의 흐름에 따라 최소값과 최대값 모두 증가한다.

〈수동적〉 것이다. 이러한 구분은 인류의 이해의 편리를 위해 편의적으로 만들어진 범주가 아니라 실제 자연적으로 존재하는 〈종류〉임을 강조하고 싶다. 〈이러한 결과는 조종된 메커니즘과 수동적인 메커니즘을 자연적으로 생긴 범주로 볼 수 있게 만들어 주는 동시에 대규모적 경향의 정의된 원인으로 볼 수 있게 해준다〉(McShea, 1994, 1762쪽).

〈조종된〉 경향은 개개의 요소가 편향을 가지고 진화하기 때문에 시스템 전체가 그쪽으로 움직인다고 하는 전통적 관점에 해당한다. 진화가 일반적으로 복잡한 생물을 선호하고 계통 내부의 개별 종들도 그런 경향이 있기 때문에 복잡성이 증가하는 조종된 경향이 나타난다. (다시 말하자면 자연선택은 자동차를 조종하는 운전사처럼 각 개체를 선호되는 방향으로 실어 나른다.) 수동적인 경향은, 전반적 결과가 부수적인 결과로 발생하며 개별 종이 선호하는 특별한 방향은 없다고 하는 좀 낯선 모델이다(그림 33). 나는 이 책에서 복잡성에 관해 이것을 옹호하고 있다. (맥시가 이것을 수동적인 경향이라고 부르는 것은 어떤 의도적인 경로를 따라 종을 조종하는 조종사가 없기 때문이다. 개별 종들의 진화를 〈술주정뱅이 모델〉처럼 무작위적 움직임이라고 해도 어떤 경향이 생길 수 있다.) 맥시는 복잡성의 수동적 경향에 관해 내가 이 책 전체에 걸쳐 제기하고 있는 것과 똑같은 종류의 제약들, 즉 선조는 최소 복잡성의 왼쪽 벽에서 기원했고 이후의 진화는 오직 한 방향으로만 새로운 변화가 가능하다는 제약을 제창하고 있다.

맥시는 조종된 경향과 수동적인 경향을 구분하기 위해 다음 세 가지 검사 방법을 제안하고 있다.

1. 최소한계 검사. 수동적인 시스템에서는 한 계통이 계속 확장되는 역사를 보여준다고 해도 복잡성의 최소값을 견지하고 있는 종이 하나는 있을 것이다. 복잡성을 선호하는 일반적 진화 경향이 존재하지 않기 때문에 일부 종은 가능한 한 단순한 상태에 머물려고 하기 때문이다. 한편, 조종된 시스템에서는 복잡성의 최소값과 복잡성의 최대값 모두 시간이 가면서 증가한다. 더 높은 복잡성이 일반적으로 더 이롭기 때문에 모든 종의 진화에 이 편향이 작용하기 때문이다. 실제로 생물계에서 박테리아 형태가 보존되고 있을 뿐만 아니라 계속 번영을 누리고 것은 생명이 전체적으로 수동적인 경향임을 강력하게 시사해 주고 있다.

이 검사는 어떤 정보를 주기는 하나 수동적 경향과 조종된 경향을 완전하게 구별하지는 못한다. 조종된 경향이 몇몇 종으로 하여금 최소값을 유지하도록 허용할 수도 있기 때문이다. (조종된 경향에서는 최소값이 사라지지 않을 수도 있으나 적어도 시간이 가면서 그 빈도가 차츰 줄어들 것이다.)

2. **조상-자손 짝짓기 검사.** 이것은 확장하고 있는 계통의 선조 종을 정하고 그 자손 종들이 더 복잡해졌나, 단순해졌나, 아니면 그대로인가 판단할 수 있도록 일람표를 만드는 일목요연하고 강력한 검사 방법이다. 원칙적으로는 이것이 가장 결정적인 검사 방법이겠지만, 실제로는 화석 기록이 워낙 불완전하기 때문에 항상 이용할 수 있는 게 아니라는 단점을 가지고 있다. 선조 종을 모를 경우도 많고 자손 종에 대한 충분한 자료도 부족하기 때문에 방향성에 대한 적절한 무작위 검사가 불가능한 경우가 많다.

3. **기울어짐 검사.** 생명 전체를 보면 수동적 메커니즘과 조종된 메커니즘 모두 전체적으로 최대 복잡성의 꼬리가 늘어나는, 오른쪽으로 기울어진 분포 곡선을 만든다. 맥시는, 벽에서 멀리 떨어진 곳에서 시작해 양쪽 방향으로 변할 수 있는 계통들의 기울어짐을 조사하면 수동적 메커니즘과 조종된 메커니즘을 구별할 수 있을 것이라 주장했다(그림 34). 그 계통들이 조종된 시스템에 속한다면 오른쪽으로 기울어진 경향을 보여줄 것이다. 모든 종들이 진보를 선호하는 편향을 가지고 있고, 따라서 이 편향된 경로를 따라 움직이는 종이 시스템 내에 더 많이 포함되어 있으면 전체 곡선이 오른쪽으로 기울

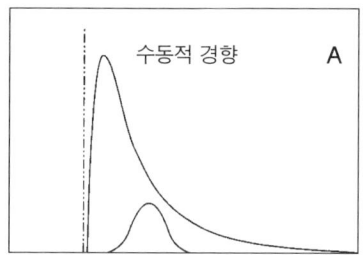 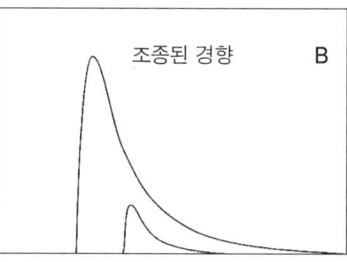

〈그림 34〉 수동적 경향과 조종된 경향을 구별하는 검사. 수동적 경향의 전체 분포에서 분포 전체는 오른쪽으로 기울어졌으나, 그중에서 왼쪽 벽에서 멀리 떨어진 지점에서 출발한 계통들은 정규 분포를 보여준다.

어지기 때문이다. 그러나 수동적인 시스템에 속한 그런 계통들은 기울어진 분포를 보여주지 못할 것이다. 왜냐하면 복잡성이 감소하는 종의 수와 복잡성이 증가하는 종의 수가 똑같기 때문이다.

맥시는 척추동물의 진화에 이 검사 방법을 적용했다(McShea, 1993, 1994). 척추동물 전체를 보면 일반적인 경향이 분명히 존재한다. 최초의 척추동물인 어류의 등뼈는 실질적으로 동일한 추골로 구성되어 있지만, 이후의 포유류들은 등뼈의 추골들을 상당히 변형시켰다. 이러한 경향은 수동적일까, 조종된 것일까?

전통적 견해는 이것을 조종된 경향이라고 부르겠지만 수동적 경향일 〈여지〉가 크다. 최소 복잡성이라는 왼쪽 벽에서 시작한 최초의 생명 또는 가장 작다고 하는 절대적 왼쪽 벽에서 시작한 최초의 유공충처럼 척추동물에 대한 맥시의 측정도 복잡성에 대한 이론적 최소값에서 시작한다. 최초의 척추동물인 어류는 동일한 추골들로 등뼈를 형성하는 경향이 있으므로 그 복잡성을 측정하면 완전한 0에 가까울 것이다(맥시는 추골들의 차이를 복잡성의 척도로 사용했다). 초기값이 0에 가깝기 때문에 복잡성은 증가할 수밖에 없다!

포유류 계통들을 조사한 맥시는 복잡성의 증가가 수동적 경향이라는 증거를 발견했다. 다시 말해 복잡성에 대한 편향이나 선호가 생명 진화의 추진력이 아니라는 이 책의 주장을 지지하고 있는 것이다. 그는 가장 강력한 두번째 검사 방법을 사용할 수 있는 종들을 찾았다. 선조를 특정할 수 있거나 추측할 수 있어야 한다는 조건을 만족시키는 다섯 계통을 조사했다. 반추동물(되새김질을 하는 소, 사슴 등) 계통, 거대한 집단인 다람쥐과 계통, 천산갑목 계통(갑옷을 두른 개미핥기 종류, 현재는 아프리카와 아시아의 마니스속이라고 한다), 고래 계통, 낙타 계통 등이 검사 대상이었다.

검사 결과, 다섯 계통 모두 수동적인 경향에 대한 증거를 보여주긴 했지만 복잡성을 향한 추진력은 보여주지 않았다. 맥시는 하나의 선조 종과 거기서 갈라져 나온 다양한 자손 종들을 비교해 유의미한 증가나 감소가 일어난 스물네 경우를 찾아냈다(총 90개의 표본을 여섯 개의 변수를 이용해, 세 가지 방법으로 검사했다. 스물네 개의 표본을 제외한 나머지 표본들은 조상과 후손이 크게 다르지 않았다). 재미있는 것은 이렇게 변화한 표본들 중 열세 건의 경우에는 복잡성이 〈감소〉했으며 증가한 것은 아홉 건밖에 되지 않았다. 13과 9의 차이는 통계적으로 그다지 큰 의미를 갖는 것이 아니다. 하지만 나는 이 결과를 보고 회심의 미소를 지었다. 전통적인 관점에 따르면 정반대의 결과가 나와야 했지만, 결과적으로 복잡성의 증가가 아니라 오히려 감소가 관찰되었기 때문이다.

앞에서 언급한 추골의 복잡성을 측정하는 세 가지 값으로 세 계통의 추골이 가진 복잡성을 측정하면 아홉 개의 분포를 만들 수 있다. 맥시는 이 분포들의 기울어짐을 조사하는 세번째 검사 방법을 적용했다. 아홉 개 분포의 기울어진 정도의 평균값이 음수였다 (-0.19). 이것은 계통들의 분포가 오른쪽으로 기울었다는 것을 뜻하는 결과였다. 확신하기에는 너무 작은 값이었지만 복잡성의 증가를 진화의 추진력이라고 보는 전형적인 사고 방식에는 뼈아픈 결과였을 것이다!

맥시는 자신의 연구를 이렇게 요약했다(McShea, 1994, 1761쪽).

> 등뼈의 최소 복잡성은 아마도 변하지 않았고(실제 최소값은 이론적인 최소값 가까이에 있는 것 같다), 포유류 계통들에서 조상과 자손을 비교한 결과는 종분화에 있어 어떤 편향도 보여주지 않고 있다. 그리고 기울어진 정도의 평균값은 음수였다. 이것은 이 시스템이 모두 수동적이라는 것을 가리킨다.

제비 한 마리를 보고 여름이 왔다고 할 수 없듯이 하나의 연구를 가지고 일반성 운운할 수는 없다. 하지만 처음으로 나온 엄밀한 자료가 전통적인 시각과 그렇게 모순된 결론을 보여준다면 자세를 바로 하고 진지하게 검토해야만 한다. 몇 가지 다른 연구들도 조종형보다는 수동형을 옹호하고 있다. 1995년 뉴올리언스에서 열린 미국 지질학회 연차 총회에서 맥시는 복잡성에 대한 새로운 연구 결과를 처음으로 발표했다. 그것은 형태적인 것이 아니라 발생적인 복잡성에 대한 연구였다. 발생 과정에서 독립된 구조를 형성하는 성장요소들의 수로 복잡성을 정의한 것이었다(실제로는 두 측정값 사이의 상관계수를 측정한 것이다. 상관계수가 양수면 두 값이 똑같은 하나의 양식으로 발생한다는 것을 나타내고 0의 상관계수는 두 값이 발생에 개별적인 영향을 끼치는 것을 나타낸다.)

맥시는 베네딕트 홀그림슨Benedikt Hallgrimsson과 필립 깅그리치Philip D. Gingerich의 협조를 얻어, 포유류 치아 화석 자료에 이 연구를 적용했다. 이 자료들은 깅그리치가 와이오밍 주의 빅혼 분지에서 포유류 진화적 순서를 연구하기 위해 몇 년 동안 축적해온 방대하고 훌륭한 것이었다. 이 연구에서도 복잡성의 증가 경향을 발견할 수 없었다. 그들은 다음과 같은 결론을 내렸다. 〈검사 결과 비계층적으로 발달하는 복잡성에 관해서는 증가나 감소를 향한 편향을 하나도 발견할 수 없었다.〉

복잡성을 계측하는 또다른 포괄적 연구가 있다. 보야잔과 러츠(Boyajian and Lutz, 1992)는 복잡성을 증가시킨 힘이 작동한 진화로 잘 알려져 있는 고전적인 사례인 암모나이트를 분석했다. 그것들은 척추동물 집단이 아니었지만 역시 수동적인 경향의 증거를 보여 주었다. 그 사례에서 조종된 경향의 증거는 찾을 수 없었다.

지금은 멸종된 암모나이트는 현생 앵무조개의 사촌으로, 소용돌이 모양의 껍질 속에 오늘날의 오징어나 낙지 비슷한 동물이 들어 있던 두족류의 동물이다. 껍질 내부에는 몇 개의 작은 방이 있고 그 방과 외부 껍질이 만나는 경계선을 〈봉합선〉이라고 한다. 앵무조개의 봉합선은 주로 직선이거나 완만한 파도 모양이지만, 암모나이트는 보통 복잡한 사인 곡선이거나 요철 모양이다. 상식적으로 봐도 암모나이트의 봉합선 모양이 앵무조개의 것보다 복잡하다는 것을 알 수 있다. 기존의 고생물학에서도 암모나이트의 봉합선이 시간의 흐름에 따라 복잡해졌다는 것을 잘 알고 있다. 고생물학의 여명기부터 암모나이트 봉합선의 복잡해졌다는 것은 무척추동물의 화석 기록 중에서 〈누구나 알고 있는 고전적인 경향〉으로 취급해 왔다.

보야잔과 러츠는 암모나이트 봉합선의 복잡성을 평가하는 데 〈프랙털 차원〉이라는 편리한 값을 사용했다. (이전까지는 봉합선의 복잡성을 주관적으로 평가할 수밖에 없었기 때문에 복잡성을 양적으로 증명하지 못했다. 구부러진 선의 복잡성을 엄밀하게 측정하는 확실한 방법을 아는 사람이 하나도 없었기 때문이다.) 프랙털은 요새 와서 대중 문화에서 식상한 주제가 되었을지도 모른다. 하지만 프랙털을 좀 어렵게 정의하면 일상적인 차원들 사이에 존재하는 곡선과 면을 의미한다. 직선은 프랙털 차원이 1이고, 평면은 2이기 때문에 이리저리 꼬불꼬불한 곡선의 프랙털 차원은 1과 2 사이에 있는 값으로 정의할 수 있다. 평면 위에 있는 두 점을 잇는 직선의 프랙털 차원은 최소값 1을 갖고, 결코 실현되지 않는 최대값 2는 이리저리 꼬불거리면서 서로 대각선으로 마주 보고 있는 두 점 사이의 평면 전부를 가득 채우는 선에 해당한다. 프랙털 차원이 높아질수록 봉합선은 더 꼬불거리게 된다. 그렇게 되면 봉합선은 우리의 상식과 직감이 말해주는 〈복잡함〉에 도달하게 된다. 보야잔과 러츠는 암모나이트 역사 전체를 커버할 수 있는 615개의 속을 골고루 뽑아 봉합선의 프랙털 차원을 하나하나 측정했다. 그 결과 프랙털 차원의 측정값이 1.0을 겨우 넘는 값(아주 단순한 구조는 거의 직선에 가깝다)에서 가장 복잡한 값 1.6 사이에 걸쳐 분포한다는 것을 발견했다.

초기 암모나이트들은 모두 어느 정도 단순한 봉합선을 보여주고 있다. 그 봉합선의 프랙털 차원은 직선에 가까운 이론적 최소값 1.0이었다. 따라서 계통의 시조가 복잡성의 최소값을 가졌던 맥시의 추골 연구처럼, 복잡성이 증가할 수밖에 없었다! 왼쪽 벽에서 시작했다는 것이 봉합선의 복잡성을 증가시킨 것이다. 후기 암모나이트 중에는 복잡한 봉합선을 가지고 있는 종이 많다. 이 때문에 복잡한 구조가 더 유리하다고 가정하고, 자연선택에 의해 복잡한 봉합선이 선택될 수밖에 없는 그럴 듯한 이유를 적당히 주어 모았을 것이다(수압을 이기는 조개 껍질의 강도 증가, 근육 부착 면적의 증가 등등). 암모나이트 진화에 관한 고생물학의 편견은 이렇게 만들어졌다.

그러나 보야잔과 러즈는 조종된 경향에 대한 증거를 찾을 수 없었다. 대부분의 자료는 수동적 경향을 뒷받침했다. 이 결과는 복잡성의 증가가 왼쪽 벽에서 시작되고 각 계통에서 복잡성 증가와 같은 편향이 전혀 없을 때 일어나는 우발적 효과라는 것을 의미한다. 대부분의 암모나이트 계통은 전체 역사를 통해 복잡성이 낮은 종을 유지했다(그림 35). 가장 중요한 것은 보야잔과 러즈가 확인할 수 있었던 모든 조상-자손 쌍에서 복잡성의 증가 경향을 전혀 발견할 수 없었다는 사실이다(유공충의 경우, 아놀드와 동료들도 조상-자손 쌍에서 크기 증가 경향을 발견할 수 없었다). 그리고, 복잡성이 그렇게 좋은 것이라면 복잡한 봉합선을 가진 속들이 더 오래 살아야 한다고 생각할 수 있다. 하지만 그들은 복잡한 봉합선과 지질학적 수명의 관계를 찾을 수 없었다(그림 36).

대개의 경우, 과학 연구의 아주 작은 부분만이 대중에게 알려진다. 그것도 과학자들이 중요시하는 것인 경우가 드물다. 대중 매체에서 다루는 과학 연구 결과 중에는 관습적인 개념(주로 오해)을 뒤흔드는 경우도 가끔 있을 수 있다. 맥시와 보야잔의 연구는 과학계

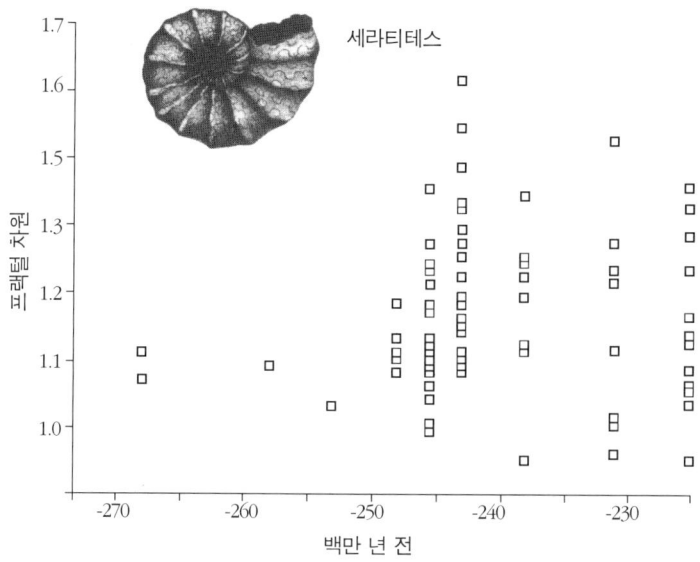

〈그림 35〉 암모나이트 중에 세라티테스 집단의 프랙털 차원으로 측정한 복잡성의 진화. 최초의 종(왼쪽)은 왼쪽 벽 근처의 단순한 봉합선을 가졌다. 낮은 값은 이 집단의 역사 전체를 통해 그대로 지속되던가 감소되기도 했다. 변이의 폭도 유일하게 열려 있는 방향인 프랙털 차원이 높아지는 방향으로만 확장되었다.

에서도 중요한 것이었지만, 드물게도 대중 매체의 집중 조명을 받았다. 그것은 그들이 〈누구나 다 알고 있는〉 것에 도전했기 때문이었다. 생명 진화의 특징이 복잡성 증가를 향해 맹렬하게 돌진한다고 알려진 상식의 오류가 밝혀진 것이다. 《뉴욕타임스》(1993년 3월 30일자)의 캐롤 윤의 글이다.

원시생명수프 속에서 최초의 단세포 생물이 생긴 이래, 다양한 생명으로 발전한 찬란한 행진을 조사해 온 진화생물학자들은 생물의

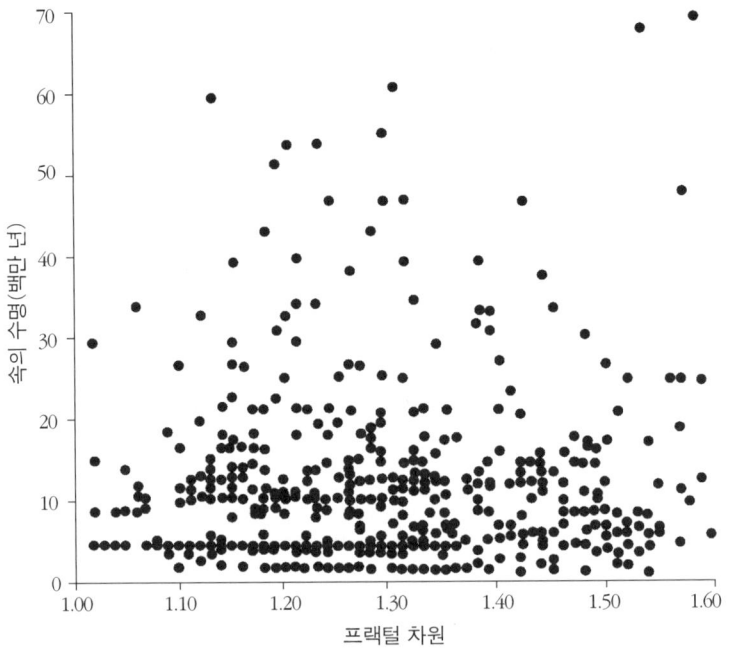

〈그림 36〉 암모나이트 속의 수명(백만년). 가로축은 프랙털 차원이며 세로축은 시간을 표시한다. 수명과 복잡성 사이에는 아무런 관계도 없다.

형태가 시간에 따라 복잡해지면서 지구를 다채롭게 만들어 온 것에 경탄해 왔다. 더 큰 뇌, 더욱 효율적인 대사기관, 더욱 복잡한 사회 체제, 이 모든 것은 진화에서 복잡성이 증가해 간다는 통념을 확인해 주는 것처럼 보인다. 그 경향이 너무나 명확한 것처럼 보이기 때문에 일부 생물학자들은 진화 과정이 실제로 복잡성을 증가시키고 있다고 말한다. …… 그러나 이러한 경향이 사실인가 실제로 검증해 본 연구 결과 포유류의 등뼈와 암모나이트 화석에서 복잡성을 증가시키는 진화적 추진력을 찾는 데 실패했다는 보고가 나왔다.

《디스커버》(1993년 6월호)에 실린 로리 올리벤스타인의 글.

　생물이 진화하면서 더 우수해져 간다는 것은 주지의 사실이다. 더 고등해지고, 더 현대적이 되면서 원시성에서 벗어나게 된다. 댄 맥시(「복잡성과 진화 – 누구나 아는 것」이란 논문을 발표)에 의하면, 누구나 생물이 진화하면서 복잡해져 가는 것으로 알고 있다. 원시생명 수프에서 합성된 최초의 세포에서 호모 사피엔스의 놀라운 복잡성까지 생명의 진화는, 누구나 알고 있듯이 더 큰 복잡성을 향한 장거리 행진이었다. 누구나 알고 있는 이 사실에 존재하는 단 하나의 문제는 …… 그것을 확인해 줄 증거가 없다는 것이다.

증거를 요구하는 사람이 있음에도 불구하고, 명명백백한 사실이라는 이유로 그 누구도 증명할 필요를 느끼지 못하는 진리. 누구나 알고 있지만 그것을 증명할 수 있는 증거를 아는 사람이 하나도 없는 진리만큼 폭력적인 지적 독단도 없다. 그리고 망치로 톡 하고 치면 힘없이 부서질 진리라는 이름의 이끼 낀 거대한 바위를 정보라는 망치로 톡톡 쳐보는 것보다 더 유익한 지적 활동은 없다. 나는 고생물학회의 모토를 사랑한다. 프랑고 우트 파테파치움(*Frango ut Patefacium*, 발견을 위한 파괴). 이것은 수사적인 의미와 실제적 의미를 다 갖고 있는 모토다. 고생물학자들의 주요 연장이 망치이기 때문이다.

마지막 지푸라기의 치명적인 결함

아무런 희망이 없이 궁지에 몰린 사람은 타당하다고 생각되는 것과 정반대의 무모한 행동을 하는 경우가 종종 있다. 화해하면 되는데 강경하게 나가는 것이다. 이러한 행동을 〈강박관념〉이라고 부른다. 데비 크라켓, 짐 보위와 텍사스 독립군은 알라모 전투에서 항복하지 않음으로써 영원한 명예를 얻었다. 그러나 명예롭게 항복했다면(전투를 계속해도 대량학살을 피할 수 없었던 절망적인 상황임을 감안해서) 20여 년 후 텍사스의 술집에 앉아 맥주를 들이키며 후일담 삼아 전쟁 이야기를 즐길 수 있는 세속적인 특권이 보장되었을 것이다. 그리고 알라모 전투에 관계없이 텍사스 분리 독립은 달성되었을 것이다.

진보야말로 진화의 추진력이라는 견해를 부정하는 이론의 위력, 그리고 오른쪽 꼬리를 향한 수동적인 경향과 박테리아가 최빈값이라는 사실을 증명해 주는 막강한 자료들이, 아직도 진화가 지구라는 행성에서 인류의 권위와 지배를 정당화해 주기를 바라는 사람들에게 일종의 강박관념을 갖게 하는 것 같다. 그런 사람들은 이제 어디서 위안을 찾아야 할까? 박테리아는 어떤 기준으로 보나 우월한 지위에 있다. 오른쪽 꼬리는 존재하지만 이 작은 꼬리가 생명 전체를 좌우할 수는 없다. 뿐만 아니라 오른쪽 꼬리 자체도 생명이 왼쪽 벽에서 시작했다는 제약이 만들어 낸 수동적 흐름의 부수적 결과일 뿐이다. 자연의 선(善)이자 진화의 추진력으로 간주되는 복잡성 증가의 원인이나 편향은 존재하지 않는다.

따라서 철저한 항전을 준비하는 전통주의자는 자신의 아늑한 서식처인 오른쪽 꼬리를 요새로 삼아 논쟁을 준비해야만 한다. 강박관념에 쫓겨 자신의 제한된 영토를 방어하기 위해 강경하게 나가야 한다. 이제 그는 오른쪽 꼬리는 작을 뿐만 아니라 단순한 효과일지도 모른다는 것을 인정한다. 그러나 그는 마지막 위안이 될 수 있는 이야기 하나만 들어달라고 부탁한다. 〈작다고는 하더라도 나는 한 나라 한 성의 왕이지 않은가? 한때는 내가 자연 전체를 좌우한다고 생각했었다. 그리고 다른 모든 생물은 예정된 인류 탄생을 준비하는 존재일 뿐이라고 생각했다. 이제는 이러한 시각이 교만이자 거짓된 것이었음을 인정할 준비가 되어 있다. 나는 작고 부수적인 꼬리 위에 있다. 그러나 적어도 신경계의 정교함의 차원에서, 나는 가장 복잡한 생물이다. 그래서 나는 아직도 군림하고 있는 것이다. 이 오른쪽 꼬리가 수동적으로 형성되었다고 하더라도, 오른쪽 꼬리는 필연적으로 발전했을 것이고 궁극적으로 나 같은 존재를 낳을 수밖에 없었을 것이다. 그렇다면 이런 노래로 자신을 위안하는 것 정도는 허용해 줄 수 있지 않을까. '나여야만 해, 멋진 나, 나여야만 해.'〉

그리고 〈한마디로 19세기의 교황 피우스 9세처럼 살고 싶다. 선대 교황들은 광대한 유럽 지역에 지배권을 행사했다. 그리고 한때는 이탈리아의 대부분을 지배한 적도 있었다. 하지만 지금은 로마 시내의 쥐꼬리만 한 영역(바티칸)에 한정되어 있을 뿐이다. 그러나 이 지역에서만큼은 교황의 권력이 절대적이다. 따라서 이 지역에서만큼은 신성불가침을 선언할 수 있다!〉

그러나 이러한 몽상(광적이기 쉬운데, 그것은 강경한 자세에는 항상 권력에 대한 편집증과 과대망상을 고무하는 경향이 있기 때문이다)도 유지할 수 없다. 생명 전체를 봤을 때 오른쪽 꼬리가 당연하게 형성되기 때문에 인간처럼 의식을 가진 생물이 진화·발생할 것이라는 주장은 전형적인 〈범주의 오류〉에 속한다. 이 경우는 올바른 일반론으로부터 특수한 결론을 추론한 오류다. 오른쪽 꼬리가 (수동적인 경향의 결과) 생기는 것은 필연적인 것이지만, 특정한 시대에 어떤 생물이 오른쪽 꼬리를 점유할 것인지는 우연한 결과일 뿐이다. 캄브리아기에 있었던 종의 폭발이라는 현대 다세포 생물의 기원까지 생명 역사에 대한 영화를 되돌렸다고 생각해 보자. 그리고 그 영화를 다시 상영한다면 생명은 다시금 지구를 채워나갈 것이다. 그리고 또다시 오른쪽 꼬리를 만들 것이다. 하지만 그 생물들은 우리가 지금 보고 있는 것과 전혀 다른 집단일 것이다. 이렇게 전혀 다른 생물 집단 안에 인류와 약간이라도 비슷한 존재가 포함되어 있을 확률은 실질적으로 0에 가깝다. 그리고 자아를 지닌 어떤 생물이 탄생할 확률 역시 극히 미미할 것이다.

어떤 패턴을 전반적으로 예측할 수 있다고 하더라도 특정 종의 우발적이고 불가능한 진화 여부를 따지는 것은 이 책의 논의 범위를 벗어난다(인류의 탄생은 일어날 것 같지도 않은 특수한 사건이다. 그리고 일반적으로 예측할 수 있는 것도 아니다). 그러나 이 시점에서 그 논의의 요점만이라도 언급할 필요는 있는 것 같다(졸저 『경이로운 생명』 요약). 〈우연〉에 의해 도전을 받고 전복된 이 전통적인 관점이야말로, 인류의 우월성이 진화의 일반 원리를 통해 뒷받침되기를 바라는 사람들의 마지막 보루이기 때문이다.

진화의 역사를 〈다양성 증가의 원뿔〉로 표현하는 전통적인 모델은, 생명이 진보하기 위해 위로 올라가고 수를 늘리기 위해 밖으로 뻗어 나간다고 설명한다. 이 과정을 통해 캄브리아기의 단순한 다세포 생물에서 출발해 현재처럼 고등한 진보와 폭넓은 다양성 수준에 도달하게 된 것이라고 설명하고 있다. 이러한 도식에서는, 진화의 경로는 예상 경로를 그대로 따라가고 생명의 역사는 몇 번이고 똑같이 반복된다. 그러나 버제스 혈암층의 연체동물 화석과 다른 캄브리아기 동물상에 대한 철저한 재검토를 바탕으로 한 혁신적인 연구에 의해 그 도식과 전혀 다른 도식이 만들어졌다. 이 새로운 도식에 따르면, 생명 역사 초기에 해부학적인 다양성이 이미 최고 수준에 달했다. 그러나 그 뒤에 초기에 시행된 실험 중 대부분이 멸종되고 생명의 다양성이 가지고 있던 최초의 가능성 중 극히 일부의 가능성으로 축소·안정되었다. 이것이 바로 새로운 도식이다. 게다가 대다수가 멸종되고 소수만이 살아남은 경우에 살아남은 자들이 더 고등한 존재로 진보했기 때문에 살아남았다고 하는 것보다 복권이 당첨되는 것처럼 운이 좋아서 살아남았다고 하는 것이 더 타당할 것이다. 그리고 강력한 증거도 있다. 〈순수한〉 복권 당첨 모델에서 〈당첨 복권〉은 무작위로 배포된다. 따라서 처음 존재했던 다양한 종들 중에 소수만이 그런 축복을 받는다. 만약 추첨을 다시 반복하면 당첨 복권은 다른 집단에게 무작위적으로 돌아가고 전혀 다른 집단이 살아남게 될 것이다. 인류를 포함한 척추동물 계통의 조상은 이러한 진화의 초기 실험에서 작은 자리 하나를 겨우 얻을 수 있었다. 캄브리아기 초기부터 존재했던 척추동물의 선조 중에 화석 기록으로 확인된 것은 버제스 혈암층에서 발견된 〈피카이아(*Pikaia*)〉와 중국 윈난(雲南) 성의 첸장(澄江) 지방에서 최근에 보고된 〈유나노준(*Yunnanozoon*)〉 (Chen et al., 1995; Gould, 1995) 딱 두 가지뿐이다. 척추동물은 대단한 행운아였다. 하지만 추첨을 다시 한다면 척추동물은 당첨되지도 않을 것이고 크게 번성하지도 못할 것이다.

엄청나게 우연한 사건이 운 좋게 딱 한번 발생했고 뒤이어 예상대로 진보의 역사가 진행되었다고 한다면, 인류의 출현은 운 좋게 운명의 바퀴와 맞아 떨어져 만들어진 필연적 흐름에 가깝다고 말할 수도 있을 것이다. 그러나 엄청나게 우연한 사건은 프랙털 원리에 따라 강력한 힘으로 모든 국면에 개입한다. 현생 인류가 출현하기까지의 몇십만 단계 중 어느 한 단계에서 미미하지만 다른 변이가 일어났다면 전혀 다른 결과가 나왔을 것이다. 그랬다면 역사는 삽시간에 전혀 다른 길로 흘러가 호모 사피엔스도, 어떤 자의식을 가진 생물도 출현시키지 않았을 수도 있다.

어느 이름 없는 작은 물고기 하나가 육상에서 몸무게를 지탱할 만한 지느러미를(호수와 바다에서 적응하기 위한 용도로 진화된 것이지만) 진화시키지 못했더라면 아마 육상 척추동물은 생겨나지 못했을 것이다. 거대한 운석이 6,500만 년 전에 공룡을 멸종시키지 않았더라면 아마 포유류는 아직도 공룡 세계의 한구석 후미진 틈에 숨어 사는 왜소한 생물에 불과했을 것이며 자의식을 가질 정도로 큰 뇌를 가진 덩치 큰 생물을 진화시키지 못했을 것이다. 만약 아주 작고 힘 없는 인류의 선조들이 아프리카 사바나에서 잔혹한 운명의 화살(어쩌면 멸종)을 견뎌내지 못했다면 호모 사피엔스는 지구 전역으로 퍼져나가지 못했을 것이다. 인류의 출현은 복잡성을 향한 추진력 같은 것은 존재하지도 않는 예측 불가능한 과정에서 우연하게 발생한 영광스러운 사건이었다. 자신을 출현시킨 과정을 이해할 수 있는 생물을 생산하고자 열망하는 진화의 원리에 의해 만들어진 필연적 결과물이 결코 아니다.

■ 에필로그

· 15 ·
인간의 문화에 대하여

제4부 전체를 통해 복잡성의 최소값을 의미하는 왼쪽 벽에서 기원한 생명은 다양성의 증가에 따라 오른쪽 방향으로 수동적인 경향을 만들 수밖에 없다는 한계성에 초점을 맞춰 논의를 전개했다. 이 책의 다른 모든 예들과 마찬가지로, 시스템 전체의 변이(풀하우스)를 상세히 고려하면 적절한 이해에 도달할 수 있지만, 전체를 하나의 추상적인 숫자로 환원하고 시간에 따라 이 숫자의 변화를 추적해 가는 플라톤적 전략으로는 오류와 혼란에 이를 뿐이라는 것을 강조했다. 평균을 원형으로 해석하는 것이나 사람들에 경이감이나 공포감을 주기 위해 극단적인 예를 사용하는 것 모두 플라톤적 전략이라고 할 수 있다.

이 책의 주요 예 둘(4할 타자의 소멸과 생물 역사에서 복잡성 증가 경향의 부재)은 추상화된 요소 대신 전체를 연구하는 새로운 방법의 다른 측면을 다룬 것이다. 야구의 사례는 인간의 한계인 오른쪽 벽 침식을, 생물의 역사를 다룬 예는 최소 복잡성의 왼쪽 벽에서 시작된 확장 문제를 논한 것이다. 두번째 예에서 나는 생명이 정교함의 증가 영역인 오른쪽을 향해 수동적으로 확장하는 것으로 봤다. 그러나 모종의 제약이 어느 순간 오른쪽 벽으로 작용해 더 이상의 확장을 억제한다는 원리는 언급한 적이 없다. 야구의 사례는 인간이 성취의 정점에 도달하는 것을 가로막는 오른쪽 벽의 위력을 보여준다. 그렇기 때문에 여기서는 인류의 역사에 미치는 그 힘의 잠재적 역할에 대해서 생각해 보려고 한다.

우리는 한계를 가진 세계에서 살고 있다. 괴테는 독일 속담을 인용해 〈나무가 아무리 자란다고 하더라도 천국까지 자랄 수는 없다〉고 썼다. 그런 역학적인 한계는 인간이나 자연이 만든 물체를 보면 쉽게 알 수 있고 측정할 수 있는 것이다. 나의 고향 뉴욕의 모토는 〈Excelsior〉 단 한 단어이다. 이 단어는 더욱 높이라는 뜻을 가지고 있다. 그러나 천국까지는 올라가지 못할 것이다. 한번은 맨해튼의 38번가와 5번가의 교차로에 있는 빌딩의 25층에 올라가 본 적이 있다. 시원하게 뚫린 유리창을 통해, 발아래 펼쳐진 20세기의 역사 전체가 한눈에 들어왔다. 그것은 끊임없이 최고 높이에 도전해 온 역사였다.

뉴욕을 사랑하는 뉴요커이자 건축애호가였던 나는 그 광경에 전율을 느꼈다. 세계에서 제일 높은 빌딩이었던 빌딩들. 1899년 25.8미터로 당시의 기록을 깼던 파크 로우 15번지의 파크 로 빌딩, 1909년 210미터의 기록을 세운 메트로폴리탄 라이프 타워, 1913년 237.6미터를 기록한 울워스 빌딩, 1930년에 319미터를 기록한 크라이슬러 빌딩, 그리고 내가 있는 곳에서 그렇게 멀리 떨어지지 않은 곳에 있는 압도적인 엠파이어스테이트 빌딩(1931년에 375미터였으나 1951년에 TV 송신탑이 건설돼 450미터가 되었다). 마지막으로 세계 무역센터 쌍둥이 빌딩이 도심 쪽으로 보이지만 거리 때문에 비교적 작게 보인다(1976년에 405미터). 이것들이 생긴 뒤 시카고에서 더 높은 빌딩을 세웠다고 하지만 진짜 뉴요커라면 그런 낭설에 아랑곳하지 않는다.

줄기찬 〈더욱 높이〉의 행렬은 언제까지나 끝없이 올라갈 수 있다는 그릇된 인상을 줄 수 있다. 그러나 기록이 갱신될 때마다 고무줄은 거의 끊어질 지경으로 팽팽히 늘어나고 있다는 정반대의 결론을 기억해야 한다. 새로운 도전자들은 언제나 엄격하게 제한된 한계에 도전해야만 하는 것이다. 사람은 혹시 모르지만, 빌딩이나 나무는 결코 천국에 도달할 수는 없다. 각각의 고층 빌딩은 당시 기술의 한계를 가능한 한 잡아늘인 공학적 기적이었다. 기록이 갱신될 때마다, 시간의 흐름에 따라 그 증가 정도가 감소하는 것은 스포츠 선수가 생체역학적인 한계인 오른쪽 벽에 다가갈수록 기록 갱신이 어려워지는 것과 같다(3장 참조). 메트로폴리탄 라이프 타워가 세운 1909년의 기록은 그 이전 기록의 두 배였다. 그러나 최근의 빌딩들은 이전 기록을 10퍼센트 이상 갱신하지 못했다.

이 장에서는 인간의 역사에서 오른쪽 벽이 영향을 줄 법한 좀 신경 쓰이는 사례들에 대해서 논의하고자 한다. 문화의 시간적 변천에 미치는 오른쪽 벽의 영향은 중요한 문제라는 것을 이해해야 한다. 제4부 앞 부분에서는 자연적인 또는 다윈적인 진화(전반적인 진보가 아니라 국지적인 적응만을 일으키는 과정)의 근본적인 특성이 수동적인 경향을 통해서만 복잡성이 증가한다는 것임을 설명했다. 작은 꼬리가 몸통을 흔들 수 없듯이 생명의 무게 중심이 박테리아에 있다는 주장은 흔들리지 않는다. 이 논의들에서는 오른쪽 벽은 문제 밖에 있었다. 오른쪽 벽은 머나먼 미지의 장소에 있기 때문에 생명에 어떤 심각한 영향을 줄 수 없기 때문이었다(나무가 천국에 닿지 못하는 것처럼 개별적인 계통들은 종종 생체역학적 한계에 부딪히기도 한다).

그러나 인류의 문화적 변천은 생물 진화와 전혀 다른 원리에 의해 진행된다. 그것은 진보라고 불러도 좋은 어떤 것을 향한 조종된 경향의 존재를 생각해도 좋은 과정이다(진보라는 것이 인류에게 현실적으로나 도덕적으로 정말 궁극적으로 좋은 것인지는 따지지 말고 일단 기술적 의미로 한정하자). 이러한 의미에서 나는 문명과 사회체제의 역사에 〈문화적 진화〉라는 단어가 사용되는 것에 위화감을 느끼고 있다. 진화라는 용어를 자연의 역사와 문화의 역사에서 동시에 사용하는 것은 오히려 의미를 혼란스럽게 만드는 것 같다. 물론 계통들의 역사적 변천은 모두 어느 정도의 공통점을 지니기 마련이다. 그러나 이 경우에는 차이점이 유사성을 훨씬 앞지른다. 게다가 불행하게도, 우리가 〈문화적 진화〉라고 말할 때에는, 이것과 자연의 변화 또는 다원적 변화가 근본적으로 유사한 것이라고 무의식적으로 생각하게 된다. 〈진화〉라는 단어를 이렇게 무분별하게 사용한 탓에 인간의 생활이나 역사를 해석할 때 터무니없거나 혹은 좀 두려운 오류를 저지른 것이다. 즉 다윈의 자연사 이론이 인간 사회와 기술의 역사에도 다 적용될 수 있을 것이라는 생각은 지나치게 환원주의적인 가정이다. 나는 〈문화적 진화〉라는 말을 추방했으면 한다. 보다 중립적이고 기술적인 표현, 예를 들어 〈문화적 변화〉 같은 말을 쓰는 것이 더 바람직할 것 같다.

다원적 진화와 문화적 변화의 가장 큰 차이점은 명백한 것이다. 문화는 폭발적인 속도로 변화할 수 있고 어떤 방향성을 축적할 수 있는 능력을 가지고 있다. 자연에는 이런 능력이 없다. 지질학적 시간으로는 순간이라고 할 수 있는 짧은 시간 동안 인간의 문화적 변화는 무수한 세대에 걸쳐 이루어졌던 자연적인 진화가 했던 것과는 비교도 안 될 정도로 지구의 표면을 변화시켰다. (유성의 충돌이 백악기 대멸종에 방아쇠를 당겼듯이, 물리적인 자연의 천재지변이 지질학적 의미로 순식간에 많은 생물을 싹 쓸어버릴 수 있으나, 인류의 문화적 변화와 같은 속도로 일어나는 자연의 진화적 변화 과정은 알려진 게 없다. 가장 빠른 속도로 일어났던 대규모 변화인 캄브리아기 종의 폭발도 500만 년이나 걸린 것이다.)

자연의 진화와 문화적 변화 사이의 가장 큰 차이점은 인류 역사의 주요한 특징 속에 포함되어 있다. 우리는 인간의 신체나 뇌가 지난 10만 년 동안 조금이라도 변했다는 증거를 발견하지 못하고 있다. 이 사실은, 일반적으로 잘못 알려져 있는 것처럼 점진적으로 쉬지 않고 변화하는 진화 원리에 어긋나는 것을 의미하지는 않는다. 이것은 성공적으로 번성한 종이 보여주는 전형적인 정지 상태다. 15만 년 전에 라스코와 알타미라의 동굴 벽화를 그린 크로마뇽인은 바로 우리 자신이다. 이 작품들의 경이로운 아름다움과 호화로움을 한번 보면 피카소가 결코 그와 똑같은 뇌를 가졌던 조상들보다 지적 섬세함에서 더 우월하지 않았음을 피부로 느낄 수 있다. 하지만 15만 년 전에 어떤 인간 집단도 우리가 문명이라고 정의할 수 있는 것을 만들어 내지 못했다. 어떤 집단도 농사를 발명하지 못했고 항구적인 도시도 건설하지 못했다. 인류는, 지질학적으로는 찰나라고 부를 수 있는 지난 1만 년 동안에 모든 것을 이루었다. 농업의 기원에서부터 시카고의 시어스 빌딩까지, 좋든 나쁘든 인류가 이룩한 문명의 거창한 작품들은 예전과 똑같은 크기의 뇌에서 나온 것이다. 분명히 문화적 변화는 다윈적 자연 진화가 보여줄 수 있는 최대 속도를 크게 앞지른다.

자연 진화와 문화적 변화는 근본적으로 수많은 점에서 다르지만 그중에서 특히 두 가지가 문화적 변화의 속도와 방향의 동력으로 꼽을 수 있다.

1. 위상기하학. 종 수준과 그 상위 수준에서 일어나는 다윈적 진화는 지속적이고 불가역적인 이야기이다. 일단 한 종이(서로 교배가 되지 않을 때 다른 종으로 정의된다) 조상 종과 분리되면 영원히 다른 상태로 남게 된다. 종은 다른 종과 융합되지 않는다. 종들은 다양한 방법으로 생태학적 상호작용을 하지만 물리적으로 합쳐 하나의 생식 단위가 되지는 않는다. 자연의 진화란 끊임없이 갈라지고 달라져 가는 과정이다.

이에 반해 문화적 변화는 다른 전통의 융합과 접합을 통해 상승 발전할 수 있다. 똑똑한 여행자 하나가 외국에서 바퀴를 보고 고향에 발명을 수입해 와 그 지역의 문화를 근본적으로 영원히 바꾸어 버릴 수도 있다. 총과 이륜 전차, 그리고 그것들을 정비하기 위한 기술자나 숙련공들을 수입하면 평화롭던 작은 나라를 세계 정복 기계로 변모시킬 수도 있다. 전통 교류의 엄청나게 성공적인(또는 파괴적인) 영향력이 다윈적 진화의 느린 세계에는 볼 수 없는 어떤 메커니즘으로 인류의 문화적 변화를 강력하게 촉진한다.

2. 유전의 메커니즘. 다윈적 진화는 간접적이고 비효율적인 과정인 자연선택을 통해 일어난다. 일단 무작위적 변이가 변화의 원료로서 제공되어야 그 다음에 자연선택이 대부분의 변이들을 솎아버리고 국지적 환경 변화에 우연히 더 잘 적응된 개체들을 보존시키는 작업을 진행할 수 있다. 자연선택은 그 자체로는 아무것도 할 수 없는 소극적인 힘이다. 수많은 세대에 걸친 이로운 변이의 축적은 진화적 변화로 이어진다. 지엽적인 향상은 셀 수 없이 많은 죽음을 희생 제물로 삼아 실현된다. 적극적인 개량이 아니라 비적응적인 개체의 제거를 통해 〈보다 나은〉 장소에 도달할 수 있는 것이다.

더 직접적이고 효율적인 메커니즘도 얼마든지 상상할 수 있다. 생물이 자기들에게 이로운 것이 무엇인지를 고안해내고, 적응할 수 있게 만들어 주는 성질을 일생 동안 노력해 발전시키고, 그리고 향상된 결과를 자손에게 남겨줄 수 있다고 생각해 볼 수도 있다. 이런 식의 유전 메커니즘을 〈라마르크 이론〉 또는 〈획득형질의 유전〉이라고 부른다. 유전이 이런 식으로 이루어진다면 자연의 진화는 갱단 소탕하듯 격렬하게 진행될 것이다. 그러나 유전은 그런 것이 아니다. 유전은 라마르크의 이론이 아니라 멘델의 법칙에 따라 이루어진다. 생물이 살아 있는 동안 꾸준하게 〈향상〉을 위해 노력할 수도 있다. 내가 학교 다닐 때의 교과서에 나왔던 진부하고 웃긴 예에 따르면, 기린의 목은 길게 늘어나고 대장장이 팔 근육은 강건해진다. 하지만 이러한 이점들은 자손에게 유전될 수 없다. 〈획득형질〉은 다음 세대를 구성할 유전물질을 변형시키지 못하기 때문이다. 무척 애석한 일이지만, 원래 그런 것이다. 다윈의 진화는 느리고 간접적이기는 해도, 충분하게 잘 기능하고 있다.

그런데 문화적 변화는 이와는 정반대로, 근본적으로 라마르크적 방법을 따른다. 한 세대가 얻은 문화적 지식은 모두 교육이라고 하는 고상한 이름을 가진 행위를 통해 직접 다음 세대로 전달된다. 다른 육체적 향상은 사라져 버리지만 내 두뇌의 산물은 유전 과정을 통해 사라지지 않는다. 내가 만약 바퀴를 처음으로 발명한 사람이라면, 나는 내 자식, 제자, 사회 집단에 바퀴 만드는 방법을 가르쳐 주기만 하면 된다. 이것은 너무나 당연하지만 너무나 심오한 진리다. 읽기, 쓰기, 영화, 교육, 연습, 수행 등 다음 세대에게 지식을 전달하는 인류 특유의 모든 활동은 우리의 문화 역사에서 라마르크적 촉매로 작용한다. 인류 문화의 유전만이 가진 독특한 라마르크적 유전이 인간의 역사에 자연의 다윈적 진화에는 없는 방향성과 축적 가능성을 부여하는 것이다.

자연 진화와 문화적 변화는 이처럼 두 가지 근본적인 차이점을 가지고 있다. 문화에는 계통의 융합과 라마르크적 유전이라는 촉매가 변화를 촉진한다. 그리고 이 근본적인 차이점이 이 책의 중심 주제와 관련된 핵심적인 구별을 명백한 것으로 만들어 준다. 자연의 진화는 예상 가능한 진보나 복잡성의 증가를 약속해 주는 원리를 내포하지 않는다. 그러나 문화적 변화는 진보적이며 스스로 복잡화할 수 있는 가능성을 내포하고 있다. 그것은 유용한 혁신들이 직접적으로 전달·축적되는 라마르크식 유전과, 가장 쓸모 있는 발명들을 자유롭게 취사선택하여 합칠 수 있는 전통의 접합 가능성 때문이다.

이 시점에서 당연한 경고를 하지 않을 수 없다. 〈진보〉가 유전될 수 있다고 해서 그것이 반드시 실현되는 것은 아니다. 어느 역사에나 존재하는 돌발적인 사건이 수많은 가능성 중간에 끼여들 수 있다. 기술축적의 역량이 있다고 해서 모든 문화가 반드시 그 축복(꼭 축복인 것은 아니다)을 이용하는 것은 아니다. 실제로 몇몇 훌륭한 사회들이 옛 질서를 필연적으로 파괴할 수도 있는 기술적 〈진보〉를 포기하는 결단을 내린 적이 있다. 인류 역사의 결정적인 전환점에서 중국은 대양 항해 기술을 폐기하기로 결정했다. 그렇지 않았다면 세계 역사의 흐름은 유럽이 서쪽으로 팽창하는 역사가 아니라 동아시아가 동쪽으로 신세계를 탐구하는 역사로 바뀌었을 것이다. 1640년대 초, 서구 발명품들에 대해 비교적 개방적이었던 한 세기가 지난 일본에서 도쿠가와 막부는 자신들의 권력 장악과 강화에 도움을 주었던 조총 관련 기술 발전에 제동을 걸었다. 수입을 금지했고 이미 수입된 것의 소지도 금지시켰다. 이러한 결정은 해외로 나가 다른 나라의 무역도시에서 살던 일본 주민들의 귀국마저도 금지할 정도로 철저하고 갑작스런 것이었다. 유럽과의 교역은 소규모로 축소되었다. 1년에 두 번 네덜란드 상선의 입항만이 허용되었다. 그것도 나가사키에만 정박해야 했고 네덜란드 상인들은 거주지도 데지마〔出島〕라는 인공섬으로 제한되었다. 그리고 그 섬은 감시하기 좋도록 나가사키까지 좁다란 통로 하나로만 연결되어 있었다.

기술적 〈진보〉의 축적이 꼭 문화적 향상으로 이어지지 않는다는 것은 그렇게 이성적일 필요도 없이 윤리적 감각만으로도 명료하게 알 수 있을 것이다. 오히려 핵무기에 의한 대량 학살에서부터 환경 파괴에 이르기까지 온갖 시나리오에서 보듯이 완전한 멸망이나, 파괴로 끝날 수도 있다. 태양계 밖 어딘가 분명히 존재할 우리보다 진보된 문명들이 왜 지구에 접촉하려 하지 않는가? 하는 엉뚱한 질문을 많이 들어봤을 것이다. 그런데 나는 그 질문에 대한 여러 대답 중 하나에 감명을 받은 적이 있다. 그 대답은 다음과 같다. 그렇게 행성간 또는 은하계간 여행이 가능할 정도로 기술을 발전시킨 사회는, 기술적 역량이 사회적 또는 도덕적 제약을 뛰어넘어 파괴를 부르는 위기의 시대를 잘 극복한 사회일 것이다. 하지만 지구에 접촉해 오는 외계 문명이 없는 것을 볼 때 그런 위기를 아무런 상처 없이 극복할 수 있는 사회가 없는 것이다. 이 대답은 진지하게 생각해 봐야 하는 의미를 함축하고 있다.

기술의 발달과 인류의 복지나 진정한 의미의 진보 사이에는 차이가 있다. 하지만 나는 이것만이 아니라 문화적 변화와 자연 진화 사이의 결정적인 차이가 이 책의 중심 주제와 관련되어 있음을 재차 강조하고자 한다. 즉 문화적 변화는 〈기술적인 진보를 향한 조종된 경향〉을 보여주는 방식으로 진행된다. 이것은 자연 진화 영역에서 다윈적 과정이 허용하는 수동적인 경향과는 아주 다르다. 일단 조종된 경향에 따라 움직이기 시작하면 의도적으로, 그것도 아주 빠르게 움직일 수 있다. 이런 종류의 조종이 시작되면 구성 요소들은 오른쪽 벽을 향해 뛰기 시작한다. 따라서 문화적 변화와 생물의 자연적 진화 사이의 결정적인 차이는, 우리의 문화는 자주 오른쪽 벽에 의해 규정을 받게 되지만(나는 야구를 예로 들어 이를 이미 설명했다) 그렇게 많고 끈질긴 최빈값 박테리아와 별 볼일 없는 오른쪽 꼬리를 가진 생물의 진화는 풀하우스의 오른쪽 벽을 마주할 일이 거의 없다는 것이다. 그럼 오른쪽 벽에 의해 상당한 영향을 받고 있는 것으로 생각되는 문화 생활 중에서 중요한 측면 세 가지를 살펴보기로 하자 (내 능력이 모자라 여기에서 빠진 많은 경우들은 독자들에게 맡기고자 한다).

1. 과학. 모르는 게 많아서 얼마나 다행인가! 인류가 훨씬 더 영리했더라면 또는 더 오래 살았더라면 인류는 완벽한 (아니면 적어도 충분한) 지식의 오른쪽 벽에 도달했을 것이다. 그랬다면 과학자가 흥미를 느낄 만한 것은 거의 남아 있지 않았을 것이다. 그러나 다음 몇 세대 동안 그러한 한계에 다다를 위험은 전혀 없다. 다시 말하자면 우리가 가진 현재의 지식 창고는 우리가 알게 될 최대 지식의 오른쪽 벽에서 너무나 멀리 떨어져 있기 때문에 과학의 쇠퇴를 두려워하지 않아도 되는 것이다.

물론 모든 작은 분야들이 언제까지나 열려 있을 것이라는 말도 아니고, 한정된 범위 안에 있는 자연적 실체도 완전하게 이해할 수 없다는 말도 결코 아니다. 단지 어느 한 분야가 완결된다고 하더라도 그렇지 못한 분야가 너무나 많이 남아 있을 것이기 때문에 성실한 과학자가 퇴직당할 염려는 없다는 뜻이다. 예를 들면, 여러분이 새로운 종의 조류를 발견하겠다는 야망을 품고 있다면 아마 곧바로 좌절하게 될 것이다. 지구에 살고 있는 8,000여 종의 새들이 이미 다 발견되고 분류되었기 때문이다. 그러나 딱정벌레로 관심을 돌리면 상황이 다르다. 몇십만 종이 이미 분류되긴 했지만 아직도 몇백만 종이 아직 분류되지 않았으며 그것도 조만간 완결될 가망은 없다.

모든 것이 그렇게 비관적인 것도 그렇게 낙관적인 것도 아니다. 지식의 게임에서 성취된 어떤 승리는 정말 감미로운 것이고 그 파급

효과가 너무나 크고 강력한 것이다. 심지어는 아예 새로운 학문 분과를 만드는 경우도 있다. 그런 성취와 비교할 만한 것을 찾는 건 학문 세계 안에서도 아주 힘든 일이다. 대학원 시절 나는 판구조 이론이 지질학을 휩쓰는 것을 목격했다. 정말 가슴 설레는 시기였다. 지질학 분야에서 그 시기에 필적할 만한 것은 지구의 역사가 몇천 년이 아니라 몇십억 년임(현재의 상식)을 발견한 18세기 말과 19세기 초였을 것이다. 지질학자들은 이 사건들 이후 이것을 능가하는 지적 흥분을 경험하지 못했다. 지질학에서 대변혁이 이루어지고 나자 이후에 등장한 어떠한 지적 성취도 그처럼 엄청날 수 없었다. 생물학의 경우 매년 새로운 발견에 흥분하고 즐거워하지만, 그것은 진화라는 마스터키로 자연 전체를 재구성하는 궁극적 지적 흥분과 비교할 수는 없을 것이다. 그 특권은 찰스 다윈에게만 주어졌고 우리에게는 허용되지 않았다. 하지만 우리에게는 할 일이 너무도 많고, 해결되지 않은 수수께끼들도, 아직 이해하지 못하고 있는 것들이 너무나 많아 우리의 제한된 세계관으로는 그것들에 대한 대략적인 밑그림도 그리지 못하고 있는 형편이다. 오른쪽 벽을 걱정할 틈이 도대체 어디 있을까?

2. 공연 예술. 다른 어떤 영역에서보다 이 영역에서 최고의 공연자들은 인류의 한계의 오른쪽 벽에 바짝 다가가 있을 것이다. 특히 오랜 기간 동안 막대한 보상이 주어졌던 분야(따라서 최고의 인재들이 모여들여 그 수준이 유지되었다)에서 그러할 것이다. 육체적 강인함이나 민첩성과 관련된 활동이 그런 분야이다. 나는 우리의 일류 예술가들이 이미 오래전에 몇 개의 중요한 분야에서 인류가 다다를

수 있는 오른쪽 한계에 다다랐다고 생각한다. 형태가 크게 변하지 않은 악기를 연주하는 분야를 살펴보자. 나는 바이올린에서 아이작 스턴이 파가니니보다, 피아노에서 블라디미르 호로비츠가 리스트보다, 파이프오르간에서 파워 빅스가 바흐보다 더 낫다고 생각하지 않는다. 특히, 어떤 면에서는 상실된 기법과 변화된 감수성을 고려하면 오히려 지금이 더 열등한 상태일지도 모른다. 요즘 파리넬리만큼 노래를 잘 부르는 가수가 있을까? 자연음 호른(연주하기 어려운 프렌치 호른의 전신)을 부끄럽지 않을 정도로 연주할 수 있는 사람이 있을까(이전에라도 있었을까)?

제3부에서도 논의했듯이 스포츠에서는 기록이 계속 갱신되고 있는 종목이 있다. 최근에 와서 인기가 늘어난 종목이나 수상 제도가 생긴 종목(여자 육상 경기)이 특히 그런 것 같다. 그러나 거의 안정된 다른 종목들에서는 향상 속도가 대단히 둔화되었다. 그리고 그 사실은 현재의 위치가 오른쪽 벽 가까이 있음을 암시한다.

그러나 아무리 우리가 공연 예술의 여러 분야에서 한계에 가까이 갔다고 하더라도 그 벽에 대해 고민할 필요는 없을 것이다. 공연자와 관객 양자에 의해 성립되는 이러한 활동의 본성을 생각하면 두 가지 이유를 들 수 있을 것이다.

첫째, 우리가 공연 예술에 요구하는 것은 초월이 아니다. 최고의 연주가 반복되는 것은 문제될 것이 하나도 없다. 우리는 파바로티가 노래를 부를 때마다 더 나을 것을 기대하지 않으며 토니 구윈이 시즌마다 타율을 상승시킬 것을 기대하지 않는다. 아이작 스턴의 베토벤 바이올린 협주곡 연주에 전율하면서 파가니니가 이미 한 세기 전에 똑같은 곡을 그 수준으로 연주했다는 사실 때문에 흥이 식어 버리지 않는다. 다시 말하자면 우리가 기대하고 존중하는 수준은 절대적인 것이지 상대적인 것이 아니다. 아주 소수의 사람만이 그 수준에 다다를 수 있기 때문에 우리는 인류의 오른쪽 한계라는 신적 영역에 닿은 누구에게나, 어느때나 존경을 받친다. 일단 이 영역에 들어가기만 하면 반드시 자신이 이룩한 과거의 완벽함보다 나아야 할 필요도, 타인의 드물고 탁월한 업적을 능가해야 할 필요도 없어진다.

둘째, 인류는 연주나 경기의 성격에 따라 자신들의 기대와 흥분을 조절하는 기가 막힌 유연성을 가지고 있다. 오른쪽 벽으로부터 미식 축구장 길이만큼 떨어져 있는 경우에는 1야드 정도는 향상되어야 향상으로 받아들여질 것이다. 그러나 최고 수준의 벽에서 1밀리미터 정도 떨어진 최상의 경우에는 1마이크로미터라도 나아진다면 팬들은 환희의 황홀 상태에 빠질 것이다.

향상을 위한 전진. 1마이크로미터라도 향상시켜 보려는 내부적인 욕구는 관중이나 청중보다는 공연자의 것이 더 클 것이다. 대부분의 경우 특별한 안목이 있는 극소수의 관객들만 이런 종류의 향상을 감지할 수 있고, 공연자들이 아주 작은 초월의 기회를 위해 문자 그대로 목숨을 걸기 때문이다. 이것이 신성한 광기가 아니라 무엇이겠는가. 최고의 인간이 지고의 경지를 추구하고, 한계에 도전하며, 타협을 모르는 한 인간성에 대한 희망을 버릴 수는 없다.

내가 가장 좋아하는 예는, 뉴턴 역학적 한계와 생체역학적 한계 안에서 끝없이 초월을 추구하는 최고의 연기자들, 바로 서커스 단원들의 이야기다. 그들의 공연 내용은 어떤 면에서는 단순하다. 얼마나 많은 공을 한꺼번에 공중에서 돌릴 수 있는가, 공중 그네에서 날아올라 그네 파트너가 잡을 때까지 공중제비를 몇 바퀴 돌 수 있는가 하는 게 그들 공연의 내용이다.

공중 그네 묘기는 줄 리오타르에 의해 1859년에 창안되었다. 1897년까지 3회전 공중제비는 불가능한 것으로 간주되었다. 그럼에도 불구하고 과감하게 도전한 사람들 중에 죽은 사람도 있었다(무모한 용기와 집념이 구명 그물을 거부하게 만든다. 그리고 구명 그물이 있다고 하더라도 잘못 떨어지면 목이 부러질 수 있다). 1930년대가 되어서야 위대한 곡예사 알프레도 코도나가 3회전 공중제비를 서커스의 기본 레퍼토리로 정착시켰다(그는 10번 시도에 약 9번 성공했다. 그의 몸은 공중으로 날아올라 최고 높이에서 시속 100킬로미터로 파트너를 향해 떨어졌다). 코도나는 그의 시도에 대해 이렇게 말했다.

3회전 공중제비의 역사는 죽음의 역사이다. 서커스가 존재하는 한 3회전 공중제비를 완성시키고 말겠다는 야망 하나로 살던 남녀 곡예사들이 있었다. 그들의 고투는 한 세기 이상 계속되었다. 스프링보드를 이용해 뜀뛰기 묘기를 선보이던 곡예사들의 시대부터 지금까지 다른 서커스 종목에서 나온 희생자들보다 많은 희생자가 3회전 공중제비에서 나왔다.

뒤이은 역사는 절대적 한계라는 오른쪽 벽에 다가가기 위해 한계에 도전하는 희열과 좌절의 보여주는 이야기이다. 1982년 미겔 바스케스가 그의 형제 후안을 향해 시속 120킬로미터로 날아오른 뒤, 공개 공연 연기 역사상 처음으로 4회전하는 데 성공했다. 그 후로 이에 성공한 곡예사는 손가락으로 꼽을 수 있을 정도이며 어떤 곡예사도 4회전을 연속으로 보여주지는 못했다(나는 이것을 다섯 번 본 적이 있는데 다섯 번 다 실패했다. 그중 서너 번은 바로 바스케스 형제의 공연이었다). 그러나 초월에 대한 정열은 식을 줄 몰랐다. 1990년 12월 30일 《뉴욕타임스 매거진》에는 러시아 서커스단이 5회전에 도전하고 있으나 아직 성공하지 못했다는 장편 기사가 실려 있었다.

높은 곳에 걸려 있는 밧줄 위에 몇 사람이 올라가 균형을 잡을 수 있는지는 물리 법칙에 따라 결정될 것이다. 그러나 위대한 곡예사들은 끊임없이 불가능에 도전했다(그리고 오른쪽 벽에 도달하는 영광을 누리거나 죽음으로 끝을 맺었다). 칼 왈렌다는 역사상 가장 뛰어난 줄타기 곡예사로 그의 가족을 훈련시켰으며 불가능할 것처럼 보이는 새로운 성취를 계속 추구했다. 한 팬은 이렇게 썼다(Hammar Strom, 1980, 48쪽). 〈어떤 사람들은 저 위대한 왈렌다를 미쳤다고 생각한다. 하지만 나는 그를 거짓말처럼 경이로운 인간이라고 생각한다.〉 왈렌다는 높은 줄 위에 일곱 명으로 된 피라미드를 만들었다. 그러나 어느 날 밤 디트로이트의 공연에서 리더가 떨어지면서 피라미드가 무너졌다. 이 사고로 두 명이 죽고 세 명은 전신마비가 되었다. 왈렌다 자신도 1978년 3월 22일 푸에르토리코의 바닷가 두 호텔 10층 사이에 매단 줄 위에서 공연하던 중 강풍에 몸이 날아가 73세의 나이로 세상을 떠났다.

3. **창작 예술**. 과학이 한계인 오른쪽 벽에서 너무 멀리 떨어져 있어서 한계에 부딪칠 걱정을 하지 않아도 되고, 위대한 공연 예술가들은 오른쪽 벽에 너무 가까이 가 있어서 향상의 여지가 매우 좁지만 조금도 위축되지 않고 투지를 불태우고 있다. 그러나 세번째 범주인 창작 예술의 사정은 다르다. 창작 예술은, 오로지 새로운 형식

을 창안해 내는 사람에게만 그 위대성을 인정하는 혁신의 강령(서구의 역사에서 항상 추구되어 온 기준은 아니나 현재는 대단히 강력한 기준으로 작동하고 있다) 때문에 고통스러운 딜레마에 빠져있다.

1,600미터 달리기가 스포츠 종목에서 슬그머니 사라진 것은 웬만한 선수들이 모두 4분 내에 1,600미터를 주파할 수 있게 되면서부터가 아니었을까? 작곡 형식에서 끝없는 독창성을 요구하는 가치 체계를 가진 고전 음악(그 외 다른 예술도)의 역사도 1,600미터 달리기와 비슷한 길을 밟고 있는 것 같다. 한 작곡가가 평생 어떤 기본 스타일을 유지하곤 하지만 후계자들은 그 방식을 철저히 또는 오래 따르지 않는다. 그들은 언제나 새로운 스타일을 찾아 떠난다. 만일 아직 발견되지 않은 스타일이 무한정 줄지어 우리의 선택과 활용을 기다려 주고 있다면, 새로움에 대한 영원한 추구는 우리에게 영원한 즐거움을 가져다 줄 것이다. 그러나 세상은 그렇게 풍요로운 것이 아닌 듯하다. 아주 세련된 청중들의 감상을 견딜 수 있는 스타일은 이제 거의 남아 있지 않은 것 같다. 다시 말해, 지적이고 나름대로 이해력도 갖추고 있는 아마추어 청중들이 공감할 수 있는 스타일은 이미 오른쪽 벽에 도달했다는 뜻이다.

난해하다고 비판을 받은 예술가들이 으레 이런 반론을 한다. 그들은 누가 그 질문을 던지느냐를 막론하고 바로 그 자리에서 한심한 속물로 취급해 버린다. 〈그런 불평은 쭈글쭈글 시든 노인네들이나 하는 불쌍한 짓이다. 그들은 베토벤이나 반 고흐에게도 똑같은 말을 했다. 우리의 진실은 미래에 가서야 입증될 것이다. 오늘의 불협화음은 내일의 대혁신으로 찬양 받을 것이다.〉 베토벤은, 자신이 작곡한 라즈모프스키 4중주도 음악이라고 할 수 있느냐고 따지는 보

수적인 음악가에게 이렇게 말했다. 〈이 음악은 당신이 아니라 미래 세대를 위한 것이요.〉

때로는 그럴지도 모른다. 그러나 이런 주장이 항상 통용될 수 있을까? 비평을 넘어선 이 주장을 인정해야 할까? 이 반박 자체가 진부해진 것이 아닐까? 나는 이런 진부한 반론 대신에 오른쪽 벽 이론을 진지하게 고려해 봐야 한다고 생각하고 있다. 인간의 신경 작용과 그에 따른 이해 능력에 한계가 있다는 것을 고려한다면 이해 가능한 스타일의 고갈을 사고할 수 있다. 대중이 이해할 수 있는 한계에 이미 도달했음에도 불구하고 계속 혁신의 강령을 집착한다면, 우리는 우리 자신도 모르는 사이에 21세기의 모차르트가 될지도 모르는 젊은 인재들을 배제해 버릴 것이다. 그리고 그렇게 된다면 우리는 머지않아 오른쪽 벽에 도달하게 될 것이다(현대 작곡가가 반드시 오른쪽 한계를 확장시키는 종류의 작곡이 아니고 모차르트와 같은 낭만파 음악 작곡으로 재능을 발휘할 수도 있다는 뜻——옮긴이).

나는 내가 〈독일의 바이러스 문제〉라고 부르는 것을 해결할 수가 없다. 1685년(바흐와 헨델 탄생)과 1828년(슈베르트 사망) 사이에 그 작은 독일어권에서만, 바흐, 헨델, 하이든, 모차르트, 베토벤, 슈베르트가 나와 활약했다. 이건 단지 대표적인 몇 사람만 언급한 것이다. 그런데 오늘날 그들에 필적할 만한 작곡가가 어디 있을까? 그때보다 세계는 더 넓어졌고 더 많은 아이들이 음악 교육을 받고 있다. 하지만 20세기 후반에 이들에 버금갈 천재로 누구를 꼽을 수 있을까?

음악 바이러스가 하필이면 그 시대에 독일어권에서만 활동하다가 지금은 절멸되었다고는 생각하지 않는다. 오늘날도 지구 어딘가에는 그들과 같거나 더 나은 재능을 지닌 사람들이 활약하고 있을 것이다. 그런데 그들은 도대체 무엇을 하고 있는 것일까? 오로지 고도로 전문적이고 전위적인 예술가들이 아니면 이해할 수 없는 심오한 형식의 곡을 쓰고 있는 것일까? 아니면 재즈나 록 음악(신이여 우리를 도와주소서!) 등의 다른 장르에서 활약하고 있을까? 그런 사람들은 지금도 존재하고 있다. 하지만 오른쪽 벽과 우리의 용서 없는 혁신의 강령이 그들을 희생시키고 있을 것이다.

내게 해결책은 없다. 그들을 발굴하여 고전 스타일을 숙련시켜 베토벤의 10번 교향곡(원래 9번까지만 있다——옮긴이)이나 모차르트의 오페라 〈리어왕〉을 작곡하게 해야 한다고는 생각하지 않는다. 그런 일이 관심을 끌지 못할 것이고 그 이유도 잘 알고 있다. 그럼에도 불구하고 우리는 이 문제를 직시해야만 한다. 새로운 것에 대한 조건반사적 선호와 언젠가는 이해할 수 있겠지 하는 낙관도 재고해 봐야 할 것이다.

마지막으로 궁극적인 실체로서 다양성과 변이에 초점을 맞추고 평균값과 최대값에 대한 플라톤적 추상 세계(유용할 때에도 있지만 항상 전체보다 작다)를 배제하는 풀하우스 모델에서 우리가 배울 수 있는 교훈은 무엇일까? 나는, 외계인 유괴에서 전생회귀까지 다양한 애매함에 대한 적대자인 동시에 철저하게 현실적인 지식인이고 싶다. 그리고 이 책에서 이 지식인적 입장이 잘 유지되었으면 한다. 사람들 중에는 지식인이라고 하는 것도 결국 현대의 애매한 혼란 상황을 만든 것들과 한통속이라고 비방하는 사람도 있다. 하지만 나는 그런 생각을 혐오한다. 나는, 고유한 관습이라고 찬양하면서 어떠한 분류도, 분석도, 비평도 용납하지 않는 신조, 즉 정치적 올바름이라고 불리는 현대적 애매함에 비판적인 입장을 견지하고 있다.

풀하우스의 모델은 우리에게 변이와 다양성을 그 자체로서 존중하라고 가르쳐 준다. 이 생각은 진화론과 자연 존재론에 굳건한 근거를 둔 것이다. 이견을 말하는 것은 무례한 짓이라고 생각하는 어리석은 신조에 근거해 다양한 의견을 받아들여야 한다고 하는 것은 잘못된 생각이다. 우수성은 특정한 점이 아니라 넓게 퍼져 있는 차이들이다. 그 범위 안에 자리를 차지하고 있는 것들 중에는 우수한 개체도 있고 덜 적합한 개체도 있다. 우리는 변화로 가득 찬 각각의 자리에서 우수해지기 위해 분투해야 한다. 하지만 이 사회는 끊임없이, 그리고 무의식적으로 획일적인 평범함으로 이전의 빼어난 것들이 가졌던 풍요로움을 대체하려고 한다. 맥도날드가 지역 식당을 밀어내고, 대형 슈퍼마켓 체인점들이 구멍가게들을 내쫓고 있다. 이런 사회에서 변이와 다양성 전체를 자연의 현실로 이해하고 방어하는 것은 이러한 풍조에 경종을 울리고 진화하는 시스템에는 필수적인 원료인 다양성과 변이를 보존하는 데 도움이 될 것이다.

이제 다윈이 그의 혁명적인 저서 『종의 기원』에서 마지막 문장으로 선택한 글을 존경과 흥미를 가지고 살펴보자. 다윈은 인간 지능의 발달이나, 더 이로운 복잡성 증가를 향한 필연적 행진을 가지고 진화를 찬미하지 않았다. 대신에, 다윈은 태양 주위를 도는 지구의 단조로운 회전 운동 같은 뉴턴적 장엄함에 비유함으로써 생명의 다양성을 찬미했다(그 역시 생명이 왼쪽 벽에서 시작되었음을 알고 있었다).

정해진 중력의 법칙을 따라 이 행성이 끝없이 회전하는 동안, 아주 단순한 시작으로부터 너무나 아름답고 너무나 경이로운 무한한 생물종들이 진화해 왔고, 진화하고 있고, 진화해 갈 것이다.

그는 이 마지막 구절을 최고의 요약으로 시작했다.

이러한 생명관에는 장엄함이 깃들어 있다.

옮긴이의 말

저자 스티븐 제이 굴드는 고생물학자로서 리처드 도킨스, 에른스트 마이어, 메이너드 스미스, 조지 윌리엄스 등과 함께 현대 진화론의 대가 중 한 사람이다. 현재 하버드 대학교 교수로 재직하면서 동물학 강의와 달팽이 유전학 연구 중 틈틈이 대중 과학서를 집필하여 크게 호응을 받고 있는 과학저술가이기도 하다. 굴드처럼 훌륭한 학자이면서 동시에 뛰어난 문장력과 저술 능력을 가지고 있는 사람은 드물 것이다. 저서로 『개체발생과 계통발생 Ontogeny and Phylogeny』(1977), 『플라밍고의 미소 The Flamingos Smile』(1985), 『경이로운 생명 Wonderful Life』(1989) 등이 유명하고, 우리나라에는 『다윈 이후 Ever since Darwin』(1988), 『판다의 엄지 The Panda's Thumb』(1998)가 번역 소개되어 있다. 굴드는 이들 책에서 진화론에 대한 오해들을 지적하며 바로잡기 위해 노력했는데, 그의 주장은 다음 몇 가지로 정리된다.

첫째, 진화는 진보가 아니다.
둘째, 진화는 사다리 오르기가 아니라 가지가 갈라지는 과정이다.
셋째, 진화에서 우연의 역할은 중요하다.

『풀하우스』에서는 특히 평균에 대한 우리의 잘못된 개념을 수정하고 이것을 구체적으로 야구의 진화, 생명의 진화, 문화의 진화에 적용시키면서 우리의 그릇된 사고 방식을 완전히 바꿀 것을 요구한다. 그래야 비로소 다윈 혁명이 완성된다는 것이다. 한 체계의 평균값으로 그 체계의 전반적 특성을 짐작하는 우리의 사고 습관을 완전히 버려야 체계 내 다양성의 가치가 눈에 들어오고 인간 중심주의적 사고 방식에서 벗어날 수 있게 된다고 누누이 강조하고 있다. 그런 새로운 눈으로 보면, 분명히 생명의 역사에서 생물은 진보되어 간다고도, 더 복잡해져 간다고도 말할 수 없다. 그의 표현대로 진화는 일관성 있는 방향을 나타내지도 않고 진화의 결과는 필연적이지도 않다. 즉 생명 역사의 테이프를 다시 재생한다면 지능을 가진 우리와 같은 유인원이 태어날 확률은 극히 적다.

진화 현상을 거시적으로 통찰하는 굴드는 환원주의적 과학 연구 방법론에 반하여 종합론적, 유기체적, 시스템적, 전일론(holism)적 사고를 강조하는 새로운 과학 패러다임 흐름을 수용하고 있다. 따라서 그의 과학 사상은 진보적 좌파로 분류되며 전세계 진보적 지식인들 사이에서 인기가 높다. 그는 공생진화설을 주장한 미국의 여성

생물학자 린 마굴리스, 가이아 가설을 주장한 영국인 대기화학자 제임스 러블록, 자연선택보다는 자기조직화 이론을 더 중요한 생명 진화의 힘으로 주장하는 산타페 연구소의 복잡계 과학자 스튜어트 카우프만 등의 이론에도 귀를 활짝 열고 있다. 그의 글에서 비선형성, 창발성, 프랙털, 자기조직화 같은 용어들을 발견하기는 어렵지 않다.

평균값이라고 하는 부분적 속성을 그 시스템을 대표하는 특성으로 오해해서는 안 되고 항상 그 시스템의 동향을 전체적으로 파악해야 한다는 이 책의 중심 주제도 부분에서 전체로 관심의 초점이 전환된 현대 과학의 새로운 패러다임과 맥을 같이 한다. 1932년 양자역학에 대한 공로로 노벨상을 수상한 하이젠베르크는 부분의 특성이 전체의 특성을 결정하는 것이 아니라 전체의 특성이 부분의 특성을 결정한다는 사실에 큰 충격을 받고 자서전의 제목을 『부분과 전체』라고 붙이기까지 했다. 환원주의란 16, 17세기 갈릴레오, 데카르트, 뉴턴 등에 의해 확립된 근대 과학의 방법론으로, 자연의 복잡한 현상을 이해하기 위해 생물에서 우주에 이르기까지 모든 것을 그것을 이루는 작은 부분들로 쪼개어(환원하여) 하나하나를 이해한 후 조합하면 된다는 믿음을 바탕으로 한다. 이러한 분석 방법은 자연과학뿐만이 아니라 인문·사회과학에서도 기본 연구 방법이 되었다. 그러나 20세기 중반부터 전체는 부분의 합보다 크며, 부분들의 개별적 성질보다는 부분들이 상호작용하여 전체적으로 조직되는 거시적 패턴에 관심을 가지는 복잡성의 과학, 혹은 시스템적 사고가 관심을 끌기 시작하였다. (주가, 날씨, 생태계, 진화 등 수많은 요소가 상호작용하는 동역학적 복잡계의 움직임을 연구하는 수학적 도구인 카오스 이론이다.)

　진화론에 기여한 굴드의 중요한 학설은 〈단속평형설〉이다. 정통 다윈 이론에 의하면 진화는 점진적으로 일어난다. 돌연변이로 나타난 생존과 생식에 이로운, 혹은 환경에 더 적응적인 개체가 자연선택되고, 그러한 유리한 특성들이 오랜 세월 누적되어 생물이 점차적으로 진화되어 나간다는 것이 다윈 진화론의 핵심 이론이다. 그런데 화석 기록에 의하면 생물은 점진적으로 진화된 것으로 보이지 않는다. 말의 진화와 같이 극히 드문 경우를 빼고는 양서류에서 파충류로, 침팬지에서 인류가 진화되는 중간 과정의 화석들이 발견되지 않았다. 이러한 화석 기록의 불완전성(미싱 링크missing link라고 한다)은 다윈도 잘 알고 있었고 고민했던 문제였다. 20세기에 존 메이너드 스미스 등이 다윈의 진화론을 유전학으로 뒷받침하여 새로 정립한 신다윈주의Neo-Darwinism는 불완전한 화석 기록을 통계확률적으로 해석하였다. 즉 한 종에서 다른 종으로 변화해 가는 중간 종은 안정된 큰 집단을 형성하지 못한 상태에 있기 때문에 화석으로 남을 확률이 적다는 것이다.

　굴드와, 뉴욕 자연사박물관의 고생물학자면서 굴드의 좋은 학문적 동료인 엘드리지는 또다른 해석을 내놓았다. 종과 종의 중간 형태의 화석이 발견되지 않은 것은 원래 종의 진화(종분화)는 한 종에서 다른 종으로 점진적으로 진행되는 것이 아니기 때문이라는 것이다. 종은 오랜 기간 안정된 형태를 유지하는 평형 기간이 갑자기 단속되면서 다른 종으로 변한다는 이들의 학설을 단속평형설이라고 하는데, 이는 정통 진화론에 대한 가장 큰 반론으로 여겨진다. 그의 학설은 린 마굴리스의 공생진화설과도 관련이 있다. 마굴리스 역시 변화의 누적에 의한 점진적 진화를 부정하며, 생물들 사이의 합병을 통해 전혀 새로운 종이 창발적으로 생겨난다고 주장하는데, 현재 생물학계에서 본격적으로 받아들여지고 있다. 세포 안에 있는 미토콘드리아와 미세섬유, 세포 밖의 편모나 섬모 등이 이전에 독립생활을 하던 단세포 생물에서 기원되었다는 그의 연구는 거의 인정되고 있으며 공생진화설을 뒷받침하는 전형적인 증거가 된다.

다윈 진화론의 핵심이 되는 자연선택의 기본 개념은 단순명료하여 과학자들 사이에서 받아들여지는 데 문제가 없었다. 1859년에 발간된 『종의 기원』을 처음 접한 허버트 헉슬리가 이렇게 단순한 것을 내가 왜 여태 몰랐을까 하고 탄식하였다는 일화가 있을 정도다. 그러나 종분화 메커니즘으로서의 자연선택에 대해서는 『종의 기원』이 발표된 날부터 오늘날까지 학자들 사이에서 이론이 분분하다. 종이란 교배가 가능한 생식 공동체라고 정의할 수 있다. 교배가 안 되기 때문에 다른 종으로 분류되고, 다른 종이기 때문에 교배가 안 되고 계속 다른 종으로 유지된다. 에른스트 마이어가 지적하듯이 고생물학자들은 유난히 자연선택 이론에 많은 회의를 가지고 있다. 그의 말대로 고생물학자들은 바위를 깨트려 그 속에 들어 있는 생물을 연구하기 때문이다.

그들은 다른 생물학자들처럼 생물의 눈, 면역계, 뇌의 시신경들이 어떻게 작동하는가와 같은 미시적 문제를 다루기보다는 생명의 역사에 나타나는 전반적인 패턴은 무엇인가, 또 왜 한 종류의 생물이 수십만 년 후 다른 생물로 대치되는가와 같은 거시적 문제를 따진다. 따라서 국지적 환경 변화에 대한 개체의 적응을 이야기하는 자연선택 이론은 수백만 년이라는 긴 시간에 걸쳐 일어나는 진화 현상을 시원하게 설명해 주지 못한다. 중생대 공룡의 멸종 후 신생대에 포유류가 파충류를 대체하게 된 것을 단지 포유류가 파충류보다 더 적응을 잘하였기 때문이라고 설명할 수는 없다. 한 시점에서 아무리 좋은 적응적 변화가 일어나고 그것이 자연선택된다 해도, 그때 좋았던 형태가 몇백만 몇천만년 세월 속에서도 반드시 장기적인 성공을 보장한다고 말할 수는 없다. 수백만 년의 시간 단위에서는 무작위로 우연히 일어나는 대량 멸종과 같은 사태가 개재되며 장기적인 성공은 자연선택에 의해 만들어지는 형태와는 별 연관이 없다는 것이 굴드와 엘드리지의 열렬한 주장이다. 생명의 진화에서 우연의 역할을 전통 진화론에서보다 크게 강조한 것이다.

굴드는 자연에서 적응과 자연선택이 일어난다는 것을 부정하는 것이 아니라 자연의 모든 구조물을(동물의 행동까지도) 자연선택과 적응의 직접적인 결과로 이해하는 적응주의에 의문을 제시하는 것이다. 정통 적응주의 다윈 이론은 초다윈주의 hyper-Darwinism라고도 하며 조지 윌리엄스와 리처드 도킨스가 대표적인 이론가이다.

사람의 다리는 왜 두 개인가, 그 구조는 분명 자연선택에 의해 구축되었을 것이다. 따라서 다리가 두 개인 것이 분명히 적응적인 (좋은) 이유가 있을 것이다. 이제 생물학자들은 두 개의 다리가 인간에게 어떻게 좋은가를 판별하기만 하면 된다. 왜 좋은지 알면 왜 자연선택이 그렇게 만들어 놓았는지도 이해할 수 있다. 이것이 적응주의적 기법으로 자연을 이해하려고 하는 과학자들에게 막강한 전략이 되어왔다. 물론 적응주의 진화론자들도 다리가 여덟 개인 문어는 다리가 다섯 개나 아홉 개인 것보다 더 생존에 이득이 되어서 자연선택된 것이다라거나, 또는 코가 안경을 걸치기 적합한 것을 보면, 분명히 코는 안경을 쓰기 위해 자연선택되었다는 식의 오류에 빠질 수 있음을 잘 알고 있고 이 점을 경계하고 있다.

굴드는 1978년 다윈의 자연선택, 즉 적응 개념이 사회생물학을 비롯한 모든 자연 현상에 일률적으로 적용되는 것에 반대하기 위해 영국의 왕실학회 심포지엄에 논문을 제출했다. 이 논문에서 굴드는 본문 275쪽에도 나오는 삼각소간spandrel이라는 건축 용어와 외적응exaptation이라는 합성어를 도입하여 적응주의를 비판했다. 삼각소간은 원형 돔을 설계할 때 아치가 만나는 부분에 생긴 삼각형 공간을 말하는데 보통 장식적인 구조물로 꾸며 메워진다. 따라서 삼각소간은 건축상의 부차적 산물이다. 현재 장식적 용도로 훌륭하게 쓰이고 있으나 처음부터 그런 용도로 생긴 것은 아니다.

굴드의 생각에 따르면 생물의 뇌도 삼각소간에 해당한다. 아프리카의 초원에 처음 인류가 출현한 이래 뇌 용량은 인류의 생존을 위해 계속 증가하는 방향으로 자연선택되었다. 그러나 뇌의 수천 가지 기능들은 자연선택과는 아무런 관련이 없고 뇌 용량 증가에 따른 뇌의 연산 능력 발달의 부수적 결과라는 것이다. 이렇게 다른 이유에서 연유된 적응이라는 의미에서 ex와 apt를 합친 신조어 외적응 exaptation을 소개했다. 삼각소간 원리에 의하면 자연선택이 아니고도 얼마든지 제대로 작동하는 구조가 생길 수 있다. 훌륭한 구조는 자연선택과는 전혀 관계가 없을 수도 있다. 굴드는 나아가서 종의 장기적인 성공은 자연선택에 의해 만들어지는 형태와는 아무런 연관이 없다고 설명했다.

그러나 존 메이너드 스미스, 리처드 도킨스, 조지 윌리엄스와 같은 초다윈주의자들은 거시적 진화 현상들이 자연선택 이론으로 잘 설명되지 않는다는 데 개의치 않는다. 거대 운석의 충돌로 공룡이 멸종한 것은 자연선택과는 별개의 문제라고 본다. 그들은 어디까지나 개별적 유기체의 복잡성에 관심을 집중한다. 개체 수준에서는 자연선택 이론만큼 설명력 있는 이론이 아직 없기 때문이다.

굴드는 자신의 연구 분야밖에 모르는 과학자가 아니라 다른 과학 분야, 즉 스포츠, 건축, 음악, 문학 등 인류 문화 전반에 관심과 식견을 가진 대단한 사람이라는 것을 그의 책을 읽으면 곧 알 수 있다. 그는 자신의 논리를 뒷받침하기 위해 폭넓은 분야에 대한 상세한 자료와 지식을 동원한다. 그는 달팽이든 야구든 무엇이든지 정말 열심히 연구하는 사람이다. 『풀하우스』에서도 예외 없이 해박한 지식과 라틴어 실력까지 은근히 과시하고 있다. 사실 굴드만이 아니라 자신의 연구 분야의 전문 이론을 대중에게 설명하는 과학서를 쓸 정도의 대가들은 자신이 실험실만 아는 따분한 인간이 아님을 증명이라도 하듯이 문학, 특히 서양 고전의 유명한 문구들을 인용하는 것을 매우 즐긴다. 우리나라로 치자면 고사성어를 쓰는 것과 비슷하다고 할까. 어쨌든 굴드는 복잡하고 추상적인 개념을 재미있게 그리고 명석하게 전달하는 천부적 글쓰기 재능을 가졌으며, 이 사실은 특히 그를 싫어하는 과학자들로부터 시샘받기에 충분하다. (참고로 굴드는 다윈 진화론의 정통을 계승하면서 진화의 메커니즘으로 이기적인 유전자를 설명하는 영국의 뛰어난 대중 과학 저술가 리처드 도킨스와 지적 논쟁을 펼치고 있다. 또『DNA독트린』을 쓴 리처드 르원틴과 함께, 에드워드 윌슨의『사회생물학』에서 제시되는 동물 행동의 적응주의적 해석에 맹렬히 반대하는 글을 써온 것으로도 유명하다.)

풀하우스는 내가 네번째로 번역한 교양 과학서이다. 나는 우리나라에서 출간되는 과학서들을 흥미롭게 살피고 구매하는 독자로서, 이번 번역을 통해서 번역에 대한 한 가지 생각을 재확인하였다. 즉 내가 이전에 읽었던 과학서들의 난해함은 그 책임의 절반이 번역자에게 있다는 것이다. 『풀하우스』의 독자 여러분도 혹시 이해하기 어려운 내용이 나오면 여러분의 지식이 짧음을 탓하며 의기소침하지 말고 번역자의 부족한 재능 탓이 절반임을 기억하기 바란다. 과학서 번역은 영어, 한국어, 과학 세 가지의 실력이 종합적으로 필요한 학제적 프로젝트로 매력이 있지만 일인다역으로 해내야 하기 때문에 매우 고단한 작업이다. 끝으로 원고 교정을 도와준 사이언스북스 편집부에게 감사한다.

새 천년 첫 겨울에
이명희

참고문헌

Adams, D. 1981. The probability of the league leader batting. .400. *Baseball Research Journal*, 82–83.

Arnold, A. J., D. C. Kelly, and W. C. Parker. 1995. Causality and Cope's Rule: evidence from the planktonic Foraminifera. *Journal of Paleontology*, 69:203–10.

Augusta, J., and Z. Burian, 1956. *Prehistoric Animals*. London: Spring Books.

Baross, J. A., M. D. Lilley, and L. I. Gordon. 1982. Is the CH4, H2, and CO venting from submarine hydrothermal systems produced by thermophilic bacteria? *Nature*, 298:366–68.

Baross, J. A., and J. W. Deming. 1983. Growth of "black smoker" bacteria at temperatures of at least 250°C. *Nature*, 303:423–26.

Boyajian, G., and T. Lutz. 1992. Evolution of biological complexity and its relation to taxonomic longevity in the Ammonoidea. *Geology*, 20:983–86.

Broad, W. J. 1993. Strange new microbes hint at a vast subterranean world. *The New York Times*, 28 December, C1.

Broad, W. J. 1994. Drillers find lost world of ancient microbes. *The New York Times*, 4 October, C1.

Brown, J. H., and B. A, Maurer, 1986. Body size, ecological dominance, and Cope's rule. *Nature*, 324:248–50.

Carew, R., and I. Berkow. 1979. Carew. New York: Simon and Schuster.

Chatterjee, S., and M. Yilmaz. 1991. Parity in baseball: stability of evolving systems. Draft manuscript.

Chen J.-Y., J. H. Dzik, G. D. Edgecombe, L. Ramsköld, and G.-Q. Zhou. 1995. A possible early Cambrian chordate. *Nature* 377:720–22.

Cope, E. D. 1896. *The primary factors of organic Evolution*. Chicago: The Open Court Publishing Company.

Curran, W. 1990. *Big Sticks: The Batting Revolution of the Twenties*. New York: William Morrow and Company.

Dana, J. D. 1897. *Manual of Geology*, Second Edition. New York: Ivison, Blakeman, Taylor and Company.

Darwin, C. R. 1859. *On the Origin of Species*. London: John Murray.

Durslag, M. 1975. Why the .400 hitter is extinct. *Baseball Digest*, August, 34–37.

Eckhardt, R. B., D. A. Eckhardt, and J. T. Eckhardt. 1988. Are racehorses becoming faster? *Nature*, 335:773.

Eldredge, N., and S. J. Gould. 1972. Punctuated equilibria: An alternative to phyletic gradualism. In T. J. M. Schopf, ed., *Models in Paleobiology*, 82–115. San Francisce: Freeman, Cooper & Company.

Fellows, J., P. Palmer, and S. Mann. 1989. On the tendency toward increasing specialization following the inception of a complex system – professional baseball 1871–1988. Draft mauuscript.

Figuier, L. 1867. *The World Before the Deluge*. A New Edition. London: Chapman & Hall.

Fuhrman, J. A., K. McCallum, and A. A. Davis, 1992. Novel major archaebacterial group from marine plankton. *Nature*, 356:148–49.

Fuhrman, J. A., T. D. Sleeter, C. A. Carlson, and L. M. Proctor. 1989. Dominance of bacterial biomass in the sargasso Sea and its ecological implications. *Marine Ecology Progress Series*, 57:207–17.

Gilovich, T., R. Vallone, and A. Tversky. 1985. The hot hand in basketball: On the misperception of random sequences. *Cognitive Psychology*, 17:295–314.

Gingerich, P. D. 1981. Variation, sexual dimorphism, and social structure in the early Eocene horse Hyracotherium (Mammalia, Perissodactyla). *Paleobiology* 7:443–55.

Gold, T. 1992. The deep, hot biosphere. *Proceedings of the National Academy of Sciences* USA, 89:6045–49.

Gould, S. J. 1983. Losing the edge: the extinction of the .400 hitter. *Vanity Fair*, March, 120, 264–78.

Gould, S. J. 1985. The median isn't the message. *Discover*, June, 40–42.

Gould, S. J. 1986. Entropic homogeneity isn't why no one hits. .400 any more. *Discover*, August, 60–66.

Gould, S. J. 1987. Life's little joke; the evolutionary histories of horses and humans share a dubious distinction. *Natural History*, April, 16–25.

Gould, S. J. 1988. The case of the creeping fox terrier clone. *Natural History*, January, 16–24.

Gould, S. J. 1988. Trends as changes in variance: a new slant on progress and directionality in evolution. *Journal of Paleontology*, 62(3):319–29.

Gould, S. J. 1988. The Streak of Streaks. *The New York Review of Books*, 35:8–12, 18 August.

Gould, S. J. 1989. *Wonderful Life: The Burgess Shale and the Nature of History*. New York: W. W. Norton.

Gould, S. J. 1991. The birth of the two-sex world. Review of "Making sex: body and gender from the Greeks to Freud," by Thomas Laqueur. *The New York Review of Books*, 38:11–13, 13 June.

Gould, S. J. 1993. Prophet for the Earth. Review of "The Diversity of Life" by E. O. Wilson. *Nature*, 361:311–12.

Gould, S. J. 1995. Of it, not above it. *Nature*, 377:681–82.

Gould, S. J. 1996. Triumph of the root-heads. *Natural History*, January, 10–17.

Gould, S. J. 1996. *Dinosaur in a Haystack*. New York: Hamony Books.

Gould, S. J., and N. Eldredge. 1993. Punctuated equilibrium comes of age. *Nature*, 366:223–27.

Gould, S. J., and R. C. Lewontin. 1979. The spandrels of San Marco and the Panglossian paradigm: A critque of the adaptationist programme.
Proceedings of the Royal Society of London Series B. 205:581–98.

Gould, S. J., and E. S. Vrba. 1982. Exaptation–a missing term in the science of form. *Paleobiology* 8(1):4–15.

Hammarstrom, D. L. 1980. *Behind the Big Top*. New York: A. S. Barnes and Company.

Hoffer, R. 1993. Strokes of luck. *Sports Illustrated*, 28 June, 22–25.

Holmes, T. 1956. We'll never have another .400 hitter. *Sport*, February, 37–39, 87.

Huxley, T. H. 1880. On the application of the laws of evolution to the arrangement of the Vertebrata, and more particularly of the Mammalia. *Proceedings of the Zoological Society of London*, 43, 649–61.

Huxley, T. H. 1880. *The Crayfish, An Introduction to the Study of Zoology*. London: C. Kegan paul and Company.

Jablonski, D. 1987. How pervasive is Cope's rule? A test using Late Cretaceous mollusks. *Geological Society of America, Abstracts with Programs*, 19:7, 713–14.

James, B. 1986. *The Bill James Historical Baseball Abstract*. New York: Villard Books.

Kaiser, J. 1995. Can deep bacteria live on nothing but rocks and water? *Science*, 270:377.

Knight, C. R. 1942. Parade of life through the ages. *National Geographic*, 81:2(Fabruary), 141–

84.

Laqueur, T. 1990. *Making Sex*. Cambridge, Mass.: Harvard University Press.

L'Haridon, S., A.-L. Reysenbach, P. Glénat, D. Prieur, and C. Jeanthon.
  1995. Hot subterranean biosphere in a continertal oil reservoir. *Nature*, 377:223–24.

MacFadden, B. J. 1984. Systematics and phylogency of *Hipparion*, *Neohipparion*, *Nannippus*, and *Cormohipparion* (Mammalia, Equidae) from the Miocene and Pliocene of the New World. *Bulletin of the American Museum of Natural History* 179:1–196.

MacFadden, B. J. 1986. Fossil horses from "Eohippus"(*Hyracotherium*) to *Equus*: Scaling, Cope's law, and the evolution of body size. *Paleobiology*, 12:4, 355–69.

MacFadden, B. J., and R. Hulbert, Jr. 1988. Explosive speciation at the base of the adaptive radiation of Miocene grazing horses. *Nature*, 336:6198, 466–68.

MacFadden, B. J., and J. S. Waldrop. 1980. *Nannippus phlegon* (Mammalia, Equidae) from the Pliocene (Blancan) of Florida. *Bulletin of the Florida State Museum Biological Sciences*, 25:1, 1–37.

Margulis, L., and D. Sagan. 1986. *Microcosmos*. New York: Simon and Schuster.

Matthew, W. D. 1903. *The Evolution of the Horse*. American Museum of Natural History pamphlet.

Matthew, W. D. 1926. The evolution of the horse: A record and its interpretation. *Quarterly Review of Biology*, 1(2):139–85.

Mayr, E. 1963. *Animal Species and Evolution*. Cambridge, Mass.: Belknap Press of Harvard University Press.

McShea, D. W. 1992. A metric for the study of evolutionary trends in the complexity of serial structures. *Biological Journal of the Linnean Society of London*, 45:39–55.

McShea, D. W. 1993. Evolutionary change in the morphological complexity of the mammalian vertebral column. *Evolution*, 47:730–40.

McShea, D. W. 1994. Mechanisms of large–scale evolutionary trends. *Evolution*, 48:1747–63.

McShea, D. W. 1996. Metazoan complexity and evolution: is there a trend? Evolution, in press.

McShea, D. W., B. Hallgrimsson, and P. D. Gingerich. 1995. Testing for evolutionary trends in non–hierarchical developmental complexity. Abstracts, *Annual Meeting of the Geological Society of America*, New Orleans, A53–A54.

Nealson, K. H. 1991. Luminescent bacteria as symbiotic with entomopathogenic nematodes. In L. Margulis and R. Fester, eds., *Symbiosis as a Source of Evolutionary Innovation*, 205–18. Cambridge, Mass.: MIT Press.

Oliwenstein, L. 1993. Onward and upward? *Discover*, June, 22–23.

Parkes, J., and J. Maxwell. 1993. Some like it hot (and oily). *Nature*, 365:694–95.

Parkes, R. J., B. A. Cragg, S. J. Bale, J. M. Getliff, K. Goodman, P. A. Rochelle, J. C. Fry, A. J. Weightman, and S. M. Harvey. 1994. Deep bacterial biosphere in Pacific Ocean sediments. *Nature*, 371:410–13.

Peck, M. Scott. 1978. *The Road Less Traveled.* New York: Simon & Schuster.

Prothero, D. R., E. Manning, and C. B. Hanson. 1986. The phylogeny of the Rhinocerotoidea (Mammalia, Perissodactyla). *Zoological Journal of the Linnean Society*, 87:341–66.

Prothero, D. R., and N. Shubin. 1989. The evolution fo Oligocene horses. In: D. R. Prothero and R. M. Schoch, eds., *The Evolution of Perissodactyls*, 142–75. Oxofrd: Oxford University Press.

Prothero, D. R., C. Guérin, and E. Manning. 1989. The history of the Rhinocerotoidea. In D. R. Prothero and R. M. Schoch, eds., *The Evolution of Perissodactyls*, 321–40. New York: Oxford University Press.

Prothero, D. R., and R. M. Schoch. 1989. Origin and evolution of the Perissodactyla: summary and synthesis. In D. R. Prothero and R. M. Schoch, eds., *The Evolution of Perissodactyls*, 504–37. New York: Oxford University Press.

Richards, R. J. 1992. *The Meaning of Evolution.* Chicago: University of Chicago Press.

Rudwick, M. J. S. 1992. *Scenes from Deep Time.* Chicago: University of Chicago Press.

Sagan, D., and L. Margulis. 1988. *Garden of Microbial Delights.* New York: Harcourt Brace Jovanovich.

Simpson, G. G. 1951. *Horses.* Oxford: Oxford University Press.

Sober, E. 1984. *The Nature of Selection.* Cambridge, Mass.: MIT Press.

Stanley, S. M. 1973. An explanation for Cope's rule. *Evolution*, 27:1–26.

Stauffer, R. C. (ed.). 1975. *Charles Darwin's Natural Selection.* Cambridge, UK: Cambridge University Press.

Stetter, K. O., R. Huber, E. Blchl, M. Kurr, R. D. Eden, M. Fielder, H. Cash, and I. Vance. 1993. Hyperthermophilic Archaea are thriving in deep North Sea and Alaskan oil reservoirs. *Nature*, 365:743–45.

Stevens, T. O., and J. P. McKinley. 1995. Lithautotrophic microbial ecosystems in deep basalt aquifers. *Science*, 270:450–54.

Szewzyk, R., M. Szewzyk, and T.-A. Stenstrm. 1994. Thermophilic, anaerobic bacteria isolated from a deep borehole in granite in Sweden. *Proceedings of the National Academy of Sciences USA*, 91:1810–13.

Tax, Sol(ed.). 1960. *Evolution After Darwin*, 3 volumes. Chicago: University of Chicago Press.

Thomas, R. D. K. 1993. Order and disorder in the evolution of bioligical complexity. Draft manuscript.

Vetter, R. D. 1991. Symbiosis and the evolution of novel trophic strategies: thiotrophic organisms at hydrothermal vents. In L. Margulis and R. Fester, eds., *Symbiosis as a Source of Evolutionary Innovation*. Cambridge, Mass.: MIT Press, 219–45.

Vrba, E. S. 1980. Evolution, species and fossils: how does life evolve? *South African Journal of Science*, 76:61–84.

Vrba, E. S., and N. Eldredge. 1984. Individuals, hierarchies and processes: towards a more complete evolutionary theory. *Paleobiology*, 10:146–71.

Walsby, A. E. 1983. Bacteria that grow at 250° C. *Nature*, 303:381.

Whipp, B. J., and S. A. Ward. 1992. Will women soon outrun men? *Nature*, 335:25.

Williams, G. C. 1966. *Adaptation and Natural Selcetion*. Princeton, N. J.: Princeton University Press.

Williams, T., and J. Underwood. 1986. *The Science of Hitting*. New York: Simon and Schuster.

Wilson, E. O. 1992. *The Diversity of Life*. Cambridge, Mass.: Harvard University Press.

Woese, C. R. 1994. Universal phylogenetic tree in rooted form. *Microbiological Reviews*, 58:1–9.

Yoon, C. K. 1993. Biologists deny life gets more complex. *The New York Times*, 30 March, C1.

찾아보기

ㄱ

갈릴레오 33
강박관념 298
경골어류 96
경마 134
고생물학 18
고생물학회 9
고전 역학 274
고전 음악 319-321
공생 254-255
공연 예술 314-318
과학 313-314
관리 122, 125
광합성 254-255
괴테 304
기생생물 279-282
기울어짐 검사 289
길로비치 52-53

ㄴ

나니푸스 104-105
남조류(시아노박테리아) 248
내셔널리그
　수비의 전반적인 향상 124
　팀 사이의 수준차 감소 161-162
냅 라조이 112
놀란 라이언 175
농구 52-53
뇌
　인간의 273
　포유류의 279
뉴요커 304, 305
뉴턴 33, 64
닐 슈빈 101-102
닐슨 256

ㄷ

다윈 혁명 35, 38, 49
단성 모델 65
단속 평형설 101
대량 멸종 200, 302
대장균 250
댄 맥시 283-291
댈러스 애덤스 123
더치 레나드 175
데비 크라켓 298
데밍 263
데이비드 야블론스키 225-226

341

데카르트 64
도리언 세이건 252, 256
돈 배일러 120
돈 라슨 182
돈 프로서로 102
동물계 250
드와이트 구든 175
디즈레일리 60
딘 챈스 175

ㄹ

라마르크 190
라마르크설 309-310
러드윅 22
러츠 292-294
레이 브레드베리 263
로드 커루 112, 158
로리 올리벤스타인 297
로저 매리스 121
로저 배니스터 131
로저 혼즈비 112
론 기드리 174
루 게릭 183
루이스 타이어넌트 175, 176
루이 피기에 22
리조비움 256
리처드 노리스 215
리처드 호퍼 123
리프티아 파치프틸라 257
린 마굴리스 252, 253, 256,

ㅁ

마이어 67
마이오히푸스 100, 101
마크 트웨인 60
말의 진화 87-106
말의 치아 90

매머드 193
맥킨리 267
맨발의 조 잭슨 146
멀러 49
메더워 283
메소히푸스 100, 101
메타노겐 249
멘델 192
모네라계 248
마추파 일마스 161
무작위성
 분명한 경향과의 관계 52-23
 생명의 복잡성의 증가의 238-239
 술주정뱅이의 모델 208
 자연선택에서 277
무척추동물 23-24
문화적 변화 306-312
미겔 바스케스 317
미국 야구 연구 협회(SABR) 113
미토콘드리아 255

ㅂ

바비 톰슨 182
박테리아
 분류 247-251
 생물량과 생존영역 259-273
 스트로마톨라이트 246
 유용성 253-259
 편재성 251-253
발루키테리움 107
밸론 52-53
버니 시겔 73
버스터 크랩 131
버제스 혈암층 15, 301
베네딕트 홀그림슨 292
베리 브래즐턴 65
베이브 디드릭슨 138

342

베이브 루스 121, 146
베토벤 319
변이 그 자체 14
변이를 동반한 상속 190
변이의 사물화 62-63
보스턴 마라톤 대회 131-135
보야잔 292-294
보편적 현실로서의 변이
복부중피종 71
복잡성 283-284
　기생생물에서의 복잡성 감소 280-281
　수동적, 조종된 변화 경향 283-287
　척추동물의 경우 284-285
봅 깁슨 175, 176
봉합선 292-296
부리언 22
분류학 63
분지 진화 93, 226-27
브루스 맥퍼든 94, 98-100, 103-104
브르바 276
블라디미르 호로비츠 315
블랙삭스 사건 146
비진보주의 190
빌 제임스 147
빌 테리 111, 112, 141

ㅅ
사물화 62, 63
사쿨리나(기생생물) 280-282
산소 254-255
삼각소간 275
샌디 쿠팩스 176
샌짓 채터지 116
생물량 259
생존경쟁 197
서모필라 애시도필럼 253
서커스 316-318

선충류 256-257
섬모 255
세균류 235
세 손가락 브라운 175
셰익스피어 19
수비의 전반적인 향상 167-173
술주정뱅이 모델 208-210
스콧 팩 42-46
스탠리의 법칙 226
스탠 무지얼 117
스트로마톨라이트 245, 246
스티브 만 160
스티븐 스탠리 226
슬라임 268
슬럼프 53
시아노박테리아(남조류) 235, 260
시원세균 250
식물의 생물량 259
식물계 250
심슨 100, 101, 104
심해저 열수 분출공의 생물상 257, 262-263
쐐기 198-199

ㅇ
아메리칸리그
　수비율 상승 171-172
　팀간의 차이의 감소 162
아우구스타 22
아이작 스턴 315
알라모 전투 298
알프레도 코도나 317
암모나이트 23, 292-296
암석 타가영양 박테리아 268
애덤 스미스 160
앤드리스 갈라라가 120
앤소니 아놀드 222
앤소니 홀럼 215

앨피우스 하이에트 190
앵무조개 292
야구
 선수의 신장과 체중 129, 130
 수비의 전반적인 향상 167-172
 연속 안타와 슬럼프 32
 전문화 160
 전반적인 수준향상 127, 128, 156-160, 179-184
 투구의 향상 173-176
 평균 타율 추이 144
양서류 25
양성 모델 64-65
언론의 방해 120
에드 퍼슬 53
에드워드 윌슨 47-48, 155
에머슨 68, 196
에오히푸스 87, 90, 100
에쿠스 92, 96, 97, 99, 103-105
에쿠스 카발루스 92
엔트로피 44, 45
연속 안타 53
열역학 제2법칙 44-46
엽록체 254-255
오구설충 282
오스니엘 마시 88
외삽 136
외적응 275
왼손잡이 그로브 175
우제목 107
워드 136
원생생물계 249-250
원숭이 재판 90
원시생명수프 234
원핵생물 249-250
월즈비 263
월터 존슨 117

월트 휘트먼 196
웨이드 보그스 124, 158
윌리엄 매튜 90, 91, 96
윌리엄 브로드 265, 267
윌리엄스 276
윌리엄 큐런 124
위 윌리 킬러 157, 125
유공충 210
 크기의 변화 211-224
유나노준 301
유수동물 21
유전
 문화의 310
 라마르크식 309
이데아 67
이블린 허친슨 255
인류
 체내 박테리아 252-253
 진화의 우연한 결과로서 302
일본 147, 311

ㅈ
자기 유사성 207
자기조직화 234
자연선택 191-194, 309
 국지적 적응 273
 무작위적 279
 진보를 보장하지 않는 193
 코프의 크기 증가 법칙 224, 225
적응
 공생을 통한 200-201
 국지적 환경 변화에 대한 193, 273
절멸
 대부분의 종의 97
 4할 타자의 183
 말종의 99
 절지동물의 시대 243

접근선 132
정규 분포 80-84
제드 퍼먼 260-261
제임스 드와이트 다나 232
조깅-다이어트주의자 57
조니 와이즈뮬러 131
조 디마지오 111, 128, 132
조 매카시 111
조상-자손 짝짓기 검사 288
조슬린 카이저 268
조지 브렛 112, 158
조지 시슬러 112
조지 플림튼 163
존 맥피 34
존 배로스 263
존 손 129
존 스콥스 90
존 올러루드 118, 120
존 치멘트 120
존 펠로스 160
졸 택스 188
종끼리의 경쟁 197-199
주식 시장 54
줄리언 헉슬리 187-188, 202, 232
줄 리오타르 317
중피종 73
중간값 76, 78, 83, 84
중국 311
중심 경향성 측정 61, 76, 77, 79, 80, 82
지명타자 140
지질학 314
진보 36-38, 203
 말의 진화에서 95
 자연선택에 내재되지 않은 193-194
 문화적 진보라는 단어에 대한 거부 306
 진화의 효과로서 275-276
 진화에서 43-47, 48, 187-188

진화
 진보 문제에 대한 정리 234-241
 다양성의 증가의 원뿔 300
 를 표현한 그림들 22, 27-29
 에 대한 오류들 39-49
 말의 87-102
 효과로서의 진보 275-276
 다윈이 좋아하지 않은 용어 190
진핵생물 250
광합성 254
질소 고정 256
짐 보위 298

ㅊ
찰스 나이트 22
찰스 다윈
 신에 대하여 189
 자연선택 191-192
 진보에 대하여 194, 195-201
찰스 다윈(손자) 187-188, 202
창작 예술 318-321
척추동물의 복잡성 283, 289-291
천산갑목 290
초생식력 191
촌충 280
최빈값 61, 76, 81, 83, 84
최소한계 검사 287-288

ㅋ
칼 립켄 183
칼 메클렌버그 39
칼 왈렌다 318
칼 예스터젬스키 176
칼 우스 250
칼 허벨 175
캐롤 윤 296
케빈 폴 듀폰 118

코르크 심 공 146
코뿔소 107
코페르니쿠스 33
코프 212, 228-229
코프의 법칙 212-217, 220, 225-229
퀴비에 21
크기
  야구 선수들의 128, 129, 130
  유공충의 변화 211-216
  유공충의 종분화에 따른 변화 222
  코프의 법칙 212-217
크로마뇽인 307

ㅌ
타가영양 박테리아 268
타이 콥 112, 116, 104
테네시 윌리엄스 9
테드 윌리엄스 111, 117, 132, 184
토니 그윈 158, 184
토머스 브라운 경 19
토머스 헨리 헉슬리 20
토미 홈스 119, 122
톰 골드 268-272
트버스키 52-53
팀 키프 175

ㅍ
파가니니 315
파보 누르미 131
파워 빅스 315
파크스 266
판구조론 314
퍼스 48, 49
페름기 대멸종 200
평균값 76, 81, 83, 84
표준 편차 150
  평균 타율의 150-154

표트르 크로포트킨 200
풀하우스 12-15
프랙털 차원 293
프랜시스 베이컨 19
프랭크 워버 266
프랭클린 루즈벨트 72
프로이트 33-35, 49, 67
플라톤 66-68
플랑크톤 유공충 210
피우스 9세(교황) 299
피카이아 301
피터 파머 129
필립 깅그리치 292

ㅎ
하디 해딕스 182
허버트 스펜서 190, 201
히라코테리움 90, 92, 93, 100, 103, 104
해리 힐만 112
해양 박테리아 260-261
핼리 혜성 54
향상 진화 93
혁신의 강령 319-320
혐기성 호열성 박테리아 265
호모 사피엔스 302
호열성 박테리아 249
호염성 박테리아 249
화성인 36
확률 52-53
황산화 박테리아 257-258
획득형질의 유전 309
후안 바스케스 317
휩 136

Credits

Grateful acknowledgment is made for permission to reprint or adapt the following:

FIGURE 1A   "Ideal Landscape of the Silurian Period," from Louis Figuier, *Earth Before the Deluge*, 1863. Neg. no. 2A22970. Copyright Jackie Beckett (photograph taken from book). Courtesy Department of Library Services, American Museum of Natural History.

FIGURE 1B   "Ideal Scene of the Lias with Ichthyosaurus and Plesiosaurus," from Louis Figuier, Earth Before the Deluge, 1863. Neg. no. 2A22971. Copyright©Jackie Beckett (photograph taken from book). Courtesy Department of Library Services, American Museum of Natural History.

FIGURE 1C   "Fantastic, Scorpionlike Eurypterids, Some Eight Feet Long, Spent Most of Their Time Half Buried in Mud," by Charles R. Knight. Courtesy of the National Geographic Society Image Collection.

FIGURE 1D   "Mosasaurus Ruled the Waves When They Rolled Over Western Kansas," by Charles R. Knight. Courtesy of the National Geographic Society Image Collection.

FIGURE 1E   "Pterygotus and Eurypterus," by Zdemek Burian, from *Prehistoric Animals*, edited by Joseph Augusta. Neg. no. 338586. Copyright©1996 by Jackie Beckett. Courtesy Department of Library Services, American Museum of

Natural History.

FIGURE 1F   "Elasmosaurus," by Zdemek Burian, from *Prehistoric Animals*, edited by Joseph Augusta. Neg. no. 338585. Copyright©1996 by Jackie Beckett. Courtesy Department of Library Services, American Museum of Natural History.

FIGURE 2A, 2B   Reprinted with the permission of Simon & Schuster from *The Road Less Traveled* by M. Scott Peck. Copyright©1978 by M. Scott Peck.

FIGURE 8   "Genealogy of the Horse," by O. C. Marsh. Originally appeared in *American Journal of Science*, 1879. Neg. no. 123823. Courtesy Department of Library Services, American Museum of Natural History.

FIGURE 9   "The Evolution of the Horse," by W. D. Matthew. Appeared in Quarterly Review of Biology, 1926. Neg. no. 37969. Copyright©by Irving Dutcher. Courtesy Department of Library Services, American Museum of Natural History.

FIGURE 10, 11   From "Explosive Speciation at the Base of the Adaptive Radiation of Miocene Grazing Horses," by Bruce MacFadden and Richard Hulbert, Jr. Copyright© 1988 by Macmillan Magazines Ltd. From *Nature*, 336:6198, 1988, 466–68. Reprinted with permission from Nature, Macmillan Magazines Limited.

FIGURE 14, 19   Adapted from illustrations by Philip Simone in "Entropic Homogeneity Isn't Why No One Hits .400 Any More," by Stephen Jay Gould. *Discover*, August 1986, 60–66. Adapted with permission of *Discover*.

FIGURE 15   Adapted from an illustration by Cathy Hall in "Losing the Edge: The Extinction of the .400 Hitter." *Vanity Fair*, March 1983, 264–78. Adapted with permission of *Vanity Fair*.

FIGURES 16, 22, 23, 24, 25, 27   Adapted from "Presidential Address," by Stephen Jay Gould. Copyright©1988 by Stephen Jay Gould. *Journal of Paleontology*, 62:3, 1988, 320–24. Adapted with permission of *Journal of Paleontology*.

FIGURE 17   Adapted from *The Bill James Historical Baseball Abstract.* Copyright©1986 by Bill James. New York: Villard Books, 1986. Adapted with permission of the Darhansoff & Verrill Literary Agency on behalf of the author.

FIGURE 18   Reprinted by permission of Sangit Chatterjee.

FIGURE 26   Adapted from "Causality and Cope's Rule: Evidence from the Planktonic Foraminifera," by A. J. Arnold, D. C. Kelly, and W. C. Parker. *Journal of Paleontology*, 69:2, 1995, 204. Adapted with permission of *Journal of Paleontology*.

FIGURE 28, 29   Adapted from illustrations by David Starwood, from "The Evolution of Life on the Earth," by Stephen Jay Gould. *Scientific Amercan*, October 1994, 86. Copyright©1994 by *Scientific American*. All rights reserved.

FIGURE 30   "Modern Stromatolites." Copyright©by Fran ois Gohier. Reprinted by permission of Photo Researchers, Inc.

FIGURE 31   Adapted from "Universal Phylogenetic Tree in Rooted Form." Copyright 1994 by Carl R. Woese. *Microbiological Reviews*, 58, 1994, 1–9. Adapted with permission of the author.

FIGURE 32   Adapted from "Evolutionary Change in the Morphological Complexity of the Mammalian Vertebral Column." Copyright©1993 by Donald W. McShea. *Evolution*, 47, 1993, 730–40. Adapted with permission of the author.

FIGURE 33, 34   Adapted from "Mechanisms of Large–Scale Evolutionary Trends." Copyright ©1994 by Donald W. McShea. *Evolution*, 48, 1994, 1747–63. Adapted with permission of the author.

FIGURE 35   Reprinted by permission of George Boyajian.

FIGURE 36   Adapted from "Taxonomic Longetivity of Fossil Ammonoid," from an article by George Boyajian, in *Geology*, 20, 1992, 983–986. Adapted by permission of *Geology*.

옮긴이 **이명희**

연세대학교 생물학과를 졸업하고, 카네기 멜론 대학에서 석사학위를, 서울대학교 대학원에서 박사학위를 받았다. 현재 연세대학교와 열린사이버대학교(OCU)에서 강의를 하고 있으며, 2002학년도 과학고등학교 교재 『고급화학』과 『과학사』의 집필위원이다. 저서로는 『과학, 생명 그리고 인간』, 『밤섬이 있어요』 등이 있으며, 번역서로는 『진화의 미스터리』, 『악마 같은 남성』, 『성의 진화』, 『클릭 사이언스』가 있다.

풀하우스

1판 1쇄 펴냄 2002년 1월 20일
1판 28쇄 펴냄 2024년 10월 31일

지은이 스티븐 제이 굴드
옮긴이 이명희
펴낸이 박상준
펴낸곳 (주)사이언스북스

출판등록 1997. 3. 24. 제16-1444호
(06027) 서울특별시 강남구 도산대로1길 62
대표전화 515-2000 팩시밀리 515-2007
편집부 517-4263 팩시밀리 514-2329

www.sciencebooks.co.kr

한국어판 ⓒ (주)사이언스북스, 2002. Printed in Seoul, Korea.
ISBN 978-89-8371-089-5 03470